河湖水系连通生态模型、规划方法和工程实践

赵进勇　张晶　董延军　赵先富　蒋咏 等　著

中国水利水电出版社
www.waterpub.com.cn
·北京·

内 容 提 要

河湖水系连通性是水生态完整性五大生态要素特征之一。河湖水系连通性的生态学机理已经成为近十几年国际河流生态学领域的研究重点，恢复河湖水系连通性是生态水利工程建设的重要内容。

本书从模型研发、规划方法、工程实践等方面构建了河湖水系连通规划基础理论和河湖水系水量-水质-生态耦合分析模型方法，介绍了生态调查与分析技术，提出了总体布局方案优选技术并研制了软件平台，建立了连通规划工程技术体系，提出了规划效果后评估技术，介绍了平原河网地区水系连通规划研究与评估、山丘区垂向连通性调查与评价、感潮河网区水系连通模拟与连通方案优选、干流纵向连通模拟与连通方案优选等实践案例。

本书内容既具理论系统性，也具技术实用性，可供相关规划设计、科研和管理人员参考使用。

图书在版编目（CIP）数据

河湖水系连通生态模型、规划方法和工程实践 / 赵进勇等著. -- 北京 : 中国水利水电出版社, 2021.6
ISBN 978-7-5170-9529-3

Ⅰ. ①河… Ⅱ. ①赵… Ⅲ. ①水资源管理—研究 Ⅳ. ①TV213.4

中国版本图书馆CIP数据核字(2021)第060493号

书　　名	**河湖水系连通生态模型、规划方法和工程实践** HE-HU SHUIXI LIANTONG SHENGTAI MOXING, GUIHUA FANGFA HE GONGCHENG SHIJIAN
作　　者	赵进勇　张晶　董延军　赵先富　蒋咏　等 著
出版发行	中国水利水电出版社 （北京市海淀区玉渊潭南路1号D座　100038） 网址：www. waterpub. com. cn E-mail：sales@waterpub. com. cn 电话：(010) 68367658（营销中心）
经　　售	北京科水图书销售中心（零售） 电话：(010) 88383994、63202643、68545874 全国各地新华书店和相关出版物销售网点
排　　版	中国水利水电出版社微机排版中心
印　　刷	北京印匠彩色印刷有限公司
规　　格	184mm×260mm　16开本　14.5印张　353千字　4插页
版　　次	2021年6月第1版　2021年6月第1次印刷
印　　数	0001—1500册
定　　价	**120.00元**

前言
PREFACE

建设生态文明，是关系人民福祉、关乎民族未来的长远大计。面对资源约束趋紧、环境污染严重、生态系统退化的严峻形势，必须树立尊重自然、顺应自然、保护自然的生态文明理念，把生态文明建设放在突出地位，融入经济建设、政治建设、文化建设、社会建设各方面和全过程，努力建设美丽中国，实现中华民族永续发展。

流水不腐，户枢不蠹。河湖水系连通是解决水资源短缺、水安全威胁、水环境污染、水生态损害等问题的一个重要途径。构建国家、区域、城市层面布局合理、功能完备、工程优化、保障有力的河湖水系连通格局，对于提高水资源统筹调配能力、供水安全保障能力、防洪除涝减灾能力、水生态环境保护能力和应急保障能力具有重要作用。2013 年起，水利部选择两批 105 个基础条件较好、代表性和典型性较强的城市，开展水生态文明城市试点建设，试点城市将河湖水系连通做为重要建设内容。2015 年起，水利部、财政部联合开展河湖水系连通建设，2015—2019 年，累计支持河湖水系连通建设任务 295 个，2020 年支持水系连通及农村水系综合整治试点县 55 个，2021 年支持水系连通及水美乡村建设试点县 30 个。河湖水系连通性是水生态完整性五大生态要素特征之一。河湖水系连通性的生态学机理，已经成为近十几年国际河流生态学领域的研究重点之一。连通、自然、健康的水系是保障水生态系统服务功能永续发挥，支撑社会可持续发展的重要基础。恢复河湖水系连通性是生态水利工程建设的重要内容，是区域生态水网建设的基本保障。本书主要针对以水生态环境修复为主，同时兼顾防洪减灾和水资源配置需求的河湖水系连通类型。

本书通过国内外典型河湖水系连通规划案例分析和河湖水系连通规划顶层设计需求的剖析，从河湖水系连通规划基础理论、河湖水系水量-水质-生态耦合分析模型、生态调查与分析技术、总体布局方案优选技术、水系连通规划工程技术体系、规划效果后评估技术等方面开展关键技术研究和示范应用，具体如下：

1）在模型研发方面，根据河湖生态系统的整体性原则，考虑物质流、物种流和信息流3种生态过程，在河湖水系纵向、侧向、垂向和时间4个维度上的变化特征与规律，提出了河湖水系三流四维连通性生态模型，用于表述河湖水系连通性的生态学机理；研发了分析区域水网蓄滞交换、循环净化、提供栖息地等功能的河湖水系水量-水质-生态耦合分析模型。

2）在规划方法方面，形成了考虑复杂网络中水文地貌-物理化学-生物群落关联影响的河湖水系连通性调查分析技术，建立了利用图论数学方法，基于数据库、模型库、案例库，包含交互层、功能层、支撑层的河湖水系连通规划布局方案优选平台，构建了以自然为导向、适度人工干预的河湖水系生态连通工程技术体系，形成了考虑水文、地貌、水质和生物等多生态要素分级体系的河湖水系生态连通效果后评估技术。

3）在工程实践方面，针对平原河湖水网城市水系过水不畅、闸坝调度无序等问题，选择扬州市城区河网为示范点，提出了闸坝联合调控为主、局部河段工程建设为辅的河湖水系连通规划优化措施体系；针对垂向连通研究不足问题，选择济南市玉符河流域为示范点，模拟了地表水-地下水相互作用过程，研究了地表水-地下水垂向补给效果及其生态水文效应；针对感潮河网连通受阻、水流定向调控能力不足等问题，选择珠江流域中顺大围作为示范点，通过分析、模拟、比选不同连通方案下的物质流连通状况，提出了以水闸定向调控为主的感潮河网区水文连通方案优选技术；针对大坝造成纵向连通性受损问题，选择西江定子滩为示范点，模拟不同连通方案下的目标物种信息流连通状况，形成了关键枢纽生态调度的指导性技术准则。

由于本书涉及的专业领域十分广泛，需要水利工程、水文学、水动力学、生态学、生物学等多个学科进行交叉研究，因此是由具有不同专业背景的专家共同完成的，是集体智慧的结晶。本书由中国水利水电科学研究院、珠江水利科学研究院、水利部中国科学院水工程生态研究所、江苏省水资源服务中心、山东省水利科学研究院、北京星球数码科技有限公司、黑龙江省水利科学研究院等单位共同编写完成。

全书分为上、中、下3篇，共11章。上篇为理论篇，包括第1章至第3章。第1章为绪论，由赵进勇、张晶、韩雷、赵先富、田振华、丁洋撰写。第2章为河湖水系三流四维连通性理论，由赵进勇、张晶撰写。第3章为河湖水系水量-水质-生态耦合分析模型，由董延军、李杰、刘晋、严萌、赵进勇、付意成、张爱静、翟正丽撰写。中篇为技术篇，包括第4章至第7章。第4章为河湖水系连通性调查和分析技术，由赵进勇、赵先富、董方勇、胡菊香、张晶、韩雷、冯硕、狄高健撰写。第5章为河湖水系连通规划方法及平台研发，由刘业森、赵进勇、吴东辉、翟正丽、张晶、吴华赟、马栋撰写。第6章为河湖水系连通工程技术体系，由赵进勇、张晶、邢乃春、谭亚男、王兴勇撰写。第7章为河湖水系连通规划效果后评估方法，由冯顺新、张晶、赵进勇、张爱静、赵先富撰写。下篇为实践篇，包括第8章至第11章。第8章为平原河网地区水系连通规划研究与评估——以扬州市为例，由张晶、蒋咏、赵先富、董延军、盖永伟、胡晓雨、池仕运、马栋、车丁撰写。第9章为山丘区垂向连通性调查与评价——以济南玉符河流域为例，由陈华伟、李福林、赵进勇撰写。第10章为感潮河网区水系连通模拟与连通方案优选——以中顺大围为例，由董延军、李杰、严萌、刘晋、赵先富、刘业森、冯项撰写。第11章为干流纵向连通模拟与连通方案优选——以西江干流为例，由董延军、刘晋、严萌、李杰、张爱静、谭亚男撰写。全书由赵进勇、张晶统稿。

本书在撰写过程中得到了中国水利水电科学研究院董哲仁先生的悉心指导，他提出的河湖水系三流四维连通性生态模型是本书的理论基础。

本书得到了水利部领导和水利部国际合作与科技司、水资源管理司以及一些省（直辖市）水利厅（局）的大力支持，也得到了示范工程业主、规划设计和建设单位的大力配合。承蒙水利部黄河水利委员会董保华教授提供封面和封底照片。在此，向这些领导、专家和有关单位表示诚挚的谢意。本书出版得到了水利部公益性行业专项“河湖水系生态连通规划关键技术研究与示范”（201501030）的资助，得到了中国水利学会生态水利工程学专业委员会的大力支持。

本书内容既具理论系统性，也具技术实用性，可供相关规划设计、科研和管理人员参考使用。受作者理论水平和经验限制，本书的谬误和不足在所难免，所列参考文献也可能有疏漏之处，诚恳期待社会各界读者批评指正。

作者

2021年4月

目录
CONTENTS

下篇　实　践　篇

上　篇
理论篇

第1章 绪 论

1.1 国内外研究进展

1.1.1 水系连通相关概念

国内外学者从生态系统的认识出发，对水系连通概念进行研究探索，逐渐从景观生态学的角度延伸到对河湖及湿地水生态系统的结构和功能研究，并且研究尺度也从小流域逐步延伸到全球（Grill et al，2019）。2000年之后关于连通性的研究与探讨发展迅速，并涉及水文学、环境学与生态学多个学科（刘丹等，2019）。根据连通性研究的对象与尺度，第47届宾汉姆顿地貌学研讨会将连通性分为水文连通性、沉积物连通性、地球化学连通性、河流连通性与景观连通性（Wohl，et al，2017）。河流连通性是在河流连续体（river continuum concept，RCC）的基础上提出的。在河流连续体概念（Vannote，1980）中，河流被看作是一个连续的整体系统，强调河流生态系统的结构功能特征与流域特性的统一性。在河流四维模型概念中（Ward，1989），认为河道与河漫滩、湿地、静水区、河汊等形成了复杂的系统，河流与横向区域之间存在着能量流、物质流、信息流等多种联系，共同构成了小尺度的生态系统，自然水文循环是一个脉冲式的水文过程，会产生洪水漫溢与回落，从而促进营养物质迁移扩散和水生动物的繁殖过程。在河流生态系统中，依赖于连通性的过程包括地表水和地下水交换、有机物和无机物的运输和处理、河网内以及河流和岸边带与高地之间有机体的迁移。河流与滩区、湖泊、水塘、湿地的连通性是洪水脉冲效应的地貌学基础，而洪水脉冲效应是河道—滩区系统诸如生产、分解和消费等基本生态过程的主要驱动力，同时，与主河道相连的洪泛平原是进行生物地球化学循环的重要区域，并且是水生环境和陆生环境之间过渡的群落交错区。水流在将各种地貌单元进行连通的过程中起到重要作用，这种连通作用使碳、营养物的交换成为可能，从而影响河流系统的整体生产力。浮游藻类、水生附着生物和大型植物的分布也受到河道—滩区系统连通程度的影响。

国外对于水系连通的研究主要是从流域水文循环角度来开展（Bracken，2013）。Vannote（1980）等认为河流系统内部不是互相独立、分布离散的，而是存在横向、纵向和垂向的连接和联系，是一个普遍意义上的连接；Merriam（1984）首先提出了生态连通度的概念；Ward（1989）从纵向、横向、垂向、时间这四个维度，分析了河流生态系统相关连通的关系；邬建国（2000）从景观生态学的角度认识连接度概念，定义其为缀块间通过廊道、网络而连结在一起的程度；Hooke（2006）从河流地貌学的角度将连通性定义为河流系统中流水和沉积物的物理连接；Rachel（2006）提出连通既是水文学上的概念，也是景观生态学上的概念，同时也是河流生态系统完备性和多样性自我维持的基础；Bracken（2007）侧重于景观层面的理解，将水文连通定义为水流从景观的一处转移到另一处的能力；Vikrant（2010）将水系连通分为物理连通型和物质转移型两大类型，提出了连通性指数的计算方法，并应用于恒河流域。

国内主要从水资源利用、水生态保护等方面对河湖水系连通进行了研究。张欧阳等（2010）分析了长江流域水系连通特征及其影响因素，认为人类活动是目前水系连通改变的主导因素；王中根等（2011）基于关键水循环基础问题探讨了河湖水系连通的理论，认为水系连通性本质上是受流域（区域）水循环背景条件和过程影响，由水系的结构形式（如树枝状水系、网状水系等）和水系特征参数（如河网密度、湖泊率等）所决定的；李原园（2011）将水系连通定义为以江河、湖泊、湿地以及水库等为基础，通过科学的调水、疏导、连通、调度等措施建立或改变江河湖库水体之间的水力联系；徐宗学等（2011）认为河湖水系连通的主要驱动就是变化环境下的经济社会格局和生态环境格局对河湖水系服务功能调整的需求。刘家海（2011）认为河湖水系连通是指以江河、湖泊、湿地以及水库等为基础，通过科学的调水、疏导、沟通、调度等措施建立或改变江河湖库水体之间联系的行为；夏军等（2012）认为水系连通是在自然和人工形成的江河湖库水系基础上，维系、重塑或新建满足一定功能目标的水流连接通道，以维持相对稳定的流动水体及其联系的物质循环的状况；左其亭等（2012）认为河湖水系连通是为解决我国水资源条件与生产力不匹配问题，最终实现人水和谐而构建的战略性总体规划和方针。崔保山等（2016）在水文连通概念的基础上，考虑地理上孤立的斑块湿地（如湖泊、库塘、沼泽等）的连通，重点研究大河三角洲地区水文连通对湿地生境格局特别是水盐交互区的影响；董哲仁等（2019）认为河湖水系连通性是指在河湖纵向、横向和垂向以及时间维度的物理连通性和水文连通性。物理连通性是功能连通性的基础，反映河流地貌结构特征，同时也是水文连通性的约束，水文连通性是河湖生态过程的驱动力。物理连通性与水文连通性相结合，共同维系栖息地的多样性和种群多样性。因此河湖水系的连通性也是物质流、信息流和物种流的连通性。水生态完整性具有五大生态要素：水文情势时空变异性、河湖地貌形态空间异质性、河湖水系三维连通性、水体物理化学特性范围、食物网和生物多样性（董哲仁，2015）。上述对“水系连通”内涵的理解中，有的指自然特征，有的指人类活动，实际上，“水系连通”应是一种自然特征，即河湖水系连通性是水生态完整性五大生态要素之一；“恢复水系连通性工程”或“河湖水系连通工程”则是人类活动。

1.1.2 河湖水系连通类型

（1）河流与湖泊、湿地连通

在河流-湖泊系统连通性方面，河湖间的自然连通保证了河湖间注水、泄水的畅通，维持着湖泊最低蓄水量和河湖间营养物质交换。年内水文周期变化和脉冲模式，为湖泊湿地提供动态的水位条件，使水生植物与湿生植物交替生长；水位变化还为鱼类等动物传递其生活史中产卵等所需信息。河湖连通还为江河洄游型鱼类提供迁徙通道，为生物群落提供丰富多样的栖息地。由于自然力和人类活动双重作用，不少湖泊失去了与河流的水力联系，出现河湖阻隔现象。就自然力而言，湖泊因地质构造运动和长期淤积致使湖水变浅，加之湖泊中矿物营养过剩，使水生生物生长茂盛，逐步形成沼泽。人类活动方面，为了围湖造田、防洪等目的，通过建闸和筑堤等工程措施，将湖泊与河流的水力联系控制或切断。另外，在入湖尾闾处河道因人为原因淤积或下切，都会打破河湖间注水-泄水格局。河湖阻隔后，物质流、信息流中断，江湖洄游型鱼类和其他水生动物迁徙受阻，鱼类产卵场、育肥场和索饵场减少。湖泊上游工业、生活污水排放是湖泊生态系统退化的主要原因，加之湖区大规模围网养殖污染，水体置换缓慢，水体流动性减弱，湖泊水质恶化，使不少湖泊从草型湖泊向藻型湖泊退化，引起湖泊富营养化，导致河湖生态系统退化。

长江流域湖泊众多，面积接近中国湖泊总面积的1/5，主要分布于长江中下游平原。这些湖泊原来大多数与长江相通，湖水位随长江水位高低而涨落，具有很好的吞吐、调蓄洪水的作用。长期以来，由于泥沙淤积和人工围垦，湖泊面积不断缩小，调蓄洪水的能力普遍降低。据统计资料显示：1949年，中下游湖泊面积共有25828km^2，到1977年仅余14073km^2，减少了45.5%。被誉为“千湖之省”的湖北，1949年，江汉平原上有湖泊609个，面积达4707km^2，但目前仅余湖泊300个左右，面积仅2050km^2，减少了一半以上。许多地区由于人为切断了湖泊与长江的天然联系，导致被阻隔的湖泊不仅丧失了洪水调蓄能力，而且水体富营养化日益严重。

河湖水系连通工程的主要目标是通过修复河湖连通关系，改善河湖生态功能。为满足经济社会发展对太湖流域供水安全、水生态环境安全、防洪安全的要求，国家实施了以“以动治静、以清释污、以丰补枯、改善水质”为战略目标的太湖水环境综合治理，通过河湖水系连通，加强科学调度，调引长江水源，既弥补太湖水资源量不足，又促进太湖及河网的水体流动，改善河湖水环境质量，提高水资源及水环境承载能力。

(2) 河流与河漫滩连通

在河道与河漫滩连通性方面，河道与滩区间的连通使汛期水流能够溢出主槽向滩区漫溢，为滩地输送营养物质，促进滩地植被生长。同时，鱼类可游到滩地产卵或寻找避难所。退水时，水流归槽带走腐殖质，鱼类回归主流，完成河湖洄游和洲滩湿地洄游的生活史过程，另外，归槽水流又为一些植物传播种子，这就是洪水脉冲作用。不合理的堤防建设，使堤距缩短导致河漫滩变窄；农田、道路、住宅区、休闲娱乐设施和其他设施侵占河道，既阻碍行洪又破坏了栖息地。另外，不透水的堤防和护岸阻碍了垂向的渗透性，削弱了地表水与地下水的连通性。以上种种作用导致栖息地条件恶化，水生生物多样性下降。

(3) 河流与河流连通、河网连通

河流与河流连通是通过河道疏浚、整治等手段恢复原有的水流通道，改善河流健康状况、恢复生态生境的水系连通。河网区河流多呈网状结构，湖泊众多，大部分中小河流流速缓慢，自净能力和纳污容量有限；城市集中，人口密集，经济发达，排污量大，水体污染比较严重，水质型缺水问题突出。同时，河网区降水量大且时间集中，洪涝灾害频繁，防洪保安任务艰巨。随着人类对河湖水系干预活动增多，河湖水系格局变化，湖泊容积萎缩，通江湖泊数量减少，加剧了河网区水质型缺水，使防洪安全形势更加严峻。河网是由大小不同、长度不等的河槽相互交错组成的网络状泄水系统。在城市化的过程中，人类活动剧烈地改造下垫面，大量末端河流被城市用地侵占，河床淤积，河道堵塞，河网形态结构不同程度地改变，其直接后果是河网连通受阻。畅通的水系网络能够实现水资源丰枯调剂、增加区域应对环境变化的能力，是区域防洪、供水和生态安全的重要基础。

1.1.3　河湖水系连通工程类型

河湖水系连通工程主要有三大功能：提高水资源统筹调配能力，提高河湖健康保障能力，提高抵御水旱灾害能力。基于以上功能，河湖水系连通工程可分为三大类。

（1）以提高水资源统筹调配能力为主的水系连通工程

水资源时空分布特点决定了一个区域的人口、生产力布局。随着经济社会格局的不断调整，水系格局与经济社会的匹配关系处于不断变化之中。部分地区水资源供给跟不上区域经济社会快速发展的步伐，由河湖水系格局决定的水资源配置格局与土地资源分布、经济社会布局不匹配问题更加凸显。河流上下游、干支流的水力联系随着河湖治理、河湖滩涂围垦等而改变，上下游、左右岸、地表地下的水事关系改变，流域、区域与行业之间用水竞争性加剧，部分地区水资源承载能力不足，供水安全的风险正在逐步加大。

根据水资源条件和生态环境的整体特点，参照国家级主体功能区规划战略，以河湖水系连通合理调整河湖水系格局，将进一步调整、改善水资源与经济社会发展布局的匹配程度，从而提高流域和区域水资源承载能力。通过构建河湖水系连通供水网络体系，提高水资源统筹调配能力，提高供水保证率，保障饮水安全、供水安全和粮食安全，以水资源的可持续利用支撑经济社会的可持续发展。目前，在我国已经建成的引黄济青、引滦济津等河湖水系连通工程，发挥了重要的水资源调配功能，有效缓解了区域水资源短缺问题以及经济社会和生态环境用水之间的矛盾。

（2）以提高河湖健康保障能力为主的水系连通工程

随着经济社会的快速发展，工业、生活废污水排放量日益增大，致使河流湖泊等水体污染不断加剧，水生态环境状况严重恶化；特别是部分地区为开发利用水资源，修建大量闸坝，在一定程度上改变或阻隔了河湖水系之间的水力联系，河湖水体流速减缓，天然河湖、湿地的调蓄能力降低，导致水体流动性减弱，自净能力和水环境承载力降低。随着河湖污染物的持续增多，富营养化程度增高，水生态、环境功能逐步退化，生态自我修复的能力下降，水体污染程度加剧，部分地区出现水质型缺水。

在严格控制污染物排放的前提下，通过河湖水系连通加强河湖之间的水力联系，加速水体流动，增强水体的自净能力，发挥水生态系统自我修复能力，有效改善河湖水系水生态环境状况，提高区域水环境承载能力。利用连通工程改善水生态环境，作为一种现实的技术途径得到广泛的认可和实践。塔里木河通过水资源统一调度，实现了下游断流河道的通水，绿色走廊得到有效保护，区域生态环境明显改善；黑河流域经过综合治理，使干涸多年的东居延海恢复了水面，实现了“碧波荡漾”的治理目标；扎龙湿地应急补水工程扩大了湿地水面，生物多样性得到恢复，丹顶鹤等珍禽栖息地状况明显改善，苇草和鱼类产量提高，取得了显著的生态保护效果和经济效益；上海、福州、苏州等城市结合截污、治污、河道整治等开展河湖水系连通，解决了水质型缺水问题，通过引水换水工程，提高水体自净能力，改善了水体生态环境状况。

（3）以提高抵御水旱灾害能力为主的水系连通工程

地区工业化和城市化的快速发展以及围湖垦殖等活动的增加，极大地压缩了河湖水系空间，与江河连通的众多湖泊、淀洼调蓄能力大幅降低，中小河流淤积、堵塞和萎缩现象越发严重，部分河道基本的调蓄、输水、排水等功能受到严重影响，流域和区域蓄泄关系发生明显变化，从而造成部分地区行洪不畅，严重威胁区域防洪安全。近 20 年来，我国干旱灾害也表现出频次增高、持续时间长和灾害损失加重等特点，旱灾影响范围已由农业为主扩展到工业、城市、生态等领域，工农业争水、城乡争水和国民经济挤占生态用水现象越来越严重。

通过改变河湖水系连通状况，疏通洪水出路，维护洪水蓄滞空间，建立抗旱应急水源通道，有效降低水旱灾害风险，不断提高抵御水旱灾害能力。此类连通，一方面维护河湖水系连通性，打通河湖水系泄洪通道，合理安排洪涝水出路，充分发挥湖泊、湿地、蓄滞洪区的防洪功能，同时实施跨区域甚至跨水系疏导洪水，追求洪水灾害防治与资源利用的综合效益最优化，创造和改善防洪保安能力的基础条件；另一方面通过加强水源建设，构建抗旱应急水源通道，增强水源调配的机动性和抵御旱灾的综合能力。河湖水系连通为提高径流调控与洪水蓄泄能力、增强抵御水旱灾害能力提供有效途径；同时通过有效的调度和控制机制，使洪水调度和资源调度有机结合起来，实现流域防洪安全和供水安全。如淮河流域的“东调南下”，有效降低了淮河流域的洪水威胁，还可以在适当时机为南四湖地区补充水源；南水北调东线工程不但可以将长江水输送至缺水的黄淮海地区，而且可以改善里下河地区的防洪排涝条件。

总体而言，我国在河湖水系生态连通研究方面仍处于起步和技术探索阶段，对水系连通性及其影响还缺乏足够的认识，缺乏实用先进的连通性修复技术支持。从国内外河湖水系连通的实践和今后的发展方向来看，大多数河湖水系连通可同时发挥提高水资源配置能力、修复保护水生态环境、抵御水旱灾害等功能，只是需要针对不同地区水资源特征及存在问题而有所侧重。本书主要针对以水生态环境修复为主，同时兼顾防洪减灾和水资源配置需求的河湖水系连通类型。

1.2 国内典型案例

经过多年来的江河治理与开发，我国现已基本形成了以天然水系为主体、人工水系为辅助、河势基本得到控制的河湖水系及其连通格局，现对国内部分河湖水系生态连通工程案例进行总结。

1.2.1 河湖水系生态连通工程案例

（1）武汉市大东湖生态水网构建工程

大东湖地区位于武汉市中部，长江以南，龟蛇山系以北。历史上大东湖水系与长江相连，直到 20 世纪初河湖连通被阻隔。近年来，随着武汉市经济社会的快速发展，大东湖地区水质恶化严重，湖泊环境保护形势严峻。2005 年，武汉市启动了大东湖生态水网构建规划编制论证工作。

大东湖生态水网是以东湖为中心，将沙湖、杨春湖、严西湖、严东湖、北湖等主要湖泊连通，从长江引水，实现江湖连通。引水主线采取青山港和曾家巷双进水口水网连通方案，同时布置 4 条循环支线。水网连通后，设计两闸多年平均合计可引水量 2.49 亿 m^3，引水天数 92.9d；设计枯水年可引水量 1.50 亿 m^3，引水天数 60d。

生态水网的建设使得大东湖重新建立了有序的河湖连通水循环体系，6 湖共 60.12km^2 水面的水环境得到改善，加之对 273.6km 湖岸线和 18 条共 48.53km 港渠进行了生态治理，形成纵横交错的绿化带，为武汉经济社会发展创造良好的环境。同时，项目区作为武汉市城区应急水源地保护区，通过水网连通治理，使大东湖的水质达到水源地的水质标准，保障武汉市的饮水安全。规划中防范的风险包括湖泊底泥污染物释放和血吸虫病传播等。

（2）济南市河湖水系生态连通工程

济南因水而生，因泉而名。但济南又是典型的资源型缺水城市，人均水资源不足全国的 1/7。为打破水资源短缺、水生态环境脆弱的不利水生态格局，济南市实施水系连通工程，坚持人工连通与恢复自然连通相结合，构建布局合理、循环畅通、丰枯调剂、多源互补的河湖库水系生态连通体系。济南市规划了田山灌区与济平干渠连通，玉清湖引水，玉符河-卧虎山水库调水，卧虎山、锦绣川、兴隆、浆水泉、龙泉湖五库连通，北店子输水，狼猫山水库输水六大连通工程。通过科学的水系连通工程，使长江水、黄河水既可通过 3 级泵站提水至南部山区卧虎山水库，也可入玉清湖平原水库以及小清河、济西湿地等，实现城市供水、生态补水等诸多功能。形成“河湖连通惠民生、五水统筹润泉城”的水利发展新格局。

（3）咸宁市水系连通工程

咸宁市依托全市江、河、湖、库连通形成水网体系，以西凉湖、斧头湖与长江连通工程形成的水网为重点，统筹规划过境水、江河湖库境内水，并实施跨流域调水等重大水系连通工程，初步构建起健康的水生态体系，同时优化了水资源配置，塑造了和谐的人水关系。

（4）徐州市水系连通工程

徐州市内水系发达、河湖众多，但总体水量较小、水质较差，缺少大的客水来源，如何让城内的水活起来，让河流实现互连互通、多源互补是解决问题的关键。因此，徐州市实施水系连通，以云龙湖和故黄河为纽带，贯通了沂沭泗、故黄河和奎河水系，通过故黄河使市区 19 条骨干河道实现了相互连通和良性循环，从而再与云龙湖、大龙湖等城市七大景观湖相通，真正实现了“活水畅流、源头净化、清水进城”。

（5）许昌市中心城区水系连通工程

许昌市河湖水系连通工程，是许昌市水生态文明城市建设核心组成部分，依托河湖水系，开辟了护城河、清潩河等多条水系，形成了“五湖四海畔三川、两环一水润莲城”的水系格局，中心城区以 82km 环城河道、5 个城市湖泊、4 片滨水林海为主体。许昌市通过河湖水系连通工程建设，实现了“河畅、湖清、水净、岸绿、景美”的水生态建设目标。

（6）湖州市水系连通工程

湖州地处环太湖地区，水资源优势明显。近年来，陆续开展了河道整治和水网连通工程建设。先后建成入湖骨干溇港大钱港整治工程，建成老虎潭水库、合溪水库等一批大中型水库，实施了面广量大的山塘标准化整治工程。湖州市通过实施骨干河流生态整治百亿工程、城乡河网生态修复百亿工程、太湖水源生态保护百亿工程、水资源生态配置工程，修复了水生态系统，构建出“引排顺畅、丰枯调剂、河洁水清、岸绿景美”的现代生态水网体系。

（7）惠州市水系连通工程

惠州市通过水生态文明试点建设，以惠城中心区14条主要河涌水环境综合整治为工作重点，完成望江沥、洛塘渠、大湖溪沥等主要河涌整治建设。在水生态修复体系建设方面，在惠城中心区主要河涌水环境综合整治中加强河涌生态修复、激活城市水脉，实现水资源可持续利用与水生态系统良性循环，提高水生态文明水平，建设河湖相通的水环境治理体系，构筑“一湖两江十四涌，一海三山八湿地”的水生态格局。

（8）吉林西部河湖连通工程

吉林西部河湖连通工程是利用现有的引嫩入白、大安灌区、分洪入向水利工程和新建工程，通过采取提水、引水、分水方式，把嫩江、洮儿河、霍林河的富余洪水资源引蓄到天然湖饱和湿地当中，使其形成网络纵横的水系网络，恢复白城市的自然生态环境。按照规划，白城市河湖连通工程全部完工后，预计将增加常态利用水量6亿m^3，增加灌溉面积130万亩（1亩＝0.0667hm^2），增产粮食5亿kg，改善恢复湿地1040km^2，恢复草原、芦苇620万亩，增加水面100万亩，渔业产量将超过5万t。吉林西部通过实施河湖连通工程，可改善和恢复生态环境，实现粮食增产丰收，确保防汛安全，改善人居环境。

（9）成都市水系连通工程

成都市水生态文明建设的主要内容包括“一网三圈、四区六廊”的构建。“一网”是指安全、高效、优美的活水网络，以岷江、沱江水系为主要载体，构建互连互通、联动联调、丰枯互补的生态型水网。“三圈”是指布局有序、功能互补、保障有力的护水圈层。一圈层梯度蓄水、增加水面，打造亲水滨水空间；二圈层生态修复、河湖连通，筑牢城市防洪屏障；三圈层蓄水屯水、水源保护，提供充沛优质水量。“四区”包括两山水源生态屏障区、城市生态景观功能区、现代农业生态水网区和协调发展生态提升区。“六廊”是指以金马河、锦江、南河为重点，远期以湔江、西河、沱江为重点，梯次推进6条生态廊道建设。形成功能完善、协调统一、健康和谐的水生态系统总体格局。

（10）哈尔滨市“北国水城”工程

哈尔滨市“北国水城”项目主要是利用松花江天然丰富的水资源，向北引水，通过人工水系湖泊建设、引清补源、沿岸绿化、湿地保护，打造完善的河湖连通河网体系，建设“二纵、四横、十八湖”、总长146km的河网水系。“二纵”是指金河和银河，金河长17.36km，起点位于万宝灌溉站处，是“北国水城”河网水系的引水河；银河长18.5km。“四横”是指发生渠、长盈渠、白藏渠、玄英渠，发生渠另有3条支渠。“十八湖”星罗棋布地点缀于“二纵、四横”上。工程还包括8座铁路桥、78座公路桥、68座步行桥、5座渡槽、5座泵站、14座节制闸。“北国水城”的建设将完善哈尔滨市松北区防洪排涝水系，增强哈尔滨市松花江北岸区域防洪与减灾能力，修复生态环境，改善人居环境。

(11) 海口市水系连通工程

海口市为了解决中心城区水污染问题，利用美舍河上游沙坡水库和南渡江的丰沛水量，通过泵闸工程和输水管道，促使美舍河、龙昆沟、红城湖、东西湖等联合水系的水体流动、循环和更换，以改善水环境问题。合理利用南渡江丰富水资源建设引水工程，项目由水源工程、输配水工程、五源河综合整治工程和连通工程组成，其中水源工程包括闸坝工程和提水工程，主要是在海口市东山镇上游约400m处建设坝拦河闸板工程作为城市新增水源，通过提水泵站和输水管道提水到高地，连通城市水系，解决沿途生活用水问题。

1.2.2 案例启示

通过实践案例分析得到的启示如下。

(1) 尊重自然，遵循客观规律

河湖水系连通实践必须因地制宜，充分遵循水文循环、水沙运动、河湖演变的自然规律。为此，要深入研究自然状态下的水系连通性及其演变特征，恢复河湖水系的自净和更新能力，在充分节水、保护资源和减少负面影响的前提下，规划兴建河湖水系连通工程，合理配置水资源。同时，不仅要最大限度地减少对河湖水系及周边自然生态环境的影响，而且还要采取各种措施为水系的自然恢复创造条件。

(2) 系统考虑，统筹利弊关系

河湖水系连通要从系统角度出发，统筹考虑连通区域间的资源环境条件和经济社会发展需求，系统分析设计河湖连通的水系特点和演变特征，全面评估连通后的效益与影响，统筹协调河湖水系连通的各种利弊关系，并且高度重视水系连通带来的负面影响，科学确定连通方式，充分发挥连通效果，有效规避连通风险，尽可能将水系连通的负面影响降至最低。

(3) 重视生态文明，维护河湖健康

河湖水系连通要重视维持连通区域的生态平衡，维护河湖健康，传承水文化，促进人水和谐。河湖水系的连通和整治要特别重视与区域发展和人文环境的结合，强调连通的洪水空间、休闲场所、人文特色和水景观等功能。要全面评估连通可能造成的生态环境影响，并针对可能产生的负面影响和风险实施应对措施，促进连通区域经济社会与资源环境的可持续发展。

(4) 尊重经济规律，科学论证决策

仅有部分以供水为目的的河湖连通工程才具有直接的经济效益，而以防洪除涝和生态环境治理等为目的的大多数连通工程都是公益性的，往往工程艰巨、成本昂贵。因此，河湖水系连通必须按照经济规律量力办事，慎重决策，与经济社会发展相适应。河湖水系连通的实施与调度运行要强调在政府主导下，统筹连通涉及地区的发展，协调连通区域间关系，实施科学有序的连通，运用经济杠杆建立合理的用水竞争机制，促进节水以及产业优化布局和结构调整，形成以河湖连通为核心的区域经济发展的良性循环。

1.3 国外典型案例

1.3.1 鲟鱼2020——保护和恢复多瑙河鲟鱼计划

多瑙河是欧洲第二大河。它发源于德国西南部，自西向东流经10个国家，最后注入黑海。多瑙河全长2850km，流域面积约817000km^2。多瑙河支流众多，形成了密集的水网，成为众多鱼类种群的栖息地。其中鲟鱼是多瑙河丰富的生物资源，具有独特的生物多样性价值，被视为多瑙河流域的自然遗产，成为多瑙河的旗舰物种。在过去的几十年里，鲟鱼群落急剧退化已经成为欧洲社会普遍关注的生态问题，调查资料显示，6种原生的多瑙河鲟鱼，有1种已经灭绝，1种功能性灭绝，3种濒临灭绝，还有1种属于脆弱易损。产卵洄游受阻、栖息地改变以及过度捕捞使得野生种群濒临灭绝。无论从科学角度（如“活化石”和良好的水与栖息地质量指标），还是从社会经济的角度来看（维持居民的生计），对多瑙河鲟鱼直接和有效的保护是防止鲟鱼灭绝的先决条件。

鲟鱼群落急剧退化引起了多瑙河流域国家和欧盟委员会的高度关注。2011年6月通过的欧盟多瑙河地区战略（EU Strategy for the Danube Region，EUSDR），旨在协调统一的部门政策，为鱼类恢复提供合理的框架，使环境保护与区域社会和经济需求相平衡。2012年1月成立了科学家、政府和非政府组织多瑙河鲟鱼特别工作组（Danube Sturgeon Task Force，DSTF），以支持EUSDR目标的实现，提出《鲟鱼2020——保护和恢复多瑙河鲟鱼计划》（以下简称《鲟鱼2020》），作为行动框架，其目标是“到2020年确保鲟鱼和其他本地鱼类种群的生存”。DSTF促进现有组织的协同作用，并通过促进《鲟鱼2020》项目的实施，支持多瑙河流域和黑海中高度濒危的天然鲟鱼物种保护。《鲟鱼2020》作为行动框架，将环境与社会经济措施结合起来，不仅考虑鲟鱼物种保护需求，还通过保护中下游多瑙河的各项措施，改善多瑙河地区的经济状况，为多瑙河地区的社会稳定做出贡献。《鲟鱼2020》是一项综合的行动框架，内容包括改善河流连通性、栖息地置换、改善水质、生物遗传库、改善关键栖息地、民众教育、执法、打击鱼子酱黑市等综合措施，其中洄游鱼类的连通性恢复是最重要的目标。

60多年来，多瑙河干流已建和在建水电站共38座，加上船闸等通航建筑物，多瑙河干流共有56座鱼类洄游障碍物。在多瑙河的600多条支流上也建设了大批水电站和其他建筑物，据统计，分布在多瑙河干流以及主要支流上（流域面积大于4000km^2）的鱼类障碍物和栖息地连通障碍物共900多座。评估报告指出，多瑙河生态状况不能满足欧盟水框架指令（Water Framework Directive，WFD）的环境要求，拆除鱼类洄游障碍物和设施是改善河流鱼类种群生态健康的关键。恢复流域连通性成为最主要的生态修复行动。多瑙河国际合作委员会（The International Commission for the Protection of the Danube River，ICDDR）与流域各国合作，完成了多瑙河流域管理规划（Danube Rirer Basin Management Plan，DRBMP）。由于河道洄游障碍物数量大，而资金、土地、技术等资源有限，这就需要对于大量的障碍物进行优先排序，按照轻重缓急进行遴选，以此为基础制订连通性恢复行动计划，成为DRBMP的一个组成部分。流域内关键问题是位于多瑙河干流中游-下游间的铁门水电站Ⅰ、Ⅱ级，因其阻隔作用使多瑙河最重要的鲟鱼沦为濒危物种，成为流域内最严重的生态胁迫。《鲟鱼2020》要求集中资金开展铁门水电站大坝改建可行性规划，目标是允许洄游鱼类特别是鲟鱼自由洄游。

1.3.2 蓝鹭湾河湖连通工程

底特律百丽岛（Belle Isle）公园是底特律最受欢迎的休闲娱乐场所，岛上独特的自然环境为候鸟和其他鸟类提供了避难所，也为鱼类和野生动物提供了重要的栖息地。百丽岛包括 3 个湖泊、1 个潟湖、1 条运河。历史上，这些水道与底特律河和五大湖连通，为鱼类栖息地提供活动空间和循环水源。20 世纪 50 年代，河道被封闭，形成了停滞的环境，岛上的湿地和 Okonoka 湖退化，鱼类洄游到运河、湖泊系统的能力大大降低。

2014 年夏末，美国国家海洋大气局（National Oceanic and Atmospheric Administration，NOAA）“五大湖恢复计划”（Great Lakes Restoration Initiative）资助百丽岛实施了底特律河湿地恢复项目，包括蓝鹭湾（Blue Heron Lagoon）河湖连通工程和 Okonoka 湖连通工程。蓝鹭湾河湖连通工程具体包括：建设新的开放通道，使河流中的幼鱼可进入富含浮游动物的生境中；通过开挖疏浚构造出 0.6 英亩（1 英亩＝$4046.86m^2$）的半岛，营建水陆缓冲带植被群落，构造沙滩用于海龟筑巢，半岛周围的浅水湿地和深水水生植物可增强底特律河鱼类的繁殖能力。下一步，该项目将实施 Okonoka 湖与底特律河连通工程。项目的实施可使五大湖鱼在狭窄的陆地保护下，拥有 85 英亩的平静产卵和保育栖息地，进一步加强每年价值 4 亿～70 亿美元的大湖渔业，产生重大的娱乐和经济影响。

1.3.3 罗恩河连通性恢复工程

罗恩河（Rhône River）流域面积 $98000km^2$，流经法国和瑞士的部分领土。罗恩河全长 750km，发源于瑞士境内的罗恩冰川（海拔 1773m），该冰川融化的雪水流入日内瓦湖，是罗恩河径流的主要来源。自日内瓦以下，罗恩河继续向南，进入法国境内 512km 后在普罗旺斯卡马格地区分汊形成三角洲，然后流入地中海。罗恩河的主要支流阿尔沃河（Arve River）发源于阿尔卑斯山白朗峰，支流艾因河（Ain River）和索恩河（Saône River）在里昂地区汇合进入罗恩河，其余支流如伊泽尔河（Isère River）、德龙河（Drôme River）、阿尔代什河（Ardèche River）、迪朗斯河（Durance River）等在不同地方分别汇入罗恩河的中下游。该流域水文情势复杂，这与其跨越几个不同的地理气候区有关。罗恩河洪水通常发生在春季和秋季，2003 秋季洪峰最高流量达 $13000m^3/s$。罗恩河适航性差但具有良好的水力发电潜力。

在过去的 400 年里，罗恩河经历了不同发展时期。17 世纪，出于防洪目的修建了不少防洪大堤，18 世纪，为便于航运修建了抛石丁坝，在一些河段进行了河道裁弯取直工程，19 世纪末出于日益增长的需求修建了大量水电站。横跨罗恩河的第一条大坝修建于 1872 年，最后一个重要大坝 Brégnier - Cordon 大坝修建于 1986 年。1921 年法国立法明确定位罗恩河的主要用途为大规模航运、农业灌溉以及发电，1934 年成立罗恩河国营水利水电公司。自 1934 年以来，罗恩河国营水利水电公司共发展了 19 项水力发电计划，占法国电力发展计划的 20%～25%。

罗恩河流域是一个人口稠密和高度工业化的区域，人类高强度活动导致河流物理栖息地显著改变，河道直线化和渠道化，侵蚀和下切现象经常发生，地下水位持续下降，一些自然生境消失，沿岸带森林由于地下水的枯竭发展成阔叶林，水坝阻碍了鲥鱼、鳗鱼和七鳃鳗等洄游性鱼类的迁徙洄游，整体生物多样性减少，一些生活史与河流动态变化息息相关的物种大量减少。

自 20 世纪 80 年代以来，人们开始关注环境。法国于 1984 年制定了淡水渔业法规（The Freshwater Fishing Law），该法首次明确了环境流量，其基本原则为淡水系统的管理和环境保护需同时兼顾，达到动态平衡。1992 年法国制定了水法（The Water Law），在 1984 年的法律基础上进行了补充扩展，主张对水电工程系统和整个流域进行可持续性的管理。2000 年欧盟成员国制定了水框架指令（The European Framework Water Directive）。法国制定了一系列河流管理计划来实现罗恩河特定的环境目标。这些计划包括以下内容。

1）1988 年：对罗恩河的健康状态进行全面诊断。

2）1992 年：实施罗恩河淡水渔业计划，并绘制综合图表，标明河流面临的压力来源。

3）1992 年：制订罗恩河管理计划。

4）1996 年：实施罗恩河 SDAGE 计划。

5）1996 年：CNR 行动计划，对支汊河道地形进行科学研究，诊断洄游性鱼类和阻隔物，制订迁徙计划和明确需要保护的敏感地点。

6）2000 年：制订了罗恩河 10 年水力学和生态恢复计划（DRRP）。

DRRP 的主要目标是将罗恩河恢复成一个健康和流动的河流，并保持良好的生态质量。行动分四步实施：罗恩河旁路河道的水力学恢复，通过增加最小流量来实施；罗恩河支汊河道的地形修复；罗恩河及其支流的洄游鱼类通道修复；在整个行动计划期间实施同步监测，以引起公众关注以及行动参与方的广泛支持。法国罗恩河连通性恢复采取的工程措施为：增加河流支渠的最小流量，疏通废弃的河道，并恢复水流与主河道之间的连通，移除河流两岸的硬化堤防并再自然化以促进河流的自然侵蚀化，最终提高河流的泥沙转运能力。

DRRP 投资 1500 万欧元，选取 19 个分渠河道作为优先恢复区域，首要目标为确立最小流量从而增加流水性物种，构建模型探讨水生生物种群和群落结构以及物种对水文条件变化的响应机制。2006 年在流域内不同河段进行流量调度，主要目的是增加坝下河段的最小流量，恢复河道旁支与主河道的联系，提高洄游性鱼类的通过率。

为评估 DRRP 的实施效果，相关科研机构在工程河段同步进行重要的环境监测。持续时间超过 10 年的例行监测给了科学家全面评估工程措施效果的机会，从而可为管理措施提供相关技术支撑。有几处恢复河段具有较为正面的反馈，例如 Chautagne 和 Pierre-Bénite。位于里昂下游的 Pierre-Bénite 河段最小流量由 $10m^3/s$ 提升到 $100m^3/s$，三处废弃的支汊得到重新疏浚，主河道水位上升了 1 倍，流速提升了 5 倍，喜流水性鱼类自 1995 年至 2008 年数量比例从 15%上升到 43%，底栖动物的分布面积得到了扩张。

1.3.4 艾尔华河纵向连通性恢复工程

艾尔华河发源于美国华盛顿州的奥林匹克山，向北穿越华盛顿州，注入胡安·德富卡海峡。艾尔华河是太平洋西北沿岸的河流中，唯一同时栖息着 5 种太平洋鲑鱼的河流，1912 年前，每年约有 40 万条成年鲑鱼回到河流上游产卵。1914 年，距河口 4.9 英里（1 英里=1.609344km）处艾尔华大坝建成，坝高 32m；1927 年，距河口 13.6 英里处格莱因斯卡因大坝建成，坝高 64m。两座大坝促进了经济的发展，但也造成了不良影响。鲑鱼曾经是艾尔华河中很丰富的鱼类，却几乎在上游消失。根据 2007 年艾尔华河中鲑鱼鱼类资源分布调查，溯河产卵的鲑鱼无法通过艾尔华大坝到坝上河段产卵，因此，鲑鱼主要分布在艾尔华坝下河段。

1992年，美国国会通过了《艾尔华河生态系统和渔业复兴法案》，授权拆除大坝，恢复艾尔华河流域的生态系统和洄游鱼类。2011年美国开始实施艾尔华大坝拆除项目，2013年实施格莱因斯卡因大坝拆除项目。美国地质调查局负责艾尔华河流域生态系统的综合研究和监测工作，重点是比较大坝拆除前、中、后的物理和生态系统过程。规划2030年，艾尔华河将全部恢复鲑鱼原有的生态状况。

1.3.5 英国斯克恩河水系连通工程

英国斯克恩河水系连通工程（图1.3.1）主要内容包括上下游支流连通、渠道化结构的拆除、根据河流历史情况重建其蜿蜒形态、横断面地貌特征的重建、阶地和堤防后退工程建设、利用柔性护坡和生态工程技术进行河岸加固、恢复河漫滩水文连通性等。监测结果表明，示范项目实现了河流生态修复目标，并超出了预期效果。通过减少平滩水位下的河道过流能力、降低河道坡降和河岸高程、提高河床高程，所有工程位置区的河漫滩连通性和洪水频率均得以提高。河漫滩水文连通性的恢复促进了河漫滩泥沙淤积和营养物质（如磷和铁）的保持。随着洪水频率和淹没持续时间的增加，洪水蓄滞量得到提高。工程实施前后，下游水位变化不大，但洪峰水位有所降低。正如所预期的那样，工程建设完成后，栖息地的地貌多样性大大提高，所形成的深潭-浅滩序列增加了河床泥沙和栖息地单元的异质性。工程的长期监测资料将进一步揭示河岸带生物群落通过演替对修复工程的反应。

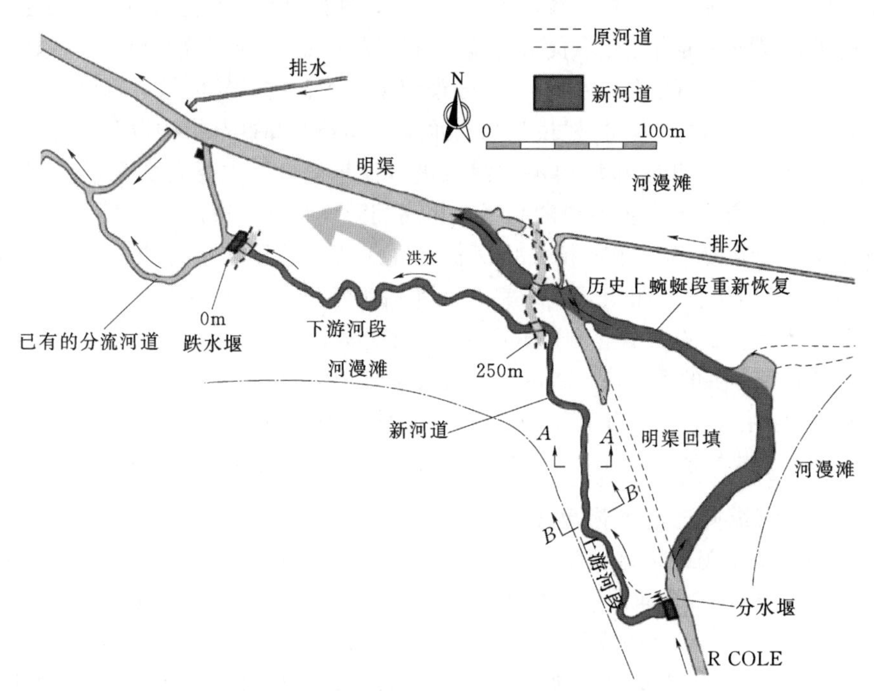

图1.3.1 英国斯克恩河水系连通工程示意图

1.3.6 美国基西米河生态修复工程

美国基西米河（Kissimmee）的生态恢复工程是美国迄今为止规模最大的河流恢复工

程。它按照生态系统整体恢复理念设计。基西米河位于佛罗里达州中部，由基西米湖流出，向南注入美国第二大淡水湖——奥基乔比湖，全长166km，流域面积7800km^2。历史上的基西米河地貌形态是多样的。河流的纵坡为0.00007，是一条辫状蜿蜒型河流。从横断面形状看，无论是冲刷河段或是淤积河段，河流横断面都具有多样的形状。在蜿蜒段内侧形成浅滩或深潭及泥沼等，这些深潭和泥沼内的大量有机淤积物成为生物良好的生境条件。河道与河漫滩之间具有良好的水流侧向连通性。河漫滩是鱼类和无脊椎动物良好的栖息地，是产卵、觅食和幼鱼成长的场所。原有自然河流提供的湿地生境，其能力可支持300多种鱼类和野生动物种群栖息。1962年到1971年期间，为促进佛罗里达州农业的发展，在基西米河流上兴建了一批水利工程，如挖掘了一条90km长的C-38号泄洪运河以代替天然河流。运河为直线形，横断面为梯形，尺寸为深9m、宽64～105m，设计过流能力为672m^3/s。另外，建设了6座水闸以控制水流。同时，大约2/3的洪泛区湿地经排水改造。这样，直线形的人工运河取代了原来具有蜿蜒性的自然河道。连续的基西米河就被分割为若干非连续的梯级水库，同时，农田面积的扩大造成湿地面积的缩小。科学家从1976年到1983年进行了历时7年的研究。在此基础上就水利工程对基西米河生态系统的影响进行了重新评估并且提出了规划报告。评估结果认为水利工程对生物栖息地造成了严重破坏。规划报告提出的工程任务是重建自然河道和恢复自然水文过程，将恢复包括宽叶林沼泽地、草地和湿地等多种生物栖息地，最终目的是恢复洪泛平原的整个生态系统。第一期工程方案包括连续回填C-38号运河共38km，拆除2座水闸，重新开挖14km原有河道。同时重新连接24km原有河流，恢复35000hm^{2}原有洪泛区，实施新的水源取水制度，恢复季节性水流波动和重建类似自然河流的水文条件。2001年6月恢复了河流的连通性，随着自然河流的恢复，水流在干旱季节流入弯曲的主河道，在多雨季节则溢流进入洪泛区。恢复的河流将季节性地淹没洪泛区，恢复了基西米河湿地。这些措施已引起河道洪泛区栖息地物理、化学和生物的重大变化，提高了溶解氧水平，改善了鱼类生存条件。重建宽叶林沼泽栖息地，使涉水禽和水鸟可以充分利用洪泛区湿地。在21世纪前10年开展了第二期工程，重新开挖14.4km的河道和恢复300多种野生生物的栖息地。恢复10360hm^{2}的洪泛区和沼泽地，过滤营养物质，为奥基乔比湖和下游河口及沼泽地生态系统提供优质水体。监测结果表明，原有自然河道中过度繁殖的植物得到控制，新沙洲有所发展，创造了多样的栖息地，水中溶解氧水平得到提高，水质有了明显改善。恢复了洪泛区阔叶林沼泽地，扩大了死水区。许多已经匿迹的鸟类又重新返回基西米河。科学家已证实该地区鸟类数量增长了3倍。

第2章　河湖水系三流四维连通性理论

2.1　概述

2.1.1　生态系统结构和功能

河湖生态系统是一个复杂、开放、动态、非平衡和非线性系统。认识河湖本质特征的核心问题是认识河流生态系统的结构与功能，特别是需要研究河流生命系统和生命支持系统的相互作用及耦合关系。近20多年来，各国学者提出了多种河流生态系统结构与功能的概念模型，这些概念模型基于对不同自然区域不同类型河流的调查，分别在不同的时空尺度上研究河流生命系统变量与非生命系统变量之间的相关关系。迄今提出的较有影响的河流生态系统结构与功能概念模型按发表时间顺序计有：地带性概念（zonation concept），河流连续体概念（river continuum concept，RCC），溪流水力学概念（stream hydraulics concept），资源螺旋线概念（spiralling resource concept），串联非连续体概念（serial discontinuity concept，SDC），洪水脉冲概念（flood pulse concept，FPC），河流生产力模型（riverine productivity model），流域概念（catchment concepts），自然水流范式（nature flow paradigm），近岸保持力概念（inshore retentivity concept）。在这些概念模型中，生态系统结构主要研究水生生物的区域特征和演变、流域内物种多样性、食物网构成和随时间的变化、负反馈调节等。生态系统功能主要考虑了包括鱼类、底栖动物、着生藻类等在内的生物群落对各种非生命因子的适应性，在外界环境驱动下的物质循环、能量流动、信息流动、物种流动的方式，生物生产量与栖息地质量的关系等。多数概念模型是针对未被干扰的自然河流，少数概念模型考虑了人类活动因素。各种概念模型的尺度是不同的，从流域、景观、河流廊道到河段，其维数从顺河向空间一维到空间三维加时间变量的四维。各个模型采用的非生命变量有不同侧重点，主要包括水文学和水力学两大类参数。尽管这些模型各自有其局限性，但是它们提供了从不同角度理解河湖生态系统的概念框架。

需要指出，上述结构功能模型存在若干不足。首先，按照生态系统的整体性原则，生态系统是一个整体，系统一旦形成，各生态要素不可分解成独立的要素孤立存在。同时，生境要素不可能孤立地起作用，而会产生多种综合效应，并与各种生物因子形成耦合关系。上述各种概念模型多为建立某几种生境变量与生态系统结构功能的关系，反映了河流生态系统的某些局部特征，但是无法反映生态系统的整体性。其次，这些概念模型中生境因子主要是水文学和水力学因子，对于地貌学因子较少涉及。最后，这些概念模型大多以未被干扰的自然河流为研究对象，对于人类活动的影响考虑不多。

2.1.2 河流连续体模型

Vannote 等（1980）提出了河流连续体概念，认为由源头集水区的第一级河流起，以下流经各级河流流域，形成一个连续的、流动的、独特而完整的系统，称为河流连续体。它在整个流域景观上呈狭长网络状，基本属于异养型系统，其能量、有机物质主要来源于相邻陆地生态系统产生的枯枝落叶和动物残肢以及地表水、地下水输入过程中所带的各种养分。

河流连续体模型应用生态学原理，把河流网络看作是一个连续的整体系统，强调河流生态系统的结构功能特征与流域特性的统一性。所以，上游生态系统过程直接影响下游生态系统的结构和功能。这一理论还概括了沿河流纵向有机物的数量和时空分布变化，以及生物群落的结构状况，使得有可能对于河流生态系统的特征及变化进行预测。

2.1.3 洪水脉冲概念

Junk 基于在亚马孙河和密西西比河的长期观测和数据积累，于 1989 年提出了洪水脉冲概念。Junk 认为，洪水脉冲是河流-河漫滩系统生物生存和交互作用的主要驱动力。洪水脉冲概念是对河流连续体概念的补充和发展。

洪水脉冲功能有以下两个方面：形成河流-河漫滩系统侧向连通系统；形成生物生命节律信息流。

2.1.3.1 形成河流-河漫滩系统侧向连通系统

当汛期河道水位超过平滩水位以后，水流开始向河漫滩漫溢，形成河流-河漫滩侧向连通系统。洪水脉冲作用以随机的方式改变连通性的时空格局，从而形成高度异质性的栖息地特征。在高水位下，河漫滩中的洼地、水塘和湖泊由水体储存系统变成了水体传输系统，即从静水系统发展为动水系统，为不同类型物种提供了避难所、栖息地和索饵场。强烈的水流脉冲导致大量的淡水替换，同时输移湖泊、水塘中的有机残骸堆积物，调节水域动植物种群。河流水位回落削弱了河流与小型湖泊、洼地和水塘之间的连通性，河漫滩的水体停止运动，滞留在河漫滩的水体又恢复为静水状态。总之，洪水脉冲作用把河流与河漫滩动态地联结起来，形成了河流-河漫滩有机物高效利用系统。

2.1.3.2 形成生物生命节律信息流

每一条河流都携带着生物生命节律信息，河流本身就是一条信息流。在洪水期间洪水脉冲传递的信息更为丰富和强烈。观测资料表明，鱼类和其他一些水生生物依据水文情势的丰枯变化，完成产卵、孵化、生长、避难和迁徙等生命活动。在巴西 Pantanal 河许多鱼种适宜在洪水脉冲时节产卵。在澳大利亚墨累-达令河如果出现骤发洪水，当洪水脉冲与温度脉冲之间的耦合关系错位，即洪峰高水位时出现较低温度，或者洪水波谷低水位下出现较高温度，都会引发某些鱼类物种的产卵高峰。

2.1.4 串联非连续体概念

串联非连续体概念是 Ward 和 Starford 为完善 RCC 而提出的理论，意在考虑水坝对河流的生态影响。因为水坝引起了河流纵向连续性的中断，导致河流生命参数和非生命参数的变化以及生态过程的变化，需要建立一种模型来评估这种胁迫效应。SDC 定义了两组参数来评估水坝对于河流生态系统结构与功能的影响。一组参数称为“非连续性距离”，定义为水坝对于上下游影响范围的沿河距离，超过这个距离水坝的胁迫效应明显减弱，参数包括水文类和生物类；另一组参数为强度（intensity），定义为径流调节引起的参数绝对变化，表示为河流纵向同一断面上自然径流条件下的参数与人工径流调节的参数之差。这组参数反映水坝运行期内人工径流调节造成影响的强烈程度。SDC 也考虑了堤防阻止洪水向河漫滩漫溢的生态影响，以及径流调节削弱洪水脉冲的作用。在 SDC 中非生命因子包括营养物质的输移和水温等。

2.1.5　河流生态系统结构功能整体性概念模型

河流生态系统结构功能整体性概念模型（holistic conceptual model for the structure and function of river ecosystems，HCM）是在发展和整合业已存在的若干概念模型的基础上，形成统一的反映河流生态系统整体性的概念模型。河流生态系统结构功能整体性概念模型抽象概括了河流生态系统结构与功能的主要特征，既包括河流生态系统各个组分之间相互联系、相互作用、相互制约的结构关系，也包括与结构关系相对应的生物生产、物质循环、信息流动等生态系统功能特征。在模型中选择了水文情势、水力条件和地貌景观这三大类生境因子，建立它们与生态过程、河流生物生活史特征和生物群落多样性的相关关系，以期涵盖河流生态系统的主要特征。考虑到近百年人类对水资源的大规模开发和对河流的大规模改造，必须重视人类活动因素对于河流生态系统的重要影响。河流生态系统结构功能整体性概念模型由以下 4 个模型构成：河流四维连续体模型（4 - dimension river continuum model，4 - D RCM）、水文情势-河流生态过程耦合模型（coupling model of hydrological regime and ecological process，CMHE）、水力条件-生物生活史特征适宜性模型（suitability model of hydraulic conditions and life history traits of biology，SMHB）、地貌景观空间异质性-生物群落多样性关联模型（associated model of spatial heterogeneity of geomorphology and the diversity of biocenose，AMGB）。图 2.1.1 表示了河流水文、水力和地貌等自然过程与生物过程的耦合关系，标出了 4 个模型在耦合关系中所处的位置，同时标出了相关领域所对应的学科。

（1）河流四维连续体模型

河流四维连续体模型反映了生物群落与河流流态的依存关系，是在 Vannote 提出的河流连续体概念以及其后一些学者研究工作的基础上进行改进后提出的，把原有的河流内有机物输移连续性，扩展为物质流、能量流、物种流和信息流的三维连续性。

（2）水文情势-河流生态过程耦合模型

水文情势-河流生态过程耦合模型描述了水文情势对于河流生态系统的驱动力作用，也反映了生态过程对于水文情势变化的动态响应。水文情势可以用 5 种要素描述，即流量、频率、发生时机、持续时间和变化率。水文情势-河流生态过程耦合模型反映了水文过程和生态过程相互影响、相互调节的耦合关系。一方面，水文情势是河流生物群落重要的生境条件之一，水文情势影响生物群落结构以及生物种群之间的相互作用。另一方面，生态过程也调节着水文过程，包括流域尺度植被分布状况改变着蒸散发和产汇流过程从而影响水文循环过程等。

（3）水力条件-生物生活史特征适宜性模型

水力条件-生物生活史特征适宜性模型描述了水力条件与生物生活史特征之间的适宜

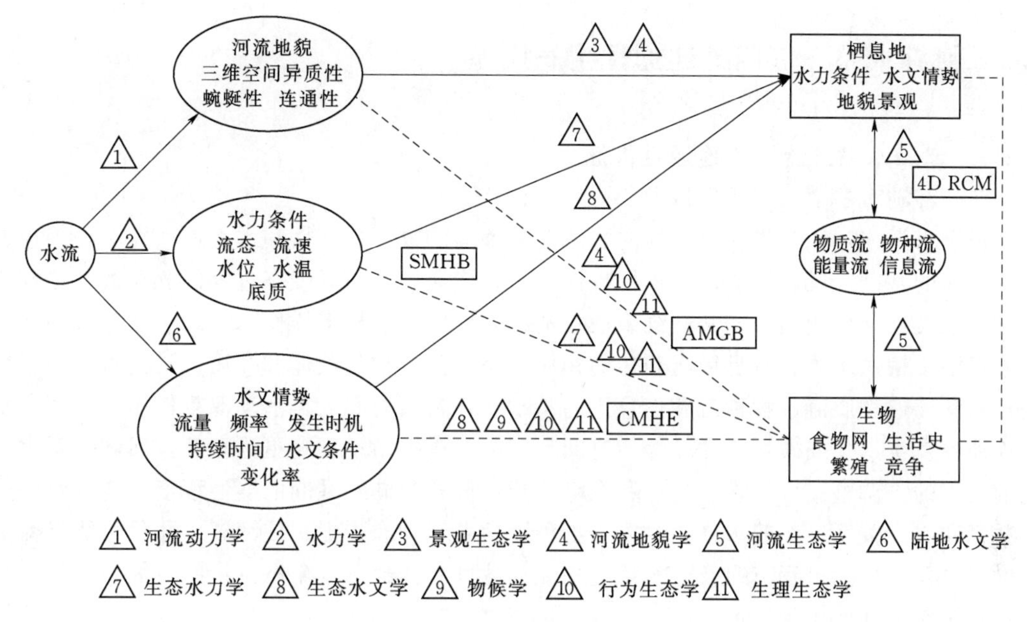

图 2.1.1 整体性概念模型示意图

性。水力条件可用流态、流速、水位、水温等指标度量。河流流态类型可分为缓流、急流、湍流、静水、回流等类型。生物生活史特征指的是生物年龄、生长和繁殖等发育阶段及其历时所反映的生物生活特点。鱼类的生活史可以划分为若干个不同的发育期，包括胚胎期、仔鱼期、稚鱼期、幼鱼期、成鱼期和衰老期，各发育期在形态构造、生态习性以及与环境的联系方面各具特点。多数底栖动物在生活史中都有一个或长或短的浮游幼体阶段。幼体漂浮在水层中生活，能随水流动，向远处扩散。藻类生活史类型比较复杂，包含营养生殖型、孢子生殖型、减数分裂型等。

（4）地貌景观空间异质性-生物群落多样性关联模型

地貌景观空间异质性-生物群落多样性关联模型描述了河流地貌格局与生物群落多样性的相关关系，说明了河流地貌格局异质性对于栖息地结构的重要意义。对河流地貌形态的认识是理解河流自然栖息地结构的基础。河流地貌的形成是一个长期的动态过程。水流对地面物质产生侵蚀，引起岸坡冲刷、河道淤积、河道的侧向调整以及河势变化，构造了河漫滩和台地。河流在径流特别是洪水的周期性作用下，形成了多样性的地貌格局，包括纵坡变化、蜿蜒性、单股河道或分汊型河道、河漫滩地貌以及不同的河床底质及级配结构。由于河流形态是水体流动的边界条件，因而河流的地貌格局也确定了在河段尺度内河流的水力学变量，如流速、水深等。另外，河流形态也影响与植被相关的遮阴效应和水温效应。

河流形态的多样性决定了沿河栖息地的有效性、总量以及栖息地的复杂性。河流的生物群落多样性对于栖息地异质性存在着正相关响应。这种关系反映了生命系统与非生命系统之间的依存与耦合关系。实际上，一个区域的生境空间异质性和复杂性高，就意味着创造了多样的小生境，允许更多的物种共存。栖息地格局直接或间接地影响着水域食物网、物种多度以及土著物种与外来物种的分布格局。

2.2　河湖水系三流四维连通性生态模型

2.2.1　河湖水系三流四维连通性内涵

（1）河湖水系生态连通的目的

河湖水系连通性是指在河流纵向、侧向和垂向的物理连通性和水文连通性。物理连通性是连通的基础，反映河流地貌结构特征。水文连通性是河湖生态过程的驱动力。物理连通性与水文连通性相结合，共同维系栖息地的多样性和种群多样性。河湖水系连通的功能并不仅限于输送水体，水是输送和传递物质、信息和生物的载体和介质。河湖水系连通性是输送和传递物质流、物种流和信息流的基础。在自然力和人类活动双重作用下，河湖水系连通性发生退化或破坏。在较短的时间尺度内，人类活动影响更为显著。河湖水系生态连通的目的是调整结构、恢复过程和保障功能：调整河湖水系间的连通程度，恢复物理连通关系和水力关系；顺畅水系间物质、物种、信息流动和传播，使河湖水体尽可能保留天然的水文及其伴随过程节律及生态系统功能；达到总体改善水生态系统的目的，保障河湖生态系统服务功能正常发挥。

（2）恢复河湖水系生态连通的主要任务

河湖水系连通工程具有综合效益。恢复河湖水系连通性，在生态保护与修复、水资源配置、水资源保护和防洪抗旱等方面，都具有生态效益、社会效益、经济效益。河湖水系连通可以改善水域栖息地的水文条件和水动力条件，恢复和创造多样的栖息地条件，维系物种多样性，同时也为洄游鱼类和其他生物的迁徙提供廊道。以生态保护为主要功能的连通性修复任务表述为：修复河流纵向、侧向和垂向三维空间维度以及时间维度上的物理连通性和水文连通性，改善水动力条件，促进物质流、物种流和信息流的畅通流动，即河湖水系三流四维连通性修复。

2.2.2　河湖水系三流四维连通性生态模型（3F4DCEM）

2.2.2.1　三流四维连通性生态模型定义

水流是水体在重力作用下一种不可逆的单向运动，具有明确的方向。在河流的某一横断面建立笛卡尔坐标系，规定水流的瞬时流动方向为 Y 轴（纵向），在地平面上与水流垂直方向为 X 轴（侧向），对于地面铅直方向为 Z 轴（竖向）。再按照曲线坐标系的原理，令坐标原点沿河流轴线移动，逐点形成各自的坐标系。由于降雨和水文过程以及河流地貌演变的动态性，形成了河湖水系连通的易变性（variability），这就需要考虑时间维度，定义一个时间坐标 t，以反映河湖水系连通的动态特征（图 2.2.1）。

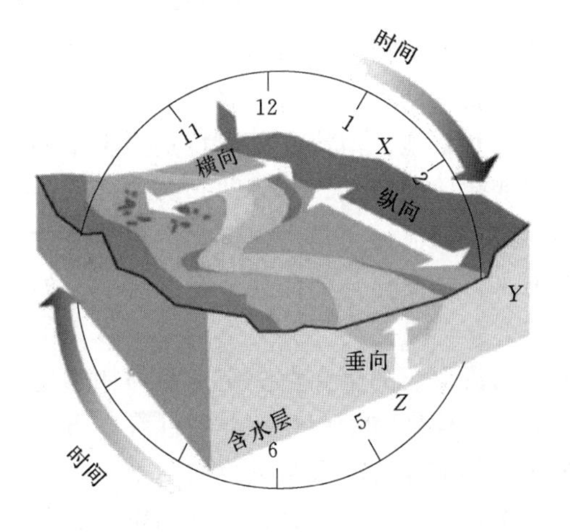

图 2.2.1　河流四维坐标系统

三流四维连通性生态模型的定义如下。

在河湖水系生态系统中，水文过程驱动下的物质流 M_i、物种流 S_i 和信息流 I_i 在三维空间（$i=x$，y，z）运动所引起的生态响应 E_i 是 M_i、S_i 和 I_i 的函数，同时，生态响应 E_i 随时间维的变化 ΔE_i 是 M_i、S_i 和 I_i 变化 ΔM_i、ΔS_i 和 ΔI_i 的函数。空间上考虑河流纵向 y 的上下游连通性；河流侧向 x 的河道与河漫滩连通性；河流垂向 z 的地表水与地下水连通性。三流四维连通性生态模型的数学表达如下：

$$E_i=f(M_i,S_i,I_i)(i=x,y,z) \tag{2.2.1}$$

$$\Delta E_i=f(\Delta M_i,\Delta S_i,\Delta I_i)(i=x,y,z) \tag{2.2.2}$$

$$\Delta M_i=M_{i,t_2}-M_{i,t_1}(i=x,y,z) \tag{2.2.3}$$

$$\Delta S_i=S_{i,t_2}-S_{i,t_1}(i=x,y,z) \tag{2.2.4}$$

$$\Delta I_i=I_{i,t_2}-I_{i,t_1}(i=x,y,z) \tag{2.2.5}$$

式中：E_i 为生态响应，其特征值见表 2.2.1；ΔE_i 为 E_i 随时间的变化量；M_i 为物质流；S_i 为物种流；I_i 为信息流，其变量/参数见表 2.2.1；ΔM_i 为物质流变化量；ΔS_i 为物种流变化量；ΔI_i 为信息流变化量；M_{i,t_2} 和 M_{i,t_1} 分别为在 t_2 和 t_1 时刻的物质流 M_i；S_{i,t_2}、S_{i,t_1} 分别为在 t_2 和 t_1 时刻的物种流 S_i；I_{i,t_2}、I_{i,t_1} 分别为在 t_2 和 t_1 时刻的信息流 I_i。

如果 t_1 是反映自然状况的参照系统发生时刻，t_2 为当前时刻，则 ΔE_i 表示相对自然状况生态状况的变化。

表 2.2.1　　三流四维连通性生态模型特征值、参数、变量和判据

方向		X	Y	Z
物质流	变量/参数	水文（流量、水位、频率），河流-河漫滩物质交换与输移，闸坝运行规则	水文（流量、频率、发生时机、持续时间和变化率），水库径流调节，水质指标，水温，含沙量，物理障碍物（水坝、闸、堰）数量和规模	水文（流量、频率），地下水位，土壤/裂隙岩体渗透系数，不透水衬砌护坡比例，硬质地面铺设比例，降雨入渗率
	生态响应特征值	洪水脉冲效应，河漫滩湿地数量，河漫滩植被盖度；河漫滩物种多样性指数、丰度	鱼类和大型无脊椎动物的物种多样性指数、丰度；鱼类洄游方式/距离、漂浮性鱼卵传播距离；鱼类产卵场、越冬场、索饵场数量；鱼类产卵时机；河滨带植被；水体富营养化；河势变化	底栖动物和土壤动物物种多样性和丰度
	状态判据	漫滩水位/流量	河湖关系（注入/流出）、水网河道（往复流向）、常年连通/间歇连通的水文判据	地表水与地下水相对水位，降雨入渗率
物种流	变量/参数	漫滩水位/流量	水文（流量、频率、发生时机、持续时间和变化率）。水质指标，水温，物理障碍物（水坝、闸、堰）数量	地表水与地下水相对水位，降雨入渗率
	生态响应特征值	河川洄游鱼类物种多样性，鱼类庇护所数量	海河洄游鱼类物种多样性，洄游方式/距离，漂浮性鱼卵传播距离，汛期树种漂流传播距离	底栖动物和土壤动物物种多样性、丰度
	状态判据	漫滩水位/流量	有无鱼道，生态基流满足状况	

续表

方　向		X	Y	Z
信息流	变量/参数	洪水脉冲效应，堤防影响	洪水脉冲效应，（流量、频率、发生时机和变化率），流速、水深等水动力学特征，水库径流调节与自然水流偏差率，单位距离筑坝数量	
	生态响应特征值	河漫滩湿地数量，河漫滩植被盖度；河漫滩物种多样性指数、丰度	下游鱼类产卵数量变化，鸟类迁徙、鱼类洄游、涉禽、陆生无脊椎动物繁殖	
	状态判据	漫滩水位/流量	水生生物适宜性栖息地面积	

除考虑自然状态下的河湖水系连通性之外，三流四维连通性生态模型还考虑人类对水资源和水能资源开发对连通性的影响，主要包括水坝等河流纵向障碍物、堤防等河流侧向障碍物、地面不透水铺设和河道硬质衬砌对河流垂向渗透性影响。三流四维连通性生态模型示意图如附图 1 所示。

针对具体河湖水系连通系统，构建三流四维连通性生态模型，需要遴选关键生态响应特征值以及关键变量或参数，通过分析大量观测数据，用统计学方法建立连通性变化与生态响应的函数关系。

2.2.2.2　模型的变量和判据

为使三流四维连通性生态模型定量化，需要在三维空间和时间 t 维度上选择生态响应特征值；物质流、物种流和信息流的多种变量/参数（表 2.2.1）。在水文参数方面，可按 Poff 提出的自然水流范式用 5 种水文组分：流量、频率、发生时机、持续时间和变化率，以及 32 个水文指标变化描述。针对不同类型的连通性问题，选择的水文组分有所侧重。比如河流纵向坝下泄流问题中，5 种水文组分都具有重要功能；而在河流侧向信息流传递问题中，反映脉冲强度的水文过程变化率以及与生物生活史相关的水文事件时机，都是河流与河漫滩连通性的模型参数，也是导致洪水脉冲效应的主要因素。环境流同样是重要的生态要素。在河流纵向物种流流动问题中，环境流既是参数也是判据。在水体物理化学参数方面，选择泥沙、水质和水温的相关指标做模型参数，以反映物质流的主要特征。在地貌、地质参数方面，河流纵向上，物理障碍物（水坝、闸、堰）的数量和规模无疑是连通性的重要参数；河流垂向上，地表渗透性能、土壤/裂隙岩体渗透系数、降雨入渗率是反映雨水入渗和地表水与地下水交换的重要参数。在生物参数方面，在河流纵向和侧向，海河洄游和河川洄游鱼类和大型无脊椎动物物种多样性指数和丰度，鱼类庇护所数量，鱼类洄游方式/距离，漂浮性鱼卵传播距离，河流竖向底栖动物和土壤动物的丰度，河漫滩湿地数量，河漫滩植被盖度，河漫滩物种多样性指数、丰度等都可选择为生态响应特征值。

河湖水系连通是一个动态过程。由于流量增减等水文过程因素以及边界条件变化因素，水流运动方向也随之发生变化，即在纵向 Y、侧向 X 和垂向 Z 发生转换，水流承载的物质流、物种流和信息流方向也随之发生改变。需要设定判据以判断 3 种流的空间方向。水流从河流纵向 Y 转变为侧向 X，临界状态是河流开始漫溢，其判据应是漫滩水位/流量。地表水与地下水交换的判据应是二者水位的相对关系。降雨后形成的坡面径流部分入渗形成地下潜流，地表渗透性能和降雨入渗率是主要判据。在河湖连通问题中，水流是注入还是流出的判据应是河湖水位的相对高程关系。复杂水网水流的往复方向，取决于动态的水位关系，应设定河段的相对水位关系判据。针对连通性的持续特征，应设定判断常年连通或间歇连通的水文判据，详见表2.2.1。

2.2.3　河湖水系四维连通性

河流纵向Y连通性表征了河流上下游连通性；河流侧向X连通性表征了河道与河漫滩的连通性；河流垂向Z连通性表征了地表水与地下水之间的连通性。河湖水系连通性包括物理连通性和水文连通性。物理连通性表征河湖水系地貌景观格局，它是连通性的基础。水文连通性表征动态的水文特征，它是河湖生态过程的驱动力。两种因素相结合共同维系河湖水系栖息地的多样性。

2.2.3.1　河流纵向Y连通性：上下游连通性

河流纵向Y的连通性是指河流从河源直至下游的上下游连通性，也包括干流与流域内支流的连通性以及最终与河口及海洋生态系统的连通性。河流纵向连通性是诸多物种生存的基本条件。纵向连通性保证了营养物质的输移，鱼类洄游和其他水生生物的迁徙以及鱼卵和树种漂流传播。

2.2.3.2　河流侧向X连通性：河道与河漫滩连通性

河流侧向X连通性是指河流与河漫滩之间的连通性。当汛期河流水位超过平滩水位以后，水流开始向河滩漫溢，形成河流-河漫滩连通系统。由于水位流量的动态变化，河漫滩淹没范围随之扩大或缩小，因而河流-河漫滩连通系统是一个动态系统。河流侧向连通性的生态功能是形成河流-河漫滩有机物高效利用系统。洪水漫溢向河漫滩输入了大量营养物质，同时，鱼类在主槽外找到了避难所和产卵场。洪水消退，大量腐殖质和其他有机物进入主槽顺流输移，形成高效物质交换和能量转移条件（附图1）。

2.2.3.3　河流垂向Z连通性：地表水与地下水连通性

河流垂向连通性是指地表水与地下水之间的连通性。垂向连通性的功能是维持地表水与地下水的交换条件，维系无脊椎动物生存条件。降雨渗入土壤，先是通过土壤表层，然后进入饱和层或称地下含水层。在含水层中水体储存在土壤颗粒空隙或地下岩层裂隙之间。含水层具有渗透性，容许水体缓慢流动，使得地表水与地下水能够进行交换。当地下水位低于河流等地表水体水位高程时，河流向地下水补水；相反，当地下水位高于河流等地表水体水位时，地下水给河流补水。地表水与地下水之间的水体交换，也促进了溶解物质和有机物的交换。

2.2.3.4　连通性的动态性

水文连通性具有动态特征。随着降雨和径流过程的时空变化，水位和流量相应发生变化，河流Y、X、Z 3个方向的连通状况相应改变。河流纵向Y连通性会出现常年性连通或间歇性连通不同状况；水网连通会出现水流正向或反向连通状况；河湖连通会出现河湖间水体吞吐单向或双向连通多种状况。河流侧向X连通性出现水流漫滩或不漫滩，漫滩面积扩大或缩小等不同状况。河流垂向Z连通性随着地下水/地表水水位相对关系变化，出现向地下水补水或向河流补水等不同状况。

2.2.4　物质流、物种流和信息流的连续性

水流是物质流、物种流和信息流的载体。河湖水系连通性保证了物质流、物种流和信

息流的通畅。

物质流包括水体、泥沙、营养物质、木质残骸和污染物等。物质流为河湖生态系统输送营养盐和木质残骸等营养物质，担负泥沙输移和河流塑造任务，也使污染物转移、扩散。

在物种流中，先是鱼类洄游。根据洄游行为，可分为海河洄游类和河川洄游类。海河洄游鱼类在其生命周期内洄游于咸水与淡水栖息地，分为溯河洄游性鱼类和降河洄游性鱼类。我国的中华鲟、鲥鱼、大马哈鱼和鳗鲡等属于典型的海河洄游鱼类。河川洄游鱼类，也称半洄游鱼类，属淡水鱼类，生活在淡水环境。河川洄游鱼类为了产卵、索饵和越冬，从静水水体（如湖泊）洄游到流水水体（如江河）或沿相反方向进行季节性迁徙。我国四大家鱼（草、青、鲢、鳙）就属半洄游鱼类。物种流还包括漂浮型鱼卵和汛期树种漂流传播。

河流是信息流的通道。河流通过水位的消涨，流速以及水温的变化，为诸多鱼类、底栖动物及着生藻类等生物传递着生命节律的信号。河流水位涨落会引发不同的行为特点（behavioral trait），比如鸟类迁徙、鱼类洄游、涉禽的繁殖以及陆生无脊椎动物的繁殖和迁徙。据我国 20 世纪五六十年代和 80 年代的调查结果，每年 5—7 月水温升高到 18℃以上时，每逢长江发生涨水过程，长江的四大家鱼便集中在重庆至江西彭泽的 36 处产卵场进行繁殖。产卵规模与涨水过程的流量增加幅度和涨水持续时间有关。流量增加幅度越大、涨水的持续时间越长，四大家鱼的产卵规模越大。另外，依据洪水信号，一些具有江湖洄游习性的鱼类或者在干流与支流洄游的鱼类，在洪水期进入湖泊或支流，随洪水消退回到干流。我国国家一级保护动物长江鲟主要在宜昌段干流和金沙江等处活动。长江鲟春季产卵，产卵场在金沙江下游至长江上游。在汛期，长江鲟则进入水质较清的支流活动。

2.2.5　模型的用途

三流四维连通性生态模型的用途，一是用于河湖水系连通性评估。其步骤是利用历史和调查资料，对模型各参数赋值，建立起大规模开发水资源和水能资源前的连通性生态模型，成为参照系统。按照河流生态状况分级系统方法，对连通性进行分级，进而对河湖水系连通性现状进行评估。二是对连通的生态过程进行仿真模拟计算。以洪水漫溢的侧向连通性为例，涨水期间，洪水漫溢向河漫滩输入了大量营养物质，洪水消退，大量有机残骸物和其他有机物进入主槽顺流输移，完成高效的物质交换和能量转移过程。连通性生态模型用物质流概念（水体、营养物质、有机残骸物的流动）代替水流概念。同时，涨水期间鱼类进入主槽外的河漫滩，找到避难所和产卵场。洪水消退鱼类回归主槽。在本模型中，采用物种流概念更能反映鱼类生活史习性。另外，用变化率作为反映洪水脉冲强度的参数；用水文事件时机与鱼类产卵期的耦合程度反映水文条件的适宜性；用漫滩水位作为水流方向改变的判据。应用这些概念构成的连通性生态模型的模拟结果，更能接近洪水漫溢的自然过程。

第3章　河湖水系水量-水质-生态耦合分析模型

应用数值模拟的手段研究河道水流、泥沙运动、污染物扩散及河床演变规律，近年来已成为实际研究中的主要方法。在河湖水系三流四维连通性理论框架下，可应用水环境模型工具构建河湖水系水量-水质-生态耦合分析模型，为河湖水系连通提供模拟预测手段。

水环境模型是在分析水体中发生的物理、生物和化学现象的基础上，依据质量、能量和动量守恒的基本原理，应用数学方法建立起来的模型。水环境模型包括水动力模型、水质模型等，其发展过程由简单到复杂，由单一到多元。

水动力模型不仅是水环境研究常用的方法，同时也是水质模型不可或缺的重要组成部分。建立于 19 世纪的圣维南方程为非恒定流提供了理论依据，随着计算机的发展水动力数学模型从一维快速发展到三维，其发展历程基本划分为三个时期。一维模型阶段：20 世纪五六十年代主要采用一维圣维南方程集中对水流运动规律探索与研究，同时对圣维南基本方程进行简化，在此基础上提出了二维数值模拟的方法。二维模型阶段：有限差分法的半隐格式、全隐格式的出现，标志着水动力学模型研究进入二维领域。这期间出现的分裂算子法，极大地推动了水流模拟的发展。由于理论与算法的深化与发展，二维水动力数学模型很快得到了广泛的应用。三维模型阶段：1980 年至今是三维水动力学模型快速发展与成熟的时期，40 年间陆续开发了很多模型并在不同类型水域中得到了很好的应用。

目前河网水动力模型大体可以分为节点-河道模型、单元划分模型、混合模型以及人工神经网络模型 4 类。①节点-河道模型是将河网中的每一河道视为单一河道，其控制方程采用圣维南方程组，河道连接处称为节点（汊点），每个节点处均应满足水流连续性方程和能量守恒方程。通过求解由边界条件、圣维南方程组和汊点衔接方程联立闭合方程组，即可得到各河段内部断面的未知水力要素。②单元划分模型针对河网地区的水力特性，将水力特性相似、水位变化不大的某一片水体概化为一个单元，取单元几何中心的水位为单元代表水位，给出水位与水面面积关系。将计算河网分解为一定数量的单元，再进行分组，然后确定各单元间的连接类型。③混合模型就是将节点-河道模型和单元划分模型中与平原河网特性相适应的优点综合起来，并避免其不相适应的缺点，构成新的数学模型。④人工神经网络模型与河网在结构上具有相似之处，两者都是由各个内部结构通过并联或串联形成一个相互制约的整体网络结构。通过调整系统内部各个“神经元”之间的相互作用达到系统输入、输出之间的最优或平衡，可以用于复杂河网的模拟。

水质数学模型就是描述水体中污染物随时间和空间的降解规律及其影响因素相互关系的数学表达式，近十几年来已经研究得比较广泛和深入，并已成功地应用于河流、流域的水质规划和管理。水质模型的发展有不同的复杂程度，经历了 4 个阶段，即从零维到三维模型发展的过程：第一阶段开发了比较简单的生物化学需氧量和溶解氧的双线性系统模型。典型的是 Streeter 和 Phelps 在 1925 年提出的稳态 BOD－DO（biochemical oxygen demand－dissolved oxygen，生化需氧量-溶解氧）模型。第二阶段除继续研究发展 BOD－DO 模型的多参数估值问题外，将水质模型扩展为 6 个线性系统模型。水质模拟方法从一维发展到二维，随后又出现了多参数模型，即包含多种水质指标的水质模型。第三阶段研究发展了相互作用的非线性系统水质模型，涉及营养物质磷、氮的循环系统，浮游植物、动物系统，生物生长率同这些营养物质、阳光、温度的关系。第四阶段除继续研究第三阶段的食物链问题外，还发展了多种相互作用系统，涉及与有毒物质的相互作用，空间尺度发展到三维。

河网水质模拟方法按水质控制方程及河道概化方式可分为两类：第 1 类为一维纵向分散方程求解法，在河网三级解法水动力模型的基础上采用三级解法模拟河网内污染物质的输运。第 2 类为组合单元法，此方法由于单元概化使其精度受损，仅适用于大尺度水环境规划，但此方法以各单元物理量为直接求解对象，为环境容量计算、水质规划及反问题研究提供了方便。

目前主要的水环境模型集中于欧美国家，主要包括 EFDC（Environmental Fluid Dynamics Code）模型、MIKE 模型、QUAL 模型、WASP（Water Quality Analysis Simulation Program）模型、OTIS（Water Quality/Solute Transpore）模型、BASINS（Better Assessment Science Integrating Point and Non－point Sources）模型、CE－QUAL－W2 模型等。国外在水动力水质模型方面的研究工作起步早，已开发多种水动力水质模型，而且实现了模块化软件化，而我国在水环境模型研究上较国外起步晚，处于初步探索阶段，亟待自主研究开发水动力水质模型。

本书研究的河湖水系水量－水质－生态耦合分析模型（Hydro Multi－Process Modeling，HydroMPM）包含一维模型、二维模型，其中一维模型为水量-水质模型；二维模型为水量-水质-生态耦合模型，在模拟水量-水质的同时，将鱼类栖息地评价模型与二维水动力模型耦合。下面对两种模型的原理、构建配置分别进行介绍。

3.1　一维模型

基于圣维南方程及一维对流扩散输移方程，加入水闸调度模拟，可用于平原河网或感潮河网的水动力及水质模拟及闸门调度模拟，根据河道地形及相关资料建立河网的一维水量-水质模型来模拟分析河网的水动力或水质特性。

3.1.1　基本方程及数值求解

3.1.1.1　河网水流基本方程

（1）控制方程

采用圣维南方程组作为河道非恒定流控制方程，包括连续方程和运动方程：

水流连续方程：

$$\frac{\partial Z}{\partial t}+\frac{1}{B}\frac{\partial Q}{\partial x}=\frac{q}{B} \tag{3.1.1}$$

水流运动方程：

$$\frac{\partial Q}{\partial t}+gA\frac{\partial Z}{\partial x}+\frac{\partial}{\partial x}(\beta uQ)+g\frac{|Q|Q}{c^2AR}=0 \tag{3.1.2}$$

式中：x 为里程，m；t 为时间，s；Z 为水位，m；B 为过水断面水面宽度，m；Q 为流量，m^3/s；q 为侧向单宽流量，m^2/s，正值表示流入，负值表示流出；A 为过水断面面积，m^2；g 为重力加速度，m/s^2；u 为断面平均流速；β 为校正系数；R 为水力半径；c 为谢才系数，$c=R^{1/6}/n$，n 为曼宁糙率系数。

（2）汊点连接方程

网河区的汊点是相关支流汇入或流出点。汊点处的水流情况通常较复杂，目前对河网进行非恒定流计算时，通常使用近似处理方法，即汊点处各支流水流要同时满足流量衔接条件和动力衔接条件：

流量衔接条件：

$$\sum_{i=1}^{m}Q_i=0 \tag{3.1.3}$$

动力衔接条件：

$$Z_1=Z_2=\cdots=Z_m \tag{3.1.4}$$

式中：Q_i 为汊点第 i 条支流流量，流入为正，流出为负；Z_i 表示汊点第 i 条支流的断面平均水位，m；m 为汊点处的支流数量。

（3）水质基本方程

采用一维对流扩散输移方程：

$$\frac{\partial(AC)}{\partial t}+\frac{\partial(QC)}{\partial x}-\frac{\partial}{\partial x}\left(AE_x\frac{\partial C}{\partial x}\right)+S_C-S_B=0 \tag{3.1.5}$$

$$\sum_{i=1}^{NL}(QC)_{i,j}=(C\Omega)_j\left(\frac{\mathrm{d}z}{\mathrm{d}t}\right)_j \tag{3.1.6}$$

式中：E_x 为纵向分散系数，m^2/s；C 为水流输送的物质浓度，mg/L；Ω 为河道汊点-节点的水面面积，m^2；j 为节点编号；i 为与节点 j 相连接的河道编号；S_C 为与输送物质浓度有关的衰减项，s^{-1}；S_B 为外部的源或汇项，g/(s·m)。

3.1.1.2 数值求解方法

一维河网水流数学模型计算采用分级联解法。分级联解法的本质是利用河段离散方程的递推关系，建立汊点的离散方程并求解。其算法基本原理为：首先将河段内相邻两断面之间的每一微段上的圣维南方程组离散为断面水位和流量的线性方程组；通过河段内相邻断面水位与流量的线性关系和线性方程组的自消元，形成河段首末断面以水位和流量为状态变量的河段方程；再利用汊点相容方程和边界方程，消去河段首、末断面的某一个状态变量，形成节点水位（或流量）的节点方程组；最后对简化后的方程组采用追赶法求解。

由动力衔接条件式（3.1.4）可知，汊点处各断面的水位相等，因此本模型求解计算中采用四级联解法。四级联解法选择各汊点水位作为求解变量。对于具有 N_2 个汊点的河网，由流量衔接条件式（3.1.3）可得到 N_2 个方程。因此矩阵方程的维数为 $N_2\times N_2$，可求解出 N_2 个汊点的水位。与三级联解法相比，四级联解法的矩阵方程维数较小，计算效率较高。可参照有关计算水力学书籍，在此不再赘述。

3.1.1.3　水闸调度模拟

水闸分为边界水闸和内部节制闸。

边界水闸在开启时，作为水位边界处理；边界水闸在关闭时，作为流量边界处理，此时流量为0。

节制闸通过虚拟汊点和虚拟河段进行概化，具体方法如下。

1）在水闸建筑物上、下游布设断面，两断面之间距离忽略不计，如图3.1.1所示。

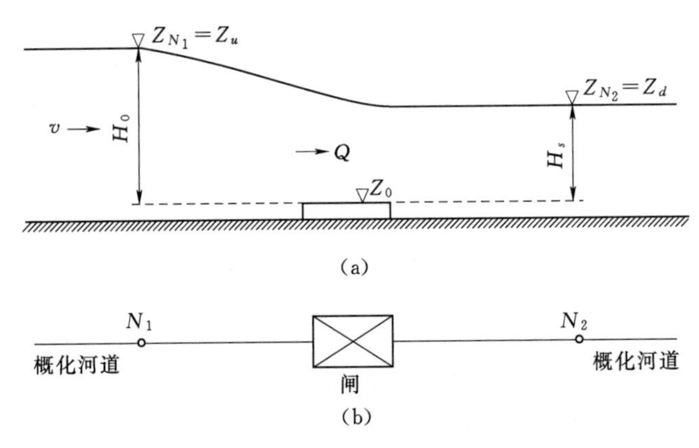

图3.1.1　节制闸概化示意图

2）断面之间水位差与流量之间的关系取决于堰流公式及运行方式，在闸门关闭情况下，过闸流量$Q=0$；在闸门开启情况下，过闸流量Q按宽顶堰公式计算：

自由出流：
$$Q=mB\sqrt{2g}H_0^{1.5} \tag{3.1.7}$$

淹没出流：
$$Q=\varphi B\sqrt{2g}H_s\sqrt{Z_u-Z_d} \tag{3.1.8}$$

式中：Q为过闸流量，m^3/s；m为自由出流系数；φ为淹没出流系数；B为闸门开启总宽度；Z_u为闸上游水位，m；Z_d为闸下游水位，m；H_0为闸上游水深，m；H_s为闸下游水深，m。

3）根据水闸上、下游断面流量相等，可得

$$Q_i=Q_{i+1} \tag{3.1.9}$$

在水闸上、下游断面位置，各生成1个虚拟断面，两个虚拟断面之间为虚拟河道，水闸上游断面、上游虚拟断面之间为1个虚拟汊点，水闸下游断面、下游虚拟断面之间为1个虚拟汊点，通过这2个虚拟汊点将虚拟河段与水闸上、下游河道连接起来。

基于宽顶堰公式得到虚拟河道的递推公式为

$$Q_i=a_1Z_i+b_1Z_{i+1}+c_1 \tag{3.1.10}$$

$$Q_{i+1}=a_2Z_i+b_2Z_{i+1}+c_2 \tag{3.1.11}$$

当闸门关闭时，所有系数为0，即过闸流量$Q_i=Q_{i+1}=0$；当闸门开启时，根据过闸水流流态，结合宽顶堰公式，采用一阶泰勒级数展开，可得各系数值。

4）考虑河道汊点与虚拟汊点，基于汊点连接模式，采用河网联解法进行求解，计算得到包括水闸上、下游断面在内的所有断面的水位、流量。

3.1.2 模型配置

一维模型配置文件分为 IN1D 输入配置和 OUT1D 结果输出。IN1D 输入配置包括 BC、Topo 文件和 Setting、Output 等配置文件。其中，BC 文件包含与边界条件有关的配置文件；Topo 文件包含与河网结构和地形有关的配置文件。下面对主要的输入配置进行介绍。

（1）河网拓扑结构配置

河网拓扑结构配置即 Topo 文件，其中包括了 HD. DAT、dst. dat、Junction 和 DM _ DeadAreaMinWidth 4 个文件。其具体含义如下：①HD. DAT 文件包括河网中各条河段包括的断面信息，以及各断面的地形信息；②dst. dat 文件为断面间距信息；③Junction 文件定义了河网中各河段的连接关系；④DM _ DeadAreaMinWidth 定义了各断面的最小河宽和最小河宽对应的过水面积（死水面积）。

（2）边界条件配置

边界条件配置即 BC 文件，包括了 bcCrossSections、bc. ZQ、bcTimeSeries、bcTimeSeries. C1、SluiceCrossSections、SluiceOperate、SluiceTimeSeries、innerSluiceCrossSections、innerSluiceOperate、innerSluiceTimeSeries 等多个文件，具体配置如下：① bcCrossSections 文件配置边界断面信息，包括位于河网边界的断面编号，以及边界类型，其中，边界类型包括水位边界和流量边界。②bc. ZQ 文件配置“水位-流量”关系边界，程序会自动查询该文件是否存在。若 bc. ZQ 文件不存在，则表示没有“水位-流量”关系边界。否则，按照 bc. ZQ 文件提供的信息进行配置。③bcTimeSeries 文件配置边界的水位（m）、流量（m^3/s）时间序列过程。④bcTimeSeries. C1 文件配置 C1 物质组分的边界时间序列。⑤ SluiceCrossSections 文件配置水闸位置信息（即水闸所在断面编号）。⑥SluiceOperate配置水闸调度规则（关闭、开启、只入流不出流、只出流不入流、按控制水位运行——只进不出＋控制水位，即水闸外边界水位上涨至控制水位后关闸，只出不进＋控制水位，即水闸外边界水位下降至控制水位后关闸，进水时，达到控制水位即关闸；退水时，开闸），SluiceTimeSeries 文件配置水闸状态。⑦innerSluiceCrossSections 文件配置节制闸位置信息（即节制闸上、下游断面编号，闸底高程、闸顶高程、闸孔净宽）。⑧innerSluiceOperate 文件配置水闸调度规则（与 SluiceOperate 配置水闸调度规则相同），innerSluiceTimeSeries 文件配置水闸状态。

（3）运行参数配置

运行参数配置即 Setting 文件配置一维模型的主要运行参数，包括河段数量、断面数量、分级联解法、模型初始化方式、模型输出选项、差分系数、计算时间步长、模拟时间、实时监测选项、盐度计算选项、泥沙计算选项等。

（4）热启动文件配置

通过 Setting 文件中指定热启动文件为“Restart. dat”，则需要配置热启动文件。

（5）糙率文件配置

通过 Manning 文件配置各断面的糙率。

（6）监测文件配置

通过 Monitor 文件配置监测断面信息，可实时输出监测断面的水位、流量、流速及污染物浓度。

（7）点源文件配置

通过 PSource 文件配置点源信息，实现河道支流汇入或区间入流计算。

（8）污染物计算配置

通过 ADK _ OMG. C1 文件配置污染物计算参数，包括扩散系数和间接系数。可以统一配置计算参数，然后按照河段进行局部修改。

（9）降雨产流配置

通过 RainStation 文件配置雨量站、净雨过程及子流域信息。

根据对一维模型的基本方程、数值求解的介绍，本一维模型适用于河流需具备以下几个条件。

1）河流中的宽浅河段。

2）污染物能快速均匀混合，混合时间基本可忽略不计。

3）在断面的侧向上，污染物浓度基本不变，不考虑污染物在侧向和垂向的浓度。

3.2 二维模型

此二维模型不考虑水体垂向，可用于平面河道（横纵向）的水动力及水质模拟，可分析模拟区域的水动力、水质特性，并将鱼类栖息地适宜度评价模型与此模型耦合，根据区域水动力特性对该区域进行鱼类栖息地适宜度评价。下面对该模型的基本方程、数值求解、模型配置、鱼类栖息地适宜度评价模型相关内容进行介绍。

3.2.1 基本方程及数值求解

3.2.1.1 二维水流运动控制方程

采用守恒形式的二维浅水方程为

$$\frac{\partial \boldsymbol{U}}{\partial t}+\frac{\partial \boldsymbol{E}^{\mathrm{adv}}}{\partial x}+\frac{\partial \boldsymbol{G}^{\mathrm{adv}}}{\partial y}=\frac{\partial \boldsymbol{E}^{\mathrm{diff}}}{\partial x}+\frac{\partial \boldsymbol{G}^{\mathrm{diff}}}{\partial y}+\boldsymbol{S} \tag{3.2.1}$$

其中 $\boldsymbol{U}=\begin{bmatrix} h \\ hu \\ hv \end{bmatrix}, \boldsymbol{S}=\begin{bmatrix} 0 \\ g(h+b)S_{0x} \\ g(h+b)S_{0y} \end{bmatrix}+\begin{bmatrix} 0 \\ -ghS_{fx} \\ -ghS_{fy} \end{bmatrix}+\begin{bmatrix} r-i \\ 0 \\ 0 \end{bmatrix}+\begin{bmatrix} 0 \\ S_{wx} \\ S_{wy} \end{bmatrix}+\begin{bmatrix} 0 \\ fhv \\ -fhu \end{bmatrix}$

式中：$\boldsymbol{U}$ 为守恒向量；$\boldsymbol{E}^{\mathrm{adv}}$、$\boldsymbol{G}^{\mathrm{adv}}$ 分别为 x、y 方向的对流通量向量；$\boldsymbol{E}^{\mathrm{diff}}$、$\boldsymbol{G}^{\mathrm{diff}}$ 分别为 x、y 方向的扩散通量向量；$\boldsymbol{S}$ 为源项向量。

$$\boldsymbol{E}^{\mathrm{adv}}=\begin{bmatrix} hu \\ hu^2+\frac{1}{2}g(h^2-b^2) \\ huv \end{bmatrix}, \boldsymbol{G}^{\mathrm{adv}}=\begin{bmatrix} hv \\ huv \\ hv^2+\frac{1}{2}g(h^2-b^2) \end{bmatrix}$$

$$\boldsymbol{E}^{\mathrm{diff}}=\begin{bmatrix} 0 \\ 2h\nu_{\mathrm{t}}\frac{\partial u}{\partial x} \\ h\nu_{\mathrm{t}}\left(\frac{\partial u}{\partial y}+\frac{\partial v}{\partial x}\right) \end{bmatrix}, \boldsymbol{G}^{\mathrm{diff}}=\begin{bmatrix} 0 \\ h\nu_{\mathrm{t}}\left(\frac{\partial u}{\partial y}+\frac{\partial v}{\partial x}\right) \\ 2h\nu_{\mathrm{t}}\frac{\partial v}{\partial y} \end{bmatrix} \tag{3.2.2}$$

式中：h 为水深；u、v 分别为垂直方向平均流速在 x、y 方向的分量；b 为底高程，m；r 为降雨强度；i 为入渗强度；ν_t 为水平方向的紊动黏性系数；g 为重力加速度，m^2/s；S_{fx}、S_{fy} 分别为 x、y 方向的摩阻斜率；S_{0x}、S_{0y} 分别为 x、y 方向的底坡斜率：

$$S_{0x}=-\frac{\partial b(x,y)}{\partial x},S_{0y}=-\frac{\partial b(x,y)}{\partial y} \tag{3.2.3}$$

采用曼宁（Manning）公式计算摩阻斜率：

$$S_{fx}=\frac{n^2u\sqrt{u^2+v^2}}{h^{4/3}},S_{fy}=\frac{n^2v\sqrt{u^2+v^2}}{h^{4/3}} \tag{3.2.4}$$

式中：n 为 Manning 系数，与地形地貌、地表粗糙程度、植被覆盖等下垫面情况有关，一般结合经验给定 Manning 系数值。

采用如下代数关系计算紊动黏性系数：

$$\nu_t=\alpha\kappa u_* h \tag{3.2.5}$$

式中：α 为比例系数，一般取 0.2；κ 为卡门系数，取 0.4；u_* 为床面剪切流速；h 为水深。

如图 3.2.1 所示，约定高程基准面的高程值为零，假设水位为 $\eta(x, y, t)$，河底高程为 $b(x, y)$，水深为 $h(x, y, t)$，则三者满足以下关系：

$$\eta(x,y,t)=h(x,y,t)+b(x,y) \tag{3.2.6}$$

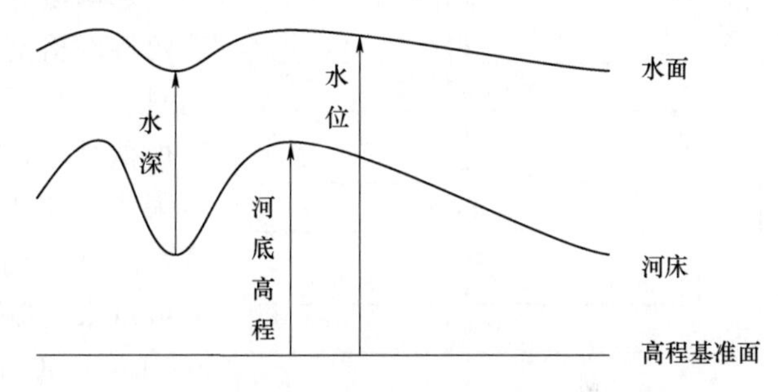

图 3.2.1 水位、水深、河底高程的关系示意图

S_{wx}、S_{wy} 分别为 x、y 方向的水面风应力：

$$S_{wx}=C_d\frac{\rho_a}{\rho_w}U_w\sqrt{U_w^2+V_w^2},S_{wy}=C_d\frac{\rho_a}{\rho_w}V_w\sqrt{U_w^2+V_w^2} \tag{3.2.7}$$

式中：C_d 为水面风应力拖曳系数；ρ_a、ρ_w 分别为空气和水的密度，kg/m^3；U_w、V_w 分别为 x、y 方向上水面 10m 高处的风速分量，m/s。

水面风应力拖曳系数 C_d 可取常数值（如 2.6×10^{-3}）。此外，考虑到阻尼系数随着风速的加大而有一定增大的观测事实，常将表面风应力拖曳系数参数化成以下的线性形式：

$$C_d=0.001(a+b\sqrt{U_w^2+V_w^2}) \tag{3.2.8}$$

式中：a、b 为经验系数，取值见表 3.2.1。

需要注意的是，由于观测的资料源不同，得到 a、b 值分散性很大，适用范围也不完全相同，绝大多数公式目前还只适用于 25m/s 以下的风速范围。

表 3.2.1　水面风应力拖曳系数计算公式的经验系数值

a	b	风速范围	来　源	备　注
1.300	0.000	[5.5，7.9]	Rossby 和 Montgomery，1935	
2.6	0.000	[5.5，7.9]	Sverdrup，1942	
1.00	0.070	[1.5，13]	Deacon 和 Webb，1962	

续表

a	b	风速范围	来　源	备　注
0.800	0.065	[7.5，50]	Wu，1982	
0.610	0.063	[5，22]	Smith，1980	推荐用于风暴潮数值模拟
0.750	0.067	[4，21]	Garratt，1977	
0.577	0.085	[5，25]	Geernaert，1987	
0.490	0.065	[11，25]	Large 和 Pond，1981	推荐用于浅水湖泊的风生流计算
0.50	0.071	[6，26]	Yelland 和 Taylor，1998	

f 为柯氏力系数，$f=2w\sin\varphi$，$w=2\pi/86164=7.29\times10^{-5}$ rad/s 为地球自转角速度，φ 为当地纬度。

3.2.1.2　数值计算方法

采用边界拟合能力强和易于局部网格加密的三角形网格剖分计算域，利用基于水位-体积关系的斜底三角单元模型，有效解决了小尺度线状地形模拟难题；以能够有效捕获激波的 Godunov 型有限体积法为框架，运用在时间上和空间上均具有二阶精度的 MUSCL - Hancock 预测-校正格式离散洪水控制方程，采用 HLLC（Harton - Lax - ran Leer - Contact）近似 Riemann 算子计算对流数值通量，采用直接近似方法计算扩散数值通量，并结合斜率限制器以保证模型的高分辨率特性，避免在间断或大梯度解附近产生非物理的数值虚假振荡；基于单元中心型底坡项近似方法，在不使用任何额外动量通量校正项的前提下模型能保持通量梯度与底坡项之间的平衡，即模型具有和谐性质；采用半隐式格式处理摩阻项，该半隐式格式既能保证不改变流速分量的方向，也能避免小水深引起的非物理大流速问题，有利于计算稳定性；实现了固壁、水位、流量、自由出流等边界条件；基于 CFL（Courant - Friedrichs - Lewy）稳定条件实现了数值模型的自适应时间步长技术。

图 3.2.2　二维浅水方程数值计算流程

二维浅水方程数值计算流程如图 3.2.2 所示。

3.2.2　模型配置

二维模型配置文件分为 IN2D 输入配置和 OUT2D 结果输出。输入配置包括 BC、MESH 文件和 Setting、Output 等配置文件。其中，BC 文件包含与边界条件有关的配置文件；MESH 文件包含与河网结构和地形有关的配置文件。下面对主要的输入配置进行介绍。

(1) 计算网格配置

计算网格信息包括节点文件 node、单元文件 ele、边文件 edge，以及节点高程文件 bed。

(2) 边界条件配置

边界条件配置文件包括 bcNodes、bcTimeSeries、bcTimeSeries.C1、bcTimeSeries.EC1.DO、bcTimeSeries.EC2.PHYT、bcTimeSeries.EC3.CBOD、bcTimeSeries.EC4.NH3 - N、bcTimeSeries.EC5.NO3 - N、bcTimeSeries.EC6.OPO4、bcTimeSeries.EC7.ON、bcTimeSeries.EC8.OP 等文件：①bcNodes 文件配置模型边界信息，边界类型包括流量边界、水位边界、开（自由出流边界），以及混合边界；②bcTimeSeries 文件配置边界的水位、流量时间序列，其中该文件的边界次序必须与 bcNodes 文件的水位、流量边界次序一致；③bcTimeSeries.C1 文件配置污染物边界浓度过程；④bcTimeSeries.EC1.DO～bcTimeSeries.EC8.OP 文件为水生态模型的污染物组分边界浓度过程。

(3) 运行参数配置

运行参数配置为 Setting 文件配置二维模型的主要运行参数，包括计算精度、初始化方式、糙率、计算结果实时监测选项、结果统计选项、结果输出选项、结果输出时间步长、计算时间步长方式、计算时间步长、CFL 数、初始时刻、结束时刻、最小水深、临界流速、节点加权系数方法、紊动扩散系数、污染物计算选项、污染物扩散系数、降解系数、通量限制选项、污染物点源选项、水生态组分计算选项及参数等。

(4) 热启动文件配置

若 Setting 文件中 ic _ options=2，则 Restart.dat 文件配置模型热启动信息，为各网格单元提供初始水深、流速及污染物浓度。

(5) 分区域设置初始值

如果 Setting 文件中 ic _ area=1，则模型首先初始化所有单元的水位或水深、流速、污染物浓度为统一值，然后根据 ic 文件修改局部区域的初始条件。

(6) 糙率文件配置

通过 Manning 文件配置各单元或节点的糙率值。

(7) 监测文件配置

通过 Monitor 文件配置计算结果实时监测信息，包括监测点和监测断面。监测点的输出结果有水位、水深、流速；监测断面的输出结果有断面流量。

(8) 污染物点源文件配置

PointSource 文件设置污染物点源排放信息。排污强度包括流量及浓度时间序列。

(9) 水闸调度配置

通过 sluice.txt 文件配置二维模型的水闸信息。通过指定水闸所在边界的节点 ID 确定水闸位置；通过设启闭条件实现调度操作。

(10) 区域降雨配置

通过 RainStation 文件配置雨量站及其降雨过程、降雨插值系数等。

（11）区域风场配置

通过 Windstation 文件配置区域风场站及其风速、风向过程，风场插值系数等。

根据对二维模型的基本方程、数值求解的介绍，由于该模型假定水体垂向均匀，因此该模型仅适用于模拟水体的纵向及横向变化，同时可用于模拟不考虑断面垂向上污染物浓度变化的宽浅型河流。

3.2.3　鱼类栖息地适宜度评价模型

鱼类栖息地适宜度评价模型是用来描述某一河道环境对特定水生物产卵栖息适合程度的评价模型，主要是通过研究对物种有重要影响的河道生态因子进行综合评价。

鱼类的生长繁殖常与水温、流速、水深、河床基质、pH 值、溶解氧等要素有关，以上物理、化学要素构成了鱼类栖息地环境因子，生物对这些环境因子的适宜程度也就构成了评价该生物栖息地质量好坏的标准。鱼类栖息地适宜性曲线是量化鱼类生长与环境因子之间关系的曲线。

鱼类栖息地适宜度评价模型主要考虑流速、水深两种水动力因子对鱼类栖息地的影响，将鱼类栖息地适宜度评价与二维水动力模型进行耦合，可用于评价研究不同生态调度连通方式下区域水动力变化对鱼类栖息适宜度的影响。

此鱼类栖息地适宜度评价模型是根据影响鱼类栖息的主要水环境因子适宜性曲线确定每个计算单元影响因子的组合适宜值（HSI），将 HSI 值与计算单元面积的乘积作为该计算单元适合家鱼产卵栖息的面积，再逐次累加计算域所有计算单元的产卵栖息适宜面积，得出整个计算域适宜家鱼产卵栖息的加权可利用面积（WUA），除使用 WUA 指标外，此鱼类栖息地适宜度评价模型还采用高适宜度面积比例（HSP）对不同水动力因子下栖息地的适宜度进行评估，高适宜度面积比例即为适宜度大于 0.7 的单元面积之和占总面积的比例，计算公式如下：

$$A_{WU}=\sum_{i=1}^{n}S_iA_i$$

$$P_{HS}=\sum A_{S_i>0.7}\Big/\sum_{i=1}^{n}A_i \tag{3.2.9}$$

式中：S_i 为第 i 个单元的适宜度；A_i 为第 i 个单元的水表面面积，m^2；$A_{S_i>0.7}$ 为单元适宜度大于 0.7 的面积，m^2。

因此，需要根据构建的鱼类栖息地适宜度曲线（流速、水深水动力因子）与计算的二维水动力模拟结果来评估不同生态调度连通方式下的栖息地适宜度，最终优选适宜鱼类栖息的连通方式。

中　篇
技术篇

第4章　河湖水系连通性调查和分析技术

4.1　水文-地貌调查技术

河湖水系连通规划理论在很大程度上依赖于流域内的水文地貌基本要素。水文现象与地貌现象是相互影响和制约的。各种水体的运动与变化，影响着地貌的发育和演化。如在河流冰川作用下，形成相应的河流与冰川地貌；又如海平面的升降导致侵蚀基准面的变化，从而改变河流侵蚀与堆积的对比关系，影响河床演变。同时，一些水文现象也受控于地貌因素，如区域地形大势，决定了水系的构成和基本流向。水文与地貌的关系总是息息相关的，如河流自山区流向平原时，随着水动力条件的变化，由上游以侵蚀作用为主转变为下游的以堆积作用为主，在地貌上则表现为上游多山峡谷，中下游则发育为冲积平原和河口三角洲。对于某一河流而言，流量、含沙量等变化，也会导致侵蚀和堆积的对比关系的变化，从而对地貌产生周期性影响。总之，水文和地貌相互影响在河湖水系连通规划中是非常值得关注的基础数据，因此需要一种适用于河湖水系连通规划的水文地貌调查方法来获取满足要求的水文地貌基础数据。

4.1.1　调查内容

地貌调查包括地貌单元统计、河流-湖泊系统以及河流-河漫滩系统地貌动态格局调查。在流域尺度上，地貌单元调查包括干流和支流河道、湖泊、大型湿地、故道、河漫滩、河湖间自然或人工通道、堤防、闸坝、农田、村庄、城镇等。在河流廊道尺度上，需要调查的河漫滩地貌单元有（图4.1.1）：①牛轭湖或牛轭弯道也称河流故道；②河漫滩水流通道：指在河漫滩上所形成的次级河道；③鬃岗地貌：指在凸岸形成一组滨河床弧形沙坝；④局部封闭小水域包括局部沼泽地；⑤自然堤：在滩地临河较高位置沿河沉积物，也称滩唇；⑥湿地；⑦堤防；⑧道路；⑨水产养殖场；⑩农田等。

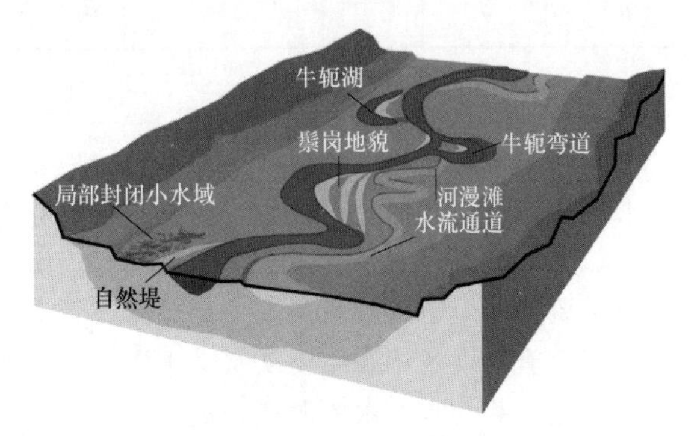

图4.1.1　河流-河漫滩系统地貌单元

河湖水系连通状况调查的重点是历史与现状连通性特征。连通性可分为常年连通和间歇性连通两类。间歇性连通或是由于年内水文周期性变化所致，或是出于防洪和引水需要调控闸坝造成。因此，调查中应分丰水期和枯水期两种情况并且在间歇性连通中区分自然原因还是人为原因。从河湖水系连通方式划分，又可分为单向、双向和网状连通三类。河流-湖泊连通性调查表如表 4.1.1 所示。

湖泊、河流、故道、滩地和湿地的水面面积和水位都随水文周期发生变化，形成河流-湖泊系统和河流-河漫滩系统的动态空间格局。这种动态空间格局形成了多样化的栖息地，满足多种生物生活史的生境需求。动态空间格局可用丰水期和枯水期的空间格局代表。空间格局调查项目重点是在丰水期和枯水期湖泊、湿地以及河漫滩的水位和面积及其变化率，变化率可以反映栖息地多样性程度以及洪水脉冲作用强度（表 4.1.2）。

表 4.1.1　　河流-湖泊连通性调查表

湖泊名称	面积	容积	连通特征（历史/现状）										阻隔原因	
			湖泊面积	湖泊容积	进水通道	出水通道	连通方向			连通延时		换水周期	自然	人为
							单	双	网	常年	间歇			

表 4.1.2　　河湖水系动态格局调查表

时期	干流流量	湖泊			湿地				河漫滩		
		水位	面积	连通状况	水位	地下水位	面积	连通状况	水位	水域面积	连通状况
丰水期											
枯水期											
变化率											

4.1.2 调查方法

针对河湖水系连通规划所涉及的水文、地貌各调查要素，对于具体的河湖连通案例，第一步需要进行必要的资料收集，资料收集的范围主要包括基础资料、历史监测资料、历史文献、监测能力、监督管理及法规制度等。而资料的主要来源为水文测站或流域管理部门等官方资料。对于资料收集有一定难度或者水文地貌数据资料匮乏的地区，需要进行必要的现场调查。现场调查主要从水文水资源和河湖地貌调查两个方面分别开展；与河湖水系连通规划相关的水文水资源调查重点在以下几个方面进行：①流域的基本情况，具体表现在：流域位置、流域面积、水系概况、气象特征、水文泥沙、水文及气象站网分布、流域土地利用方式、植被覆盖、土壤类型、水土流失状况等。②暴雨洪水调查情况，具体表现在：丰水期的历史暴雨等强度与过程、历史洪水位及洪水涨落变化等。③枯水旱情调查，具体表现在：枯水期的旱情及其影响范围和时间。④水文情势调查，具体表现在长系列及典型年水文资料，如月均流量变化、河道平摊流量等。⑤水资源调查，具体表现在地表水资源、地下水资源、水资源总量、水资源开发利用情况等；而河湖地貌调查则需要对河流、湖泊基本情况以及河湖演变情况分别实施调查。图 4.1.2 所示为此调查方法采用的研究路线。

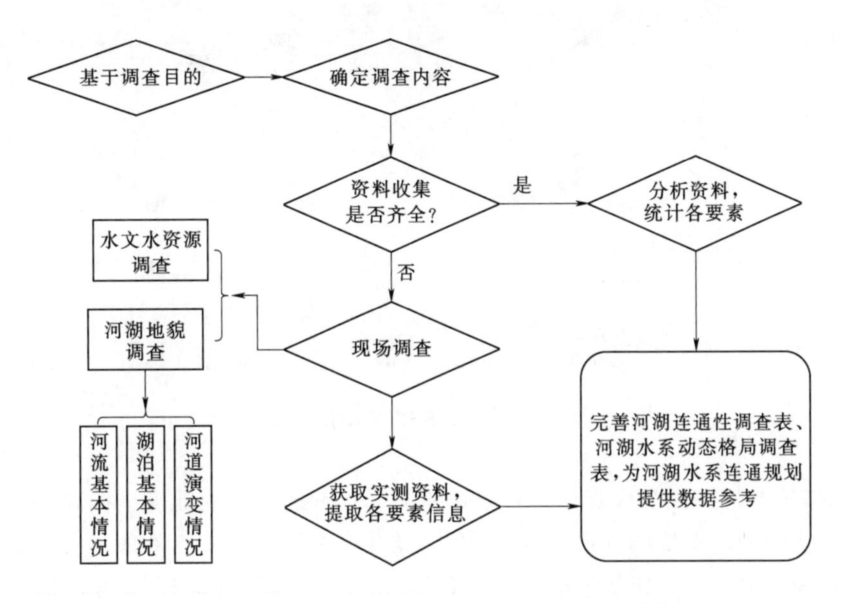

图 4.1.2 基于河湖水系规划的水文地貌调查路线

4.1.2.1 GPS 实时动态技术

水下地形测量主要是水深测量，同时精确地测定深度点的平面位置。水深测量需与陆地上平面位置与高程联系起来才具有水下地形测绘等实用价值，测深与高程系统的联系，一般通过水位观测的措施。地形测量可参考相关法规标准，包括《工程测量规范》（GB 50026—2016）、《全球定位系统（GPS）测量规范》（GB/T 18314—2009）、《水运工程测量规范》（JTS 131—2012）、《海港水文规范》（JTS－145—2—2013）、《测绘成果质量检查与验收》（GB/T 24356—2009）等。

传统的水深测量主要利用测深锤、测深杆对水深进行人工测量。人工测量只适用于水深较小、流速不大的浅水区，因为这些地区水深过浅，声呐难以准确地反映出水下地形特征。目前，回声测深仪是国内外用途最广的水深测量仪器，其基本工作原理是利用超声波能够在均匀介质中匀速直线传播，遇不同介质面产生反射的特性，采用机械运动结构的移动量或电子设备的脉冲数来模拟超声波在水中往返传播的一半时间所经过的距离，通过换能器向水下发射超声波并接收其回波，由超声波往返传输时间换算出水深值。

目前，GPS（global positioning system，全球定位系统）已成为水下地形测量工作中最主要的定位手段，特别是离岸较近的情况下使用 GPS 实时动态（real－time－kinematic，RTK）测量方式精度更高、更为简单快捷，也适用于深槽、深潭和边滩及水下浅滩等具有复杂水下地貌单元的情况。RTK 技术始于 20 世纪 90 年代初，是 GPS 实时载波相位差分的简称。如图 4.1.3 所示，其基本原理是：在已知点上架设基准站，通过数据链将其观测值及基准站坐标信息一起发给流动站，流动站接收基准站数据的同时采集 GPS 的观测数据，并在系统内组成差分观测值进行实时处理，同时给出厘米级定位结果。

以美国 Trimble 5700 RTK 为例，其平面精度可达 1cm，高程精度可达 2cm。

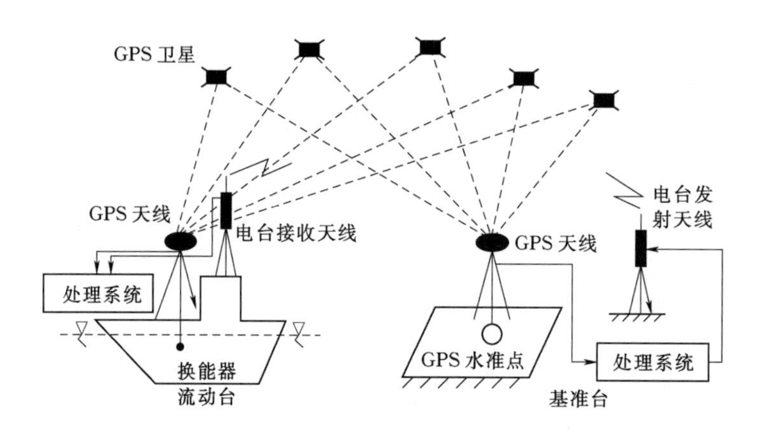

图 4.1.3 GPS RTK 应用原理

GPS RTK 与回声测深仪相结合可以快速测定水下地形点的准确坐标和高程，近十几年来已成为主流的水下地形测量技术。其优点是：①GPS RTK 测量采用实时定位，且定位精度高达厘米级；②工作效率高，只需 2～3 人便可完成作业，对测区范围控制也比较容易，不易漏测；③采用 GPS RTK 测量模式时，水下地形点高程不受水面高程变化的影响；④GPS RTK 测量模式受天气影响小，也减少了人为误差。

4.1.2.2 激光雷达技术

河漫滩植物是影响粗糙度的主要因子，如何确定漫滩植被类型和覆盖区域就成为漫滩监测的主要方面。点云数据能够清楚地表明不同植被的结构性差异，可以有效地区分草地、芦苇等不同类型植被。激光雷达（light detection and ranging，LiDAR）是一种通过探测远距离目标的散射光特性来获取目标相关信息的光学遥感技术。可以高效地直接获取地面高精度三维数据建立数字高程模型，提供精确的空间坐标信息和三维模型信息。例如，美国利用机载 LiDAR 系统对皮德蒙特高原进行了测量，获得了该区域包括河流、小溪、侵蚀形成的河谷、树林密度等高原丛林地带综合型数据。

LiDAR 测距系统是 20 世纪 90 年代发展起来的高新技术，是集激光、全球定位系统和惯性导航系统（inertial navigation system，INS）三种技术于一体的测量系统，能够快速、精确地获取物体三维数据。其技术原理是利用发射器发射激光或者连续波，通过空气传播直接投射到所观测的地形、地物表面，这些电磁波经过地形、地物的反射，被探测器所记录。发射器和探测器采用相同的时间基准，通过记录电磁波从发射到反射回所需的时间，利用光速不变原理进行非接触测距，获得的数据不仅包含距离（斜距）信息，还包括 GPS 动态定位信息以及 INS 姿态测量信息。LiDAR 原始数据经过预处理阶段，生成数字表面模型，再经过数据的过滤和特征提取，得到与建模相关的地形和地物等信息，才可供后续的应用。

按照激光雷达的载荷平台，可将激光雷达分为地基激光雷达、车载激光雷达、机载激光雷达、船载激光雷达、星载激光雷达等。以机载 LiDAR 为例，其系统组成主要包括：①GPS：根据地面基站GPS和机载GPS计算高速移动的航空机的位置。②INS：获取航空机姿态和加速度的惯性测量系统。③激光扫描测距系统：获取激光发射点至地面测量点之间距离的装置。④成像装置（CCD数码相机）：用于获取对应地面的彩色数码影像，用于最终制作数字正射影像。⑤工作平台：固定翼飞机、飞艇或直升机为工作平台。

LiDAR技术作为实现空间三维坐标和影像数据同步、快速、高精度获取的国际领先技术，在采集物体数据方面具有传统测量手段所无法比拟的巨大优势，是进行高精度逆向三维建模及重构的基础。激光雷达可广泛应用在环境监测、海洋探测、森林调查、地形测绘、深空探测、军事应用等方面，可用于探测水深、水温、地形地貌、河漫滩植被、糙率等信息。

4.1.2.3 无人机遥感技术

无人驾驶飞机（unmanned aerial vehicle，UAV）简称无人机，是一种有动力、可控制、能携带多种任务设备、执行多种任务，并能重复使用的无人驾驶航空器。无人机出现在1917年，早期的无人驾驶飞行器主要用作靶机，应用范围主要是在军事上，后来逐渐用于作战、侦察及民用遥感飞行平台。20世纪80年代以来，随着计算机技术、通信技术的迅速发展以及各种数字化、重量轻、体积小、探测精度高的新型传感器的不断面世，无人机的性能不断提高，应用范围和应用领域迅速拓展。无人机与遥感技术的结合，即无人机遥感，是利用先进的无人驾驶飞行器技术、遥感传感器技术、遥测遥控技术、通信技术、GPS差分定位技术和遥感应用技术，具有自动化、智能化、专题化快速获取国土、资源、环境等的空间遥感信息，完成遥感数据处理、建模和应用分析能力的应用技术。

无人机系统结构简单，使用成本低，不但能完成有人驾驶飞机执行的任务，更适用于有人飞机不宜执行的任务，同时，由于具有成本低、损耗低、可重复使用、风险小等诸多优势，其应用领域越来越广。无人机遥感技术作为一项空间数据获取的重要手段，具有高时效、高分辨率等性能，是卫星遥感与载人机航空遥感的有力补充，与卫星遥感和载人机航空遥感相比，更加方便、快捷，响应快，其生存力强，对气候条件要求低，对地形适应性强，同时摆脱了重访周期的限制，能实现影像数据的实时传输，满足紧急条件下工作要求。无人机搭载的高精度数码成像设备，具备面积覆盖、垂直或倾斜成像的技术能力，获取图像的空间分辨率达到分米级，适于1：10000或更大比例尺遥感应用的需求。无人机可按预定飞行航线自主飞行、拍摄，航线控制精度高、操作简单，对起降的要求低，能实现遥控、半自主飞行和按预编航线全自动航行功能，便于掌握和培训。

基于无人机携带方便、操作简单、反应迅速、载荷丰富、任务用途广泛、起飞降落对环境的要求低、自主飞行等特点，在传统的水资源调查、水域覆盖面积调查、水资源用地信息管理、水域警戒线分析、洪涝灾害、干旱缺水、水库蓄水水位监测、水资源工程动态监测、河流水文监测、水域排污、水面清洁监测、重要水利设备和设施安全监测、水库和坝区的周边环境监测、水资源巡查成图等方面，均可以得到应用。

传统水资源调查、用地信息管理和水资源巡查成图过程中，多用人工方式进行调查。此种方法无法快速精确地执行勘测测量任务。在进行这些工作的过程中，可以充分结合无人机的特点，利用无人机对所需监测对象进行航拍、巡视，通过大范围飞行快速巡查，第一时间掌握水资源调查信息。通过航拍测绘掌握地面水资源用地信息以及水资源调查成果，地面工作站根据实时航拍监控数据可以清晰分析水资源的实时动态，后期制作电子版或相片成果图，生成水资源巡查成图。提高了水资源调查小组户外调查办事效率，快速准确地为调查水资源面积、水资源地理信息和后期制作水资源巡查成图发挥了不可代替的作用。

洪涝灾害发生后，多利用直升机在受灾区域上空进行航拍监控以及拍摄洪水覆盖面积，当遇到大面积干旱缺水的灾害，定损工作一般采取人工定损方式，定损作业效率缓慢。水域警戒的办法通常是以人工坐船的方式进行水深划分，没有鸟瞰图进行具体详细的划分。这些做法在洪涝灾害发生时无法快速应急，人工拍照角度没有鸟瞰图立体，同时因为定损面积大，人工作业缓慢。此种情况下可利用无人机快速从空中俯视蓄滞洪区的地形、地貌、水库、堤防险工险段，遇到险情时，无人机可克服交通等不利因素，快速抵达受灾区域，并实时传递现场信息，监视险情发展，为防汛决策提供准确的信息。无人机在抗旱监察工作中，可以及时了解每个地区、每个灌区的水源储量，科学调度水库蓄水，做好蓄水抗旱工作，同时还充分掌握外河、外湖及内河水位变化情况。无人机的使用，特别适用于突发事件应急管理，降低了防汛抗旱工作人员承担危险工作的风险概率、提高了工作效率；能快速地为大型水库进行航拍包括水域覆盖面积调查、水域警戒线分析，通过航拍实时监测可以清晰了解水域覆盖面积，通过航拍成图划分水域警戒线，并找到对应点根据围栏划分；提高了处理紧急预警突发事件和灾害的办事效率，快速准确地为受灾地区进行航拍、定损，为救援人员提供宝贵的搜救信息。

在传统的水库蓄水水位监测、河流水文监测、水资源工程动态监测中，勘查人员用携带相机在大坝围栏上对水库浮标进行拍照取证来获得水位信息、人工乘船的方式对上下游河流水文情况进行监测。在监测过程中，若遇到大面积河流污染会无法精确地执行水质监测，同时会因为作业面积广阔，人工监测调查缓慢。此时，利用无人机则可以快速对所需监测对象进行实时监控，特别水库边缘区环境比较恶劣的地段，无人机可操控自如地完成监测任务。通过对上、下游河流快速巡查，第一时间掌握水文情况，特别是大面积的河流污染。

传统的水资源设备、设施安全监测，以及水库坝区周边的环境监测多采用人工乘船、徒步的方式进行，监测人员携带相机、DV（digital video，数码摄像机）、望远镜对水利设备设施进行巡检，水库、坝区周边环境一般采取徒步的方式进行定期巡查。也同样存在调查缓慢、无法快速精确完成监测任务的问题。利用无人机快速对重要的水资源设备进行监测，定点实时监控、巡视，特别水库边缘区环境比较恶劣的地段，可以方便地完成监测任务；当遇到水资源设施出现故障停止作业的情况，利用无人机能快速做出应急反应，对水资源设备进行实时监控，通过地面站发现可视故障问题。通过无人机空中悬停实时监控掌握大坝进水区和出水区实时动态信息，地面工作站根据实时航拍监控数据可以清晰分析大坝在工作中的实时动态，能够快速准确地为水利设施设备进行实时监控。

4.1.2.4 底质调查技术

底质成分决定河床糙率，进而影响水力学特征（流速、水深及河宽）与垂向连通性。此外，底质为许多鱼类提供微栖息地条件，因为这些鱼类需要特殊的底质才能产卵。

底质调查要点如下：①底质组成。底质类型按照几何尺寸大小分类。常采用修订的温特瓦底质类型分级标准（表 4.1.3），在鱼类栖息地调查中常采用这个标准，用它描述平均底质大小并测定优势底质。②卵石计数调查法。卵石计数调查法是一种快速调查法，而且能够有效提高调查的可重复性。在可以涉水的砂砾石底质河段中，平面上连续布置 12 条 Z 形断面，断面间距约为河宽的 2 倍，每个断面上布置 10 个采样点。这样河段底质的测量数据可以超过 100 个。调查者沿断面布线行走，在采样点停留，用携带的金属棒垂直插向河床采样点位置，对金属棒首次触及的颗粒进行测量。如果是卵石或砾石，用卡尺测量其长宽高三轴中的中等尺寸轴长，称为中值直径。如果颗粒粒径大于 2mm，则测量粒径尺寸。如果金属棒首次触及的是细沙或淤泥则不需测量，记录位置即可。③测量数据处理。将河段卵石测量数据按照大小排列，计算对应累计粒度百分比，绘制在半对数纸上，即可得到卵石粒径-累计粒度百分比频率曲线。从频率曲线可以查出 50%累计粒度百分比对应的中值直径，用这个中值直径表示河段的颗粒粒径平均值。④大颗粒底质被覆盖程度。大颗粒（巨砾、中砾、卵石、砂砾等）多被细沙、淤泥或黏土所覆盖，其覆盖程度对于底栖动物、越冬鱼类、鱼类产卵与孵化影响很大。一般用嵌入率反映大颗粒被细沙、淤泥或黏土覆盖状况。当覆盖率小于 5%，可以忽略不计。当覆盖率分别为 5%～25%、25%～50%、50%～75%、>75%时，对应的嵌入率等级分别为低、中、高、很高。

表 4.1.3　温特瓦底质类型分级标准

底质类型	粒径大小范围/mm	样品级别	底质类型	粒径大小范围/mm	样品级别
巨砾	>256	9	卵石	8～16	4
中巨砾	128～256	8	砾石	4～8	3
中砾	64～128	7	砂砾	2～4	2
大卵石	32～64	6	沙	0.06～2	1
中卵石	16～32	5	黏土和淤泥	<0.06	0

4.2 水生生物及栖息地调查技术

4.2.1 调查内容

与河湖水系连通性密切相关的生物及栖息地调查，包括洄游鱼类及栖息地、湿地动植物调查（表 4.2.1）。洄游鱼类调查包括洄游鱼类种类，连接鱼类不同生活史阶段适宜水域的洄游通道类型。鱼类栖息地包括其完成全部生活史过程所必需的水域范围，如产卵场、索饵场、越冬场，需要调查其位置和面积。

表 4.2.1　　　　　　　　　　　　　　　　**生物及栖息地调查表**

洄游鱼类							植物群落				水鸟		
丰度、物种多样性	洄游类型、通道位置、长度			栖息地位置、面积			湿地		滩地		生物	栖息地	
	河-湖	河-滩	干-支	产卵场	索饵场	越冬场	类型、组成、密度	面积	类型、组成、密度	面积、覆盖比例	种类、总量	位置	面积

河漫滩及湿地大多属水陆交错地带，生境条件多样，植被类型丰富。调查重点是：①湿地景观格局变化；②湿地植被群落结构变化，包括当地物种和外来物种增减状况以及植被生物量变化；③水鸟及其栖息地状况，包括水鸟数量特别是国家一、二类保护水鸟数量动态变化以及物种组成变化。

4.2.2　调查方法

4.2.2.1　底栖动物

（1）布点方式

布点方式分随机布点和针对性布点两种方式，需根据研究目的或监测目标来决定实际布点方式。可以根据监测水体中已经存在的问题如点面源污染及正在发生的影响水体质量的事件如森林砍伐、河道生境修复工程等来确定监测站点的具体位置。如在针对性布点设计中，为评估生物环境之间的差异，采样站点之间必须有相似的生物组成预期，以便为评估水体受损程度打下基础，如果是评估水质退化程度，具有相似生境的站点均需要进行采样，原因是生境的差异会导致生物组成的不同，很难将这个因素从水质退化的众多原因中排除掉。对于人工改造较为明显的站点，如一些具有人工挡水物和建有桥梁的地段在采样时应尽量避开，除非需要评估这种效应。一些靠近支流和干流汇合处的站点也应尽量避开，原因是这些站点的生境受干流的影响过大。

（2）采样程序

理想的采样程序是根据季节的变化来进行样品的采集，也即在各个季节段中选择一个合适的时段来进行采样，只有这样才能更好地解释分析生物数据。实践表明进行一个季度的采样或一次采样能够收集到足够的数据来满足监测的需要，当然，如果一个监测项目需要解释季节的变化效应，制订多个季度的采样计划也是必要的。评估一些突发性的灾难事故如化学药品泄流，单单制订进行一次采样计划也许满足不了要求，可以在采样期间设立参照站点来评估灾难事件对水生态系统的影响效应。总之，采样时期的确定要遵循 3 个原则：①避免自然事件导致的年际波动因素的影响；②方便采样设备的使用；③方便样品的采集工作。如果要进行数据的对比分析，选择和上一年度同一季度进行采样是较为明智的选择，这样可以最小化季节因素造成的影响。最大限度地发挥采样工具的效能是我们选择采样时期需要重点考虑的因素。如水位过低或天气封冻较为严重将会阻碍采样人员使用采样设备进行样品的采集工作，这一时期应尽量避免采样。方便样品的采集也是必须考虑的因素，如底栖动物在冬季转入较深的底质中，超过了正常的样品采集深度，这一时期也应尽量避开，如春季水位较高、流速较快，这一时期也不应进行采样。我们应选择水位常时期保持较低状态的时段进行样品的采集工作。

（3）采集方式

底栖动物的采集方式有很多种，如踢网法（kick net）、索伯氏网法（Surber net）、D形手抄网法（D-shape net）、Hess 网法（Hess net）、捡石法、挖取法和人工基质法等。其中踢网法、索伯氏网法、D形手抄网法一般用于可涉水溪流和河流，挖取法一般用于泥质底质的溪流和河流、湖泊及水库。对于流速过快以及泥沙或礁石底质的不可涉水溪流或河流，可考虑使用捡石法和人工基质法进行底栖动物的采集。除人工基质法，以上这些采集方法均是在天然基质上搜寻底栖动物样品。当从天然基质上获取样品不可能或不太适宜时，人工基质法是不错的选择。挖取法一般使用彼得逊挖泥器或艾克曼挖泥器来挖取泥样，用筛网或筛绢布将泥样中的底栖动物筛洗出来进而获得样品。具体使用什么样的采样工具或方法进行样品采集，需要根据具体情况或采集人员的经验进行适当选择。

（4）样品分选处理

将样品带回实验室后，需进行样品的分选和后续处理。定量采样如索伯氏网法、人工基质法和挖取法，由于知道采样的面积，可以计算底栖动物的密度和生物量；半定量采样法如踢网法、捡石法和D形手抄网法由于不知道确切的采样面积，无法计算底栖动物的密度和生物量，但由于具有较明确的技术标准，其采样努力量能够达到真实反映底栖动物群落现状的需要，可以通过计算各大类群的相对比例，进而获得表述物种丰富度、耐污度、群落结构组成及营养结构组成的参数。定量法一般采取全计数法，即将样品瓶中的底栖动物个体全部计数，且各个物种在鉴定时也分别计数，可以获得其现存量和物种多样性的数据；半定量法一般采取固定计数的方法，即通过亚样筛随机分选部分亚样代表整体样，其优点是省时省力，提高分析数据的效率。美国国家环境保护局（Environmental Protection Agency，EPA）推荐的亚样规模为 300 个个体，即通过亚样筛随机挑选 300 个个体做分析之用，剩余个体做质控之用及备用。

4.2.2.2 底栖硅藻采样

（1）采样点设置

1）小型溪流。沿溪流纵向均匀设置 11 个断面，两断面间距离为 3 倍溪流宽度，分别在中间的 9 个断面中随机选择水深为 0.3～0.5m 的位点（溪流左岸、右岸或中间），采集面积为 $12cm^2$ 基质上的着生藻类样品，将 9 个断面采集到的样品混合，记录样品体积。

2）大型河流。沿河流纵向 500m 均匀设置 11 个断面，分别在中间的 9 个断面中选择水深为 0.3～0.5m 的位点，采集面积为 $12cm^2$ 基质上的着生藻类样品，将 9 个断面采集到的样品混合，记录样品体积。

3）湖泊。方法与大型河流类似，沿着 500m 的湖滨带设置 11 个断面，余下步骤相同。

（2）采集时间设置

底栖硅藻的采集时间最好安排在水流条件稳定的时期，因不同区域水文条件也不同，所以采样时间要根据不同地区的水文条件特点来确定；一般来说，突发事件（洪水或干旱）发生后至少4个星期以上才能采样，而且重复采样应尽量设置在每年的同一时期；对我国大部分地区来说，春末和秋初是较佳的采样时期。

（3）采样工具

采样工具为白瓷盘、刷子、铲子、小刀、剪刀、洗瓶、塑料量筒、PVC（polyvinyl chloride，聚氯乙烯）管（内径39mm）、标签纸和记号笔。

（4）采样程序

1）生境选择。根据以下标准按优先次序选择采样生境：①在水流速度为15cm/s左右区域选择石头、木头或植物等基质；②流速小于15cm/s的区域寻找石头、木头或植物等基质；③在缓流区采集软的底质样品。

2）样品采集。随机选取基质放置在白瓷盘；先用PVC管在基质表面印下圆形印迹（面积$12cm^2$），小心刮下印迹内表层样品，再刷下更紧密附着样品，洗瓶将样品冲洗到烧杯；9个断面的样品都如此操作，9个亚样混匀后倒入刻度采样瓶，贴上标签，记录下样品的总体积和采样总面积，加入总体积4%的无水甲醛保存；如果无法采集到硬质基质，选择缓流或静水生境，将PVC管插入底质1.5cm处，用铲子封住下端管口，将收集到的底质样品冲洗到烧杯中，再倒入采样瓶保存。

3）样品处理与标本制作。硅藻种类的鉴定主要依据硅藻壳面的形态及壳面的纹饰。为了清楚地看出壳面的纹饰，在鉴定前，样品必须经过消化，以去除其中的有机物质。淡水硅藻样品可用酸来消化，具体操作步骤如下：①用吸管吸取一定量的样品到玻璃小指管中，记下取样体积；②加入与样品等量的浓硫酸，同时轻轻摇动玻璃小指管，使酸与标本充分接触；③吸取与标本等量的浓硝酸，沿玻璃小指管的侧壁慢慢滴入；④将小指管侧壁在酒精灯上烤热离开，再烤热再离开，直至标本变白，液体变成无色透明或略呈淡黄色透明为止；⑤待标本冷却后用低速离心机沉淀；⑥吸出上清液，加入与标本等量的重酪酸钾饱和液，待24h后吸去上清液；⑦离心去除上清液，加入蒸馏水冲洗，离心除去上清液后再次冲洗，如此反复冲洗3～4次，直至样品的酸液去除为止；⑧样品用95%乙醇冲洗2～3次后备用。

样品处理后进行标本制作，将样品混匀，吸取一定体积（30～40uL）样品滴在干净的盖玻片上，风干后在酒精灯上微微烧烤去除水分；待样品冷却，在盖玻片上先后滴加一定体积二甲苯和树胶，然后将有胶的一面盖在载玻片正中；待树胶风干后，在载玻片上贴上标签。利用放大1000倍的显微镜观察，在随机的视野中检测至少300个硅藻壳瓣，并鉴定到种的水平，在记录表上记录所观察到种类的个体数以及视野种数。

壳瓣数除以2得到观察到的硅藻细胞数，通过换算得到硅藻样品的密度以及各种的相对丰度，在此基础上计算各种硅藻相关的参数，如香农多样性指数、均匀度指数、种类数等。

4.2.2.3 鱼类监测

生物监测通过追踪生物和有机体的健康，监测生态系统的变化，特别是把由人类造成的改变从自然的变化中分离出来。追踪、评价和传达生命体系状态的变化和人类行为对生态系统造成的后果，是生物监测的核心。

（1）鱼类监测——渔获物调查法

春秋两季各调查20d左右，每天一次，对渔船的渔获物按渔具类型抽样统计，收集25mm以上个体，样本要鉴别到种类。详细记录捕获鱼类的种名、尾数、体长（mm）和体重（g）。记录抽样渔船的作业网次、作业时间、作业地点和单船产量，以及渔具类型、数量及规格（长度、高度、网目大小等），按船次统计渔获物。不同渔具具有选择性，因此，为了统计的代表性和科学性，对于饵钩、撒网、手抄网等非主要渔具，也需进行统计，并对主要渔具进行补充。

收集所有的渔获物并计数。每一尾标本被测量、称重、加上标签并保存在福尔马林溶液中。按比例抽取一部分鱼类样本，解剖检查寄生虫和畸形并获得详细的信息。实验室内，计算鱼类种类组成和不同食性类群的比例。根据所获得渔获物的数据估算总的丰度。

根据历年的渔获物调查资料，按渔具分别统计各种渔具的调查天数、调查船次数、取样尾数，计算得到各种渔具的日均单船渔获量。捕捞努力量以船次为基础进行计算，单位捕捞努力量的渔获量（catch per unit of effort，CPUE）以日均单船渔获量（质量）表示。

（2）鱼类监测指标

1）种类丰度和组成。总的种类数随着受干扰程度增加而减少。在计算种类数时，应该不包括外来种类、杂交种类和亚种类。

指标生物对环境耐受性差异是生物监测关注的重点。耐受性是指生物对污染因子的忍耐能力，耐受性越高，表明生物耐受能力越强；反之，则越敏感。耐受性的高低反映了生物对水污染的敏感性，与传统的多样性指数相比，包含耐受性指标的评价方法对清洁水体、受轻度或中度污染的水体有一定的指示性，远好过于一般的多样性指数。

鱼类耐受性的划分标准是根据在环境生物监测中分布范围、耐污能力、受损后种群的恢复状况和毒理试验等建立的。由于国内缺乏对鱼类和水质关系详细细致的研究，目前鱼类耐受性主要根据经验进行判断，主要分为敏感种、耐受性种和中等耐受种类3类。

2）营养结构。

a. 草食性（phytivorous herbivorous）以摄食水生高等植物为主，也摄食附着藻类和被淹没的陆生嫩草及瓜菜叶片等，如草、鳊和团头鲂等。主要摄食着生藻类的，如鲴属、白甲鱼属、裂腹鱼属的有些种类等，它们的口裂较宽，近似横裂，下颌前缘具有锋利的角质，用来刮取生长于石上的藻类。

b. 浮游植物食性（phytoplanktivorous）以摄食浮游藻类为主，典型的如鲢，这类食性的鱼，鳃耙的滤食性能最佳。

c. 鱼虾类食性（carnivores）以摄食鱼虾类等游泳生物为主，有的甚至捕食较大的哺乳动物。这类鱼通常游泳活泼、口裂大、牙齿锐利，而且性格凶猛，所以又称凶猛鱼类，主要捕食别种鱼类的顶级鱼类食性（top carnivores），如近红鲌属的3个特有种黑尾近红鲌、高体近红鲌和汪氏迈红鲌，以及南方鲇、乌鳢和鲈鲤等。

d. 底栖动物食性（zoobenthivorous）以摄食底栖的无脊椎动物为主，如青鱼以螺蚬为食，铜鱼等以水生昆虫、水蚯蚓、淡水壳菜等为主。这类鱼有的采食底面上的动物，有的挖食埋栖在底泥中的动物。如大部分鳅科、平鳍鳅科、钝头鮠科、部分裂腹鱼属的种类，以及达氏鲟、岩原鲤等，它们的口部常具有发达的触须或肥厚的唇，用以吸取食物。

e. 浮游动物食性（zooplanktivorous）以摄食浮游动物如轮虫、桡足类、枝角类为主。鳙、鲥等主要通过鳃耙滤食，短吻银鱼等小型鱼类则主动捕食。

f. 腐屑食性（detritivorous）以吸取或舔刮底层的动植物腐屑为主，也同时刮食周丛生物和摄取腐屑中的小型底栖动物，典型的如鲴类和鲮等。

g. 杂食性（omnivores）是一类兼食各类食物的鱼类，典型的例子有鲫、鲤和泥鳅，它们的食物种类十分广泛，对食性的适应能力非常强，其通常在水量较大的江河中生活，既摄食水生昆虫、虾类和淡水壳菜等动物性饵料，也摄食藻类及植物的残渣、种子等。

3）丰富度为采样中的鱼类个体总量，也是丰富度指标。计算单位捕捞量，如单位面积内的捕捞量、单位长度河段内的捕捞量或单位时间内的捕捞量。

4）个体健康状况为患有疾病、肿瘤、鳍损伤或体形异常的鱼类个体数量百分比。这些现象的增加与环境恶化有一定的关系，但是该指标的参照点较难选取，评分标准也较难确定。

4.3　基于图论的物理连通性分析技术

4.3.1　图论基本概念

图论中的“图”是以一种抽象形式来表达事物之间相互联系的数学模型，为实际对象建立图模型后，可利用图的性质进行分析，从而为研究各种系统特别是复杂系统提供一种有效的方法，如图 4.3.1 所示。

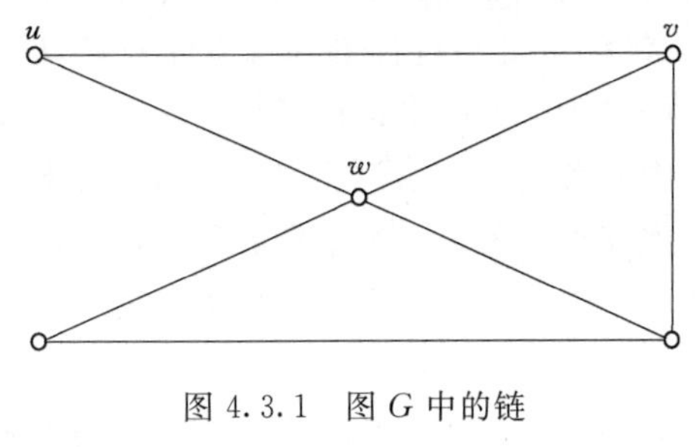

图 4.3.1　图 G 中的链

如果图 G 中存在连接点 u 和点 v 的路径，那么就称 u 和 v 是连通的，如果对于图 G 中每对不同顶点均连通，那么图 G 称为连通图，否则称为不连通图。设图 G 中有 n 个顶点，$v_1, v_2, \cdots, v_n$，则 $\boldsymbol{A}=(a_{ij})_{n\times n}$ 为 G 的邻接矩阵，记为 $\boldsymbol{A}(G)$，其中 $a_{ij}=\mu(v_i,\ v_j)$ 表示图 G 中连接顶点 v_i 和 v_j 的边的数目。

$A(G)$ 的 k 次方记为 $A^k=(a_{ij}{}^{(k)})_{n\times n}$，若 $\sum_{k=1}^{n-1} a_{ij}^{(k)}=0$，说明 $a_{ij}^{(1)}$，$a_{ij}^{(2)}$，$a_{ij}^{(3)}$，…，$a_{ij}^{(n-1)}$ 均为零，则根据连通图定义可判断图 G 是不连通图。从而可得出下面基于邻接矩阵的图的连通性判定准则：对于矩阵 $\boldsymbol{S}=(S_{ij})_{n\times n}=\sum_{k=1}^{n-1} A^k$，如果矩阵 $\boldsymbol{S}$ 中的元素全部为非零元素，则图 G 为连通图，否则如果矩阵 $\boldsymbol{S}$ 中存在 $t(t\geqslant 1)$ 个零元素，则图 G 为不连通图。

可见，利用图的邻接矩阵进行图的连通性判别，并借助计算机工具进行复杂的矩阵分析计算，可为图的连通程度分析提供数学基础。在不同的连通图中，其连通程度是不相同的，连通图经删除某些边后最终可能变成不连通图。直观来看，需要删除较多边之后才不连通的连通图其连通程度要强一些，即其连通性不容易遭受破坏。

所谓从图 G 中删除若干边，是指从图 G 中删除某些边（定义为子集 E_1），但 G 中的顶点全部保留，剩下的子图记为$G-E_1$。如果$G\neq K_1$是一个非平凡图，$\phi\neq E_1\subset E(G)$，若从图G中删除E_1所包含的全部边后所形成的新图不连通，即$G-E_1$非连通，则称E_1是图G的边割，若边割E_1含k条边，也称E_1是k边割。若$G=K_1$是一个平凡图，即图只包含一个顶点，则平凡图的边割E_1含0条边。由此得出图的边连通度定义：

$$\lambda(G)=\begin{cases}\min\{E_1\},G\neq K_1\\ 0\quad\ ,G=K_1\end{cases}\tag{4.3.1}$$

$\lambda(G)$称为图G的边连通度。即非平凡图的连通度就是使这个图成为不连通图所需要去掉的最小边数。平凡图的连通度为零。可见，利用图的边连通度参数，可用使非平凡图变为不连通图所必须删除的最少的边数来衡量一个非平凡图的连通程度，从而使图的连通程度分析定量化。

4.3.2　水系概化

图模型是真实系统的模型，因此其优点是可以简化生态模式和过程的可视化和解释。因此，图模型是灵活的，可以根据感兴趣的问题进行调整。把河流生态系统看成图的第一步是定义图的节点和链接。一个显而易见的方法是让河段代表链接，河段之间的汇合点代表节点［图4.3.2（b）］。这种描述符合我们通常在水文背景下对河网的思考。第二种更抽象的表现形式与第一种相反，其中河段及其汇合点分别代表节点和链接［图4.3.2（c）］。这里，节点代表那些生境斑块，与汇合点相比，它们的空间范围较大；汇合点的主要功能是保证各段之间的连接。在这种情况下，汇合点代表了重要的连接区域，可以在图的表现形式中被建模为链接。自然，除了作为连接区的重要功能外，河流交汇处也是重要的生境。然而，与河道（即河段）本身的范围相比，它们的空间范围通常可以忽略不计，这种简化（将汇合点作为链接）对于在第二种表示方式中以图形的形式描绘河网是必要的。

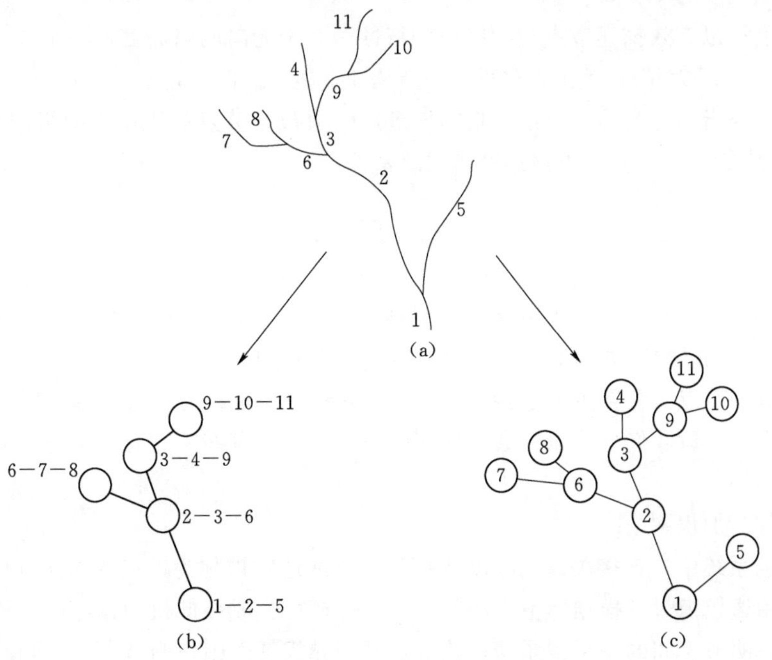

图4.3.2　描绘一个简单的河流网络方法

有 3 个尺度问题至关重要：①进行分析的空间生境层次；②图的分辨率；③所研究的生物体感知其环境的粒度。河网图模型可按流域或河网（$10^3 \sim 10^5$m）、河流（$10^2 \sim 10^4$m）、河段（10～10^2m）、河道单元或河道/池塘（1～10m）的尺度进行描述，最后按微生境水平（10^{-1}m）进行描述。一般来说，河网的分辨率越高，在给定的空间范围内，表征系统所需的图形越复杂（即图形元素的数量越多）。从拓扑学的角度来看，最详细的图形可以在微生境斑块层面进行构建。这是任何基于图表的分析的最高分辨率水平。在这个层次上构建的图反映了传统网格类型图的特征，其中节点象征着二维的生境斑块。根据河流系统的规模，这种二维斑块的空间范围未必与微观尺度有关。例如，在大河中，产卵、觅食或避难区的生境斑块可能从几米长延伸到几百米长，足以容纳单个亚种群或零星的鱼类种群。

4.3.3　网络分析

网络分析是基于图论，结合网络理论衍生出来的一套技术。如果不考虑网络的动态特征，将网络节点（node）视为点，节点间的连接关系视为边（edge），则网络就是图。

人类社会和自然界中存在着大量结构复杂的网络系统，如公路交通网络、供水网络、血管网络、食物链网络等。这些复杂系统可以量化表达为复杂网络，包括节点以及两个节点间连边。节点可认为是研究对象，边则表示对象间的连接关系，如果节点对之间有关系则它们之间有连边，否则就没有连边。

网络可以是一个极其复杂的结构，因为节点之间的连接可以表现出复杂的模式。研究复杂网络的一个挑战是开发简化的测量方法，以可理解的方式捕捉结构的一些元素。其中一种简化方法是忽略不同节点之间的任何模式，而只是分别观察每个节点。如果把一个节点放大，忽略其他所有的节点，唯一能看到的就是该节点有多少个连接，即该节点的度数。

（1）节点的度与度分布

节点的度可以有效描述节点在网络中的特性。对于无向网络而言，一个节点 i 的度只是它的连边数 k_i，即为相邻节点的数目；对于有向网络而言，节点的度可分为入度和出度。远离该节点向外指的边数称为出度，指向该节点的边数是节点的入度。网络中的全部节点 i 的度 k_i 的平均值（k），可用于描述网络的疏密性：

$$(k) = \frac{1}{N}\sum_{i=1}^{N} k_i \tag{4.3.2}$$

分析网络的另一个工具是度分布或绘制具有特定度的节点数量。度分布试图捕捉图中节点之间连接程度的差异，如所有的节点是否都有大致相同的连接量，还是有的节点有非常多的连接，而有的节点有非常少的连接？据此了解它的集中性或分布性，这对网络来说是一个决定性的因素，告诉我们一些东西会如何在网络中流动，哪些节点有影响力，或者说能多快的影响整个网络。

（2）边权与加权网络

在真实的系统中，连接关系的强度或频率——或通常被称为连接的强度有重要意义，这种强调可以用边权衡量。根据赋值方法的不同，边权可分成相似权和相异权。节点之间的相似权越大则说明节点间的联系越紧密；若节点间相异权越大则说明节点间的联系越疏远。如果两节点间无连边，则边权 $w_{ij} = \infty$。

加权网络是指将网络中各节点间关系的相对强度用数学方法标准化，从而便于对网络中的特点节点和关系进行比较。辨别出网络连接的大小关系和节点重要性程度，方便实际应用。

(3) 平均距离

在无权网络中，从一个节点到另外一个节点所经历的边的数量就是这两点间的距离。其中最大的距离即为网络的直径，用 D 表示。图形的平均距离 L 或平均路径长度，被定义为图形上所有距离的平均值，表达形式为

$$L = \frac{1}{N^2}\sum_{j=1}^{N}\sum_{i=1}^{N} d_{ij} \tag{4.3.3}$$

在无向简单图中，$d_{ii}=0$ 且 $d_{ij}=d_{ji}$，则式 (4.3.3) 可简化为

$$L = \frac{2}{N(N-1)}\sum_{i=1}^{N}\sum_{j=i+1}^{N} d_{ij} \tag{4.3.4}$$

4.3.4 网络连通性分析

(1) 网络密度

网络密度用于衡量网络中各节点连接的紧密程度。节点间连线越多，网络密度就越大。因此在无向网络中，很简单地计算为

$$d(G)=2M/[N(N-1)] \tag{4.3.5}$$

式中：M 为网络 G 实际拥有的连接数；W 为节点数。网络密度的取值范围为 [0，1]，当网络完全连通时，网络密度为 1，而实际中许多网络的密度远小于 1。

(2) 中心性

中心性 (centrality) 分析是网络分析最核心的内容之一，是网络中各节点重要性的量化指标。一个网络节点如果与其他许多节点有联系，那么它的地位就会很突出，这是直观的道理。对于非定向网络，我们会说这种节点具有高中心性，或者说它处于中心位置。相应地，生物网络中也可以通过网络的结构特性分析每一个物种在群落中所发挥的作用，这个指标就是中心性。网络分析中可以使用的中心性指标有几十种，通常使用的有 3 种：度中心性 (degree centrality)、介数中心性 (betweenness centrality) 和接近度中心性 (closeness centrality)。

1) 度中心性。目前最简单的中心性衡量方法基于：一个有更多直接联系的节点比有较少联系或没有联系的节点更突出。因此，度中心性只是每个节点的度。一个节点的度数就是它与其他节点的联系数量。度中心性被定义为

$$C_D(n_i)=d(n_i) \tag{4.3.6}$$

2) 介数中心性。介数中心性衡量一个节点位于网络中其他节点对之间的重要程度，如连接其他节点之间的路径必须经过该节点。如果节点处于观察或控制网络中信息流的位置，那么该节点介数就高。例如有的节点的度虽然很小，但它却是两个网络的中间连接节点，若去掉该节点，就会导致两个网络的连接中断，这样的节点在网络中起着极其重要的作用。介数定义为

$$C_B(n_i)=\sum_{j<k} g_{jk}(n_i)/g_{jk} \tag{4.3.7}$$

式中：g_{jk}是节点j和k之间的测地线（测地线是两个节点之间的最短路径）；$g_{jk}(n_i)$是节点j和k之间包含节点i的测地线的数量。

极端情况下，当网络为星形网络时，中心节点的介数中心性为1，其他节点的介数中心性均为0。

3）接近度中心性。如果不只考察节点的直接连接，而是关注每个节点与网络中其他每个节点的紧密程度，就引出了接近度中心性的概念，即节点与网络中所有其他节点的接近程度越高，其地位就越突出。接近度中心性就是节点i与网络中所有其他节点之间所有距离之和的倒数：

$$C_C(n_i)=\left[\sum_{j=1}^{g} d(n_i,n_j)\right]^{-1} \tag{4.3.8}$$

式中：d为两个节点之间的路径距离。

4.4 基于景观指数的水文连通性分析技术

水文连通性是指在水文循环各要素内部和各要素之间，物质、能量及生物以水为媒介进行迁移和传递的顺畅程度。水文条件是湿地的各种生态学结构、过程和功能特征的决定因素，对湿地的水生态过程具有显著的影响。随着水文条件的周期变化导致湿地水位的涨落，引起湿地的扩展和收缩，其连通性呈依时变化特征。Junk等提出的洪水脉冲理论认为，洪水的侧向漫溢使河流、河漫滩和湿地联系起来，很多生态过程的发生时间、频率取决于洪水的脉动规律；Tockner等的研究表明，不同生物群落的丰度随水文连通性的变化呈现不同变化趋势。水文连通性对湿地的地形、生境分布结构以及理化性质等具有一定影响，湿地间各个斑块原有连通方式以及分布结构的变化，会改变水量、泥沙含量，造成微地形以及区域高程重塑，影响湿地地形地貌；另外，还将引起淹水频率、土壤含水率、生源要素等湿地主要环境因子的变化。

在景观生态学中，用以表征结构和功能连通状况的景观指数包括连接度指数CONNECT、整体连通性指数IIC、连接度概率PC、河流水文连通性C_{EN}、斑块内聚力指数COHESION、破碎化指数FN、分离度DIVISION、河网加权连通度D等。另外，Larsen等基于图论在生态学的应用和水文学中的渗透理论，提出方向连通性指数（directional connectivity index，DCI），发现该指数对生态系统功能退化更加敏感，可用于环境退化的预警及生态保护与修复的效果评价；Pascual - Hortal与Saura系统对比分析了不同连通性指数的性能、特征及限制，并提出了整体连通性指数（integral index of connectivity，IIC）与连接度概率指数（probability of connectivity，PC）及其识别景观类型的能力；赵贤豹将水文连通度作为湿地生态保护与修复的控制指标，研究不同水文连通度下的蓄水量需求。

为建立湿地生态水文连通性指标体系，所选指标需满足下述原则：①能够定量地反映和刻画出湿地的水文连通状况；②能够定性且定量地刻画出湿地连通状况的发展及变化趋势；③所选择的评价指标之间的冗余应尽可能小，同时又要相辅相成，有各自的特点。本书选择连接度指数（CONNECT）、斑块内聚力指数（COHESION）、破碎化指数（FN）以及分离度（DIVISION），来定量表征湿地景观水文连通程度，各指数的意义见表 4.4.1。

表 4.4.1　湿地生态水文连通性指标体系

指标名称	计 算 公 式	意 义
连接度指数（CONNECT）	$CONNECT=\left\{\frac{\sum_{i=1}^{m}\sum_{j=k}^{n}c_{ijk}}{\sum_{j=1}^{m}\left[\frac{n_i(n_i-1)}{2}\right]}\right\}\times 100$ $0\leqslant CONNECT\leqslant 100$，$m$ 是景观类型之和，n 是景观类型 i 中斑块之和，C_{ijk} 是最大阈值中与斑块 i 有联系的斑块 j 与 k 的连通情形	该指数将河流与湿地之间的连接、湿地与湿地斑块间的连接量化，直接反映景观动态变化，能够识别较大范围内连接的重要程度，可以很好地表征生态学效应，如连通性发生突变可能影响物种扩散。本研究将连接度指数的距离阈值设定为1200m，即若一个斑块的像元中心到另一个斑块的像元中心间的距离不超过 1200m，则认为两个斑块相连接
斑块内聚力指数（COHESION）	$COHESION=1-\frac{\sum_{i=1}^{m}\sum_{j=1}^{n}p_{ij}}{\sum_{i=1}^{m}\sum_{j=1}^{n}p_{ij}\sqrt{a_{ij}}}\left(1-\frac{1}{\sqrt{A}}\right)^{-1}\times 100$ $0\leqslant COHESION\leqslant 100$，$m$ 是景观类型之和，n 是景观类型 i 中斑块之和，P_{ij} 是斑块 ij 的周长，A 是整个景观大小	该指标用来衡量相应斑块类型的自然状态连通度。随着各斑块分布越来越聚集，自然连通度提高，斑块内聚力指数提高；当景观中某斑块类型的比例降低并且不断细化，连通性降低时，该指数值趋近于 0
破碎化指数（FN）	$FN=\frac{N_p-1}{N_c}$ $0\leqslant FN\leqslant 1$，N_p 为景观斑块之和，N_c 为景观总大小和最小斑块大小之比	该指数表征景观的破碎程度，在一定程度上可以反映人类活动对景观格局造成的影响。当连通性降低时，原来相互连接的大斑块分解成许多小的斑块，平均斑块面积和最大斑块面积随之减小，斑块数量增加，破碎化指数增大
分离度（DIVISION）	$DIVISION=1-\sum_{i=1}^{m}\sum_{j=1}^{n}\left(\frac{a_{ij}}{A}\right)^2$ $0\leqslant DIVISION<1$，m 是景观类型总和，n 是景观类型 i 中斑块之和，a_{ij} 是斑块 ij 的大小，A 是整个景观大小	该指数表征某一景观类型中所有斑块的散布情况，也反映不同斑块类型的混合状况。当分离度增大时，景观空间结构变得离散且复杂，连通性降低

综合连接度和破碎化对水文连通性不同方面的表征，直观地反映生态水文连通性的强弱，以上述 4 个湿地生态水文连通性指标为变量，构建湿地生态水文连通度综合指数。由于所选评价指标的量纲和实际含义各不相同，需对 4 个湿地生态水文连通性指标进行标准化处理。采用极差法对正向指标斑块内聚力指数和连接度指数、负向指标破碎化指数和分离度分别进行标准化处理：

$$CECI=\omega_1 CON+\omega_2 COH+\omega_3 FN+\omega_4 DIV \tag{4.4.1}$$

式中：CECI 为湿地水文连通度特征指数；CON 为连接度指数；COH 为斑块内聚力指数；FN 为破碎化指数；DIV 为分离度；ω_i 为权重。

第5章　河湖水系连通规划方法及平台研发

5.1　河湖水系连通规划方法

河湖水系是维系自然生态系统的重要组成部分，也是社会经济发展的重要支撑。随着经济社会的发展，河湖水系的连通格局发生重大变化。部分河流因为水流不畅或者连通断绝，出现了泄洪不畅、水质变差、水资源配置不均的情况。河湖水系连通工程成为当前我国应对严峻水形势的一项重要举措，编制河湖水系连通规则十分必要。

5.1.1　规划原则

（1）恢复河湖水系连通性规划应与流域综合规划相协调

应在流域尺度上制定恢复河湖水系连通规划，而不宜在区域或河段尺度上进行。至于跨流域水系连通，则属于跨流域调水工程范畴，其生态环境影响和社会经济复杂性远远超过流域内的河湖连通问题，需要深入论证和慎重决策。本书不涉及跨流域调水问题。

流域综合规划是流域水资源战略规划，恢复河湖水系连通性规划应在综合规划的原则框架下，成为水资源配置和保护方面的专业规划。

（2）发挥河湖水系连通的综合功能

恢复河湖水系连通性规划除需要论证在生态修复方面的功能之外，还需论证在水资源配置、水资源保护和防洪抗旱方面的作用。通过河湖水系连通和有效调控手段，实现流域内河流-湖泊间、湖泊-湖泊间、水库-水库间的水量调剂，优化水资源配置。恢复连通性对改善湖泊水动力学条件，防止富营养化方面也具有明显作用。恢复河流与湖泊、河漫滩和湿地之间的连通性，有助于提高蓄滞洪能力，降低洪水风险。恢复河湖水系连通性，还能改善规划区内自然保护区和重要湿地的水文条件，提升规划区内城市河段的美学价值和文化功能。

（3）工程措施与管理措施相结合

实现河湖水系连通性目标，不仅要靠疏浚、开挖新河道或拆除河道障碍物等工程措施，还要依靠多种管理措施。管理措施包括立法执法，加强岸线管理和河漫滩管理；在满足防洪和兴利要求的前提下，改善水库调度方案，兼顾生态保护和修复；在水网地区，制订合理的水闸群调度方案，改善水网水质；建设河道与河漫滩湿地的连通闸坝，合理控制湿地补水和排水设施，恢复河漫滩生态功能。

（4）物理连通与水文连通相结合

用图论等方法分析计算河湖水系的物理连通性，特别注意处理好各级河道纵坡衔接关系。通过环境流计算、水文和水力学计算，规划水文连通性。通过多种方案的经济技术合理性比选，确定总体连通方案。

（5）以历史上的连通状况为理想状况，确定恢复连通性目标

自然状态的河湖水系连通格局有其天然合理性。这是因为在人类生产活动尚停留在较低水平的条件下，主要靠自然力的作用，河流与湖泊洲滩湿地维系着自然水力联系，形成了动态平衡的水文-地貌系统。由于来水充足湖泊具有足够的水量，湖泊吞吐河水保持周期涨落的规律；洲滩湿地在河流洪水脉冲作用下吸纳营养物质促进植被生长。湖泊湿地与河流保持自然水力联系，不仅保证了河湖湿地需要的充足水量，而且周期变化的水文过程也成为构建丰富多样栖息地的主要驱动力。

（6）风险分析

河湖水系连通性恢复工程在带来多种效益的同时，也存在着诸多风险。这些风险可能源于连通工程规划本身，也可能来自气候变化等外界因素。这些风险包括污染转移、外来生物入侵、底泥污染物释放、有害细菌扩散以及血吸虫病传播等。特别是在全球气候变化的大背景下，极端气候频发，造成流域暴雨、超标洪水、高温、冻害以及山体滑坡、泥石流等自然灾害，不可避免地对恢复连通性工程构成威胁。因此在规划阶段必须进行风险分析，充分论证各种不利因素和工程负面影响，制定适应性管理预案，应对多种风险和不测事件。

5.1.2 规划目标

应以历史上的连通状况和水文-地貌特征为理想状况，确定改善连通性目标。经过近几十年的开发改造，加之气候条件的变化，河湖水系的水文、地貌状况已经发生了重大变化。当下完全恢复到大规模河湖改造和水资源开发前的自然连接状况几乎是不可能的。只能以自然状况下的河湖水系连通状况作为参照系统，立足现状，制定恢复连通性规划。具体可取20世纪50年代的河湖水系连通状况作为理想状况，通过调查获得的河湖水系水文-地貌历史数据，重建河湖水系连通的历史景观格局模型。在此基础上再根据水文、地貌现状条件和生态、社会、经济需求，确定改善连通性目标。为此，需要建立河湖水系连通状况分级系统。在分级系统中，阻隔类型分为纵向、侧向和垂向3类，生态要素包括水文、地貌、水质和生物4大项，以历史自然连通状况作为参考系统，定为优级，根据与理想状况的不同偏差率，再划分良、中、差、劣等级。一般情况下，修复定量目标取为良等级。由连通性分级表，就可以获得恢复河湖水系连通工程的定量目标。

5.1.3 规划编制流程

（1）生态调查和问题分析

系统开展所在地区河湖情况调查和水生态环境问题分析。根据连通工程所在地区的自然气候条件、地形地貌特征和与相邻河流水系的关系，考虑河湖水系历史情况及其空间演化过程，摸清河湖水系本地情况，并掌握所在地区水资源开发利用、水环境质量等情况，分析所在地区主要的水生态环境问题。

（2）连通目标制定

连通目标包括工程目标和效益目标。工程目标用连通度指标来表示，需对规划实施前后的连通度进行分析。效益目标包括水量、水质和水生态3个方面的目标。

（3）总体布局和连通方案比选

比选时应根据连通区域的资源承载状况、风险环境约束和经济技术条件拟订连通方案，在对经济、社会、生态等影响因素及风险分析的基础上，分析不同连通方案的可行性。在此基础上，从规模论证、总体布局、水资源的供需分析与配置、生态环境影响、经济社会影响等方面，通过专家咨询、公众参与等方式，利和优选平台对方案进行甄选论证。

（4）连通工程技术比选

在明确连通对象、方式、规模和布局的基础上，充分借鉴国内外已有的先进技术，选择生态友好型工程技术开展连通工程的设计。

（5）监测和后评估

加强监测为决策提供准确及时的信息。针对连通工程对实测水文信息的特殊需求，分别对监测站布设原则、监测组织管理和监测内容规定等方面的要求进行研究，为实现连通工程的科学调度和长效管理提供支撑。

根据河湖水系连通的综合效益与影响综合评价连通效应，强化连通工程对水循环及其伴生的经济社会效益和生态环境效益的影响评价。

5.2 平台建设目标

研发三库三层构架的河湖水系连通规划总体布局方案优选平台（River and Lake Connectivity Planning Platform，RLCPP），实现河湖水系连通路径的优选。将试点调查数据导入平台中，对试点区域水系、湖泊等连通要素进行分解组合，以实现河湖水系的连通性计算；对项目案例进行管理，支持案例的查询对比；实现对河湖水系水量-水质-生态耦合分析模型的集成，支持对不同模型的查看、对比、分析等；在此基础上，进行布局方案优选，并支持多种方案的设置、分析、对比，最终支持连通路径的优选。

（1）对示范区或研究区的基础地理信息、水文、水质、地貌、生物、栖息地、社会-经济状况等方面的数据进行采集、整编、挖掘、加工等一系列整合处理，并结合河流生态修复工程的特点，形成河湖水系连通总体布局方案优选技术平台数据库。

（2）将河湖水系连通性相关的专家知识、经验参数、科学试验参数，相关政策法规、行业标准，河湖水系连通规划典型案例等进行集成，形成案例库。

（3）实现对河湖水系水量-水质-生态耦合分析模型库的集成及展示。在河湖水系区域尺度下，基于分布式水文模型，研究河湖水系在满足丰枯调剂、多源互补的水资源配置基础上，不同水系连通模式满足蓄泄洪水及保证最小生态流量的能力，对于水污染物的消减能力，以及为指示生物提供适宜性栖息地的能力，构建河湖水系水量-水质-生态耦合分析模型库。

（4）通过河湖水系的系统性分析，优选连通路径，优化连通规划方案，形成河湖水系连通总体布局方案优选技术。

5.3 平台架构

5.3.1 设计原则

（1）实用性原则

在软件架构的选择上，本着实用、简洁的原则，采用 B/S（brower/server，浏览器/服务器）和 C/S（client/server，客户机/服务器）相结合的架构模式，不同的模块，根据其特点和实际需求，采用不同的架构模式。C/S 架构的软件基于友好的图形化管理界面，与操作系统风格协调一致，交互性强，可视化程度高，在数据导入、浏览、查询、处理时，效率高，适用于数据结构复杂、运算量大的专业模型计算、空间数据处理等。B/S 架构的软件基于浏览器，采用统一的 UI（user interface，用户界面）进行设计，用户操作简便，利于单点部署、多处访问的应用方式，适用于案例管理、数据发布等应用需求。

（2）开放性原则

考虑到平台的扩展应用和技术快速升级完善的需求，平台应具备良好的可扩充性。平台采用结构化、组件化、模块化设计，便于平台的改动和扩充；同时，平台采用基于 SOA（service - oriented architecture，面向服务的结构）的开放式软件接口，便于与其他系统的互连。平台开发采用面向对象技术，各功能点之间界面清晰、相对独立，既可保证软件的可靠性、可继承性，又具有可维护性和可扩充性，同时提供开放的应用编程接口（application programming interface，API），有利于系统的功能扩充。

（3）规范性原则

严格按照现有国家标准和水利行业标准进行软件的开发和数据管理。采用符合国际 UML（unified modeling language，统一建模语言）标准的 CASE（Computer Aided Software Engineering）工具进行软件架构与功能设计。根据相关编码规则规范、制定数据的统一代码和结构。

（4）安全性原则

为保证数据和系统的运行安全，采用密码、备份、数据校验等多种方式，从数据本身安全性、数据访问安全性、数据规范性等各方面保证数据、系统的安全。

5.3.2 总体框架

河湖水系连通总体布局方案优选平台总体框架（附图 2）如下。

（1）支撑层

支撑层包括软硬件支撑环境和“三库”。软件运行所需要的支撑环境，包括硬件平台、操作系统、专业软件等。本平台的软件支撑环境，从数据库、地图管理到出图等以采用开源软件为主，其中，数据和地图的存储管理分别采用 MySQL 和 GeoServer。“三库”包括数据库、案例库、模型库，对调查资料、基础地理数据、典型案例、地貌景观、模型参数等各类数据进行统一存储管理，为平台功能提供数据支撑。

（2）功能层

功能层提供本平台的所有功能。总体分为两个模块，水系连通总体布局方案优选模块包括连通方案管理、河湖水系总体布局连通性计算、河湖水系总体布局方案优选、河湖水系地貌景观分析、水量-水质-生态耦合分析模型集成、数据管理等；河湖水系连通案例库管理模块包括案例上传、检索、展示、管理，权限管理，无人机数据采集与管理等。

（3）交互层

交互层通过可视化界面为用户提供河湖水系生态连通总体布局方案优选技术平台。平台用户包括研究人员、业务人员、管理人员、维护人员等。

5.3.3 技术架构

河湖水系连通总体布局方案优选平台技术架构如图5.3.1所示。

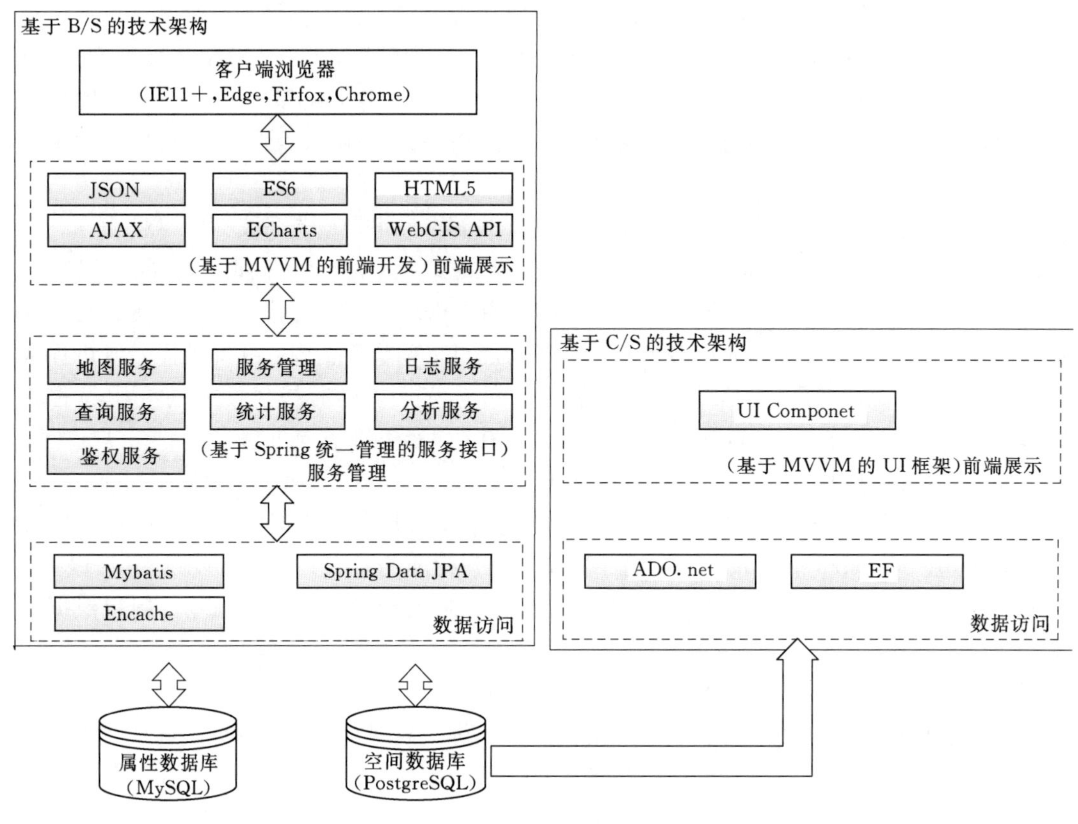

图5.3.1 平台技术架构

平台采用了B/S和C/S两种软件架构模式相结合的技术框架。水系连通总体布局方案优选模块采用C/S架构模式，主要是利用GIS技术和图论理论实现对河湖水系总体布局连通程度的定量分析及方案优选、河湖水系地貌景观分析、水量-水质-生态耦合分析模型集成及数据管理等。河湖水系连通案例库管理模块采用B/S架构模式，主要是利用WebGIS技术、网络技术等实现通过客户端浏览器对河湖生态修复典型案例库进行管理。

（1）前端展示

前端展示分为C/S和B/S两种不同的表现形式。C/S主要实现河湖水系数据的管理、总体布局连通性计算、地貌景观分析等数值的处理以及处理结果的图形展示和表格展示。

B/S主要实现河湖水系生态连通案例的管理，通过json、servlet、jsp、过滤器等实现数据传值及处理，通过html、bootstrap等实现页面组件构成及展示。

（2）服务管理

服务管理主要实现各系统业务逻辑处理，作为前段展示与数据的中间部分，根据业务逻辑对数据进行相应处理并达到数据与前段展示之间的数据传递目的。通过计算模型服务、地图分析服务、地图浏览服务、可视化服务、查询服务、统计服务以及各类服务框架实现业务逻辑与数据处理。

（3）数据访问

数据访问主要实现与数据库的交互，实现数据的CURD操作。采用JDBC作为数据持久层框架，通过GIS服务客户端、web服务客户端、ADO组件实现属性数据和空间数据的交互及处理。

前端展示、服务管理、数据访问之间使用Spring（B/S）或.NET（C/S）进行管理。

5.3.4 运行环境

平台运行环境需求如下。

（1）硬件环境

1）内存：4G以上；

2）CPU（central processing unit，中央处理器）：四核CPU、主频2.5MHz以上；

3）硬盘：500G以上。

（2）软件环境

Win7及以上版本操作系统，Office2003及以上版本办公软件。

5.4 平台关键技术

5.4.1 边连通度评价技术

平原河网区地势起伏小、水流较缓慢，尤其在城市地区，容易出现往复流的情况。利用图论理论，将平原河网区的河湖水系地貌单元进行物理概化，然后建立图模型，采用无向图的边连通度算法来定量评价其连通度，是一种较好的研究平原河网区水系连通性的方法。总体流程是：首先根据研究区水系特点，选择适宜的水系提取方法，目前使用较多的是基于遥感影像与基于DEM（digital elevation model，数字高程模型）的水体提取方法以及利用在线地图资源等工具获取水系数据；其次对水系地貌单元进行物理概化，建立水系图模型；最后根据图模型的点线关系构建邻接矩阵，进行边连通度的计算。

5.4.1.1 水系提取技术

提取水系河网的方法主要有两种，一是基于DEM高程数据进行水文分析提取，二是基于遥感影像自动或半自动提取。

1）利用DEM数据提取水系的原理是根据水流的基本特点，首先确定水流的方向，其次计算不同高程点上的上游集水区，根据研究需要设置一个高程阈值，确定水系的高程点，最后根据已获得的水流方向数据，对整个河网从源头追溯，划分出子流域。依据DEM提取水系的方法优点是原理通俗易懂、操作简单、数据易获取，缺点是目前免费DEM数据精度不足，适用于大尺度流域水文分析，而在平原城市河网地带，由于坡度很小，且研究尺度较小，依据DEM提取水系的方法准确度欠佳。

2）利用遥感影像提取河流水系最常见的方法为波段法，主要可分为单波段法、多波段法以及归一化水体指数（normalized-difference water index，NDWI）法。单波段法在早期的研究中应用较多，主要特点为使用简便，能够较为容易地提取河流水系，但山体阴影对山区河流的提取干扰较大。为克服山体阴影影响，发展了多波段提取水系的方法，通过建立逻辑判断表达式或通过不同波段的优势组合，达到分离或增强水体的效果。为了进一步提高水系提取准确度，减少其他非水体因素的干扰，提出了归一化水体指数，通过对波段的代数运算，进一步增强水体信息，效果较好，缺点是当用NDWI来提取城市河网中的水体时，受到城区众多建筑物的影响，杂质信息较多，需要进一步加工处理。

也可利用高清在线地图获取水系，但该方法使用较少，获取的数据只包含水系的物理结构与地理位置信息。对于研究精度要求不是很高，又不考虑水体面积、水位高度、水量等参数时，利用高清在线地图提取水系，是一种比较便捷的方法。

5.4.1.2　图模型构建技术

（1）河湖水系中的典型地貌

根据流域地势特点，我们可以比较容易地识别河流纵向连通特征，而河流的横向连通特征识别稍显复杂。在河流地貌中，位于主河道的两侧，在洪水时被淹没、枯水时出露的滩地称为河漫滩。由于河漫滩类型较多，下面列出了几种比较典型的河漫滩类型。

1）牛轭湖或牛轭弯道：裁弯后所残留下来的古河曲。

2）河漫滩水流通道：在滩地上所形成的二级河道。

3）鬃岗地形：水流流经河流弯道时，由于作用力大，冲刷凹岸，导致其岸边泥沙掉落下沉后退，而水流中的环流作用又把散落的泥沙冲向凸岸，在凸岸累积成河床沙坝。由于水流冲刷凹岸并非连续进行，其岸边泥沙坍塌一段时间后就会稳定，等到再次发生较大洪水的时候，又引起岸边泥沙坍塌后退，这种时间间歇性的后退，将会在凸岸形成一组河床沙坝，由于沙坝之间的局部地，在平面上将会形成完整的弧系，称为河漫滩鬃岗地形。

4）局部封闭小水域：在洪水期，水源充足，河漫滩局部低洼地得到补给，形成局部封闭水域。

5）自然堤：由于沉积到滩地附近河沿的泥沙颗粒比较粗，高出周围地面，形成自然堤（滩唇）。

水系图模型方法是基于图论理论，首先要以图形方式展现水系的横向和纵向连通特征。河湖水系的概化如图5.4.1所示，其中包括纵向和横向的干支流、湖泊、河漫滩水流通道、局部封闭小水域、牛轭湖、牛轭弯道等连通特征。

在平原河网地区，河流纵横交错，结构复杂。为满足工农业发展，通常会在中下游建

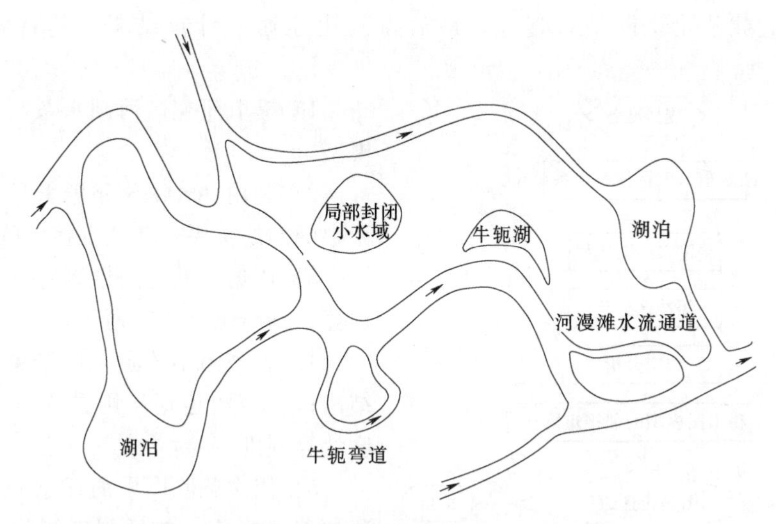

图 5.4.1 河湖水系概化示意图（箭头方向为水流方向）

立圩堤，在河道上修建闸门、泵站，控制水量和水流的方向。这跟自然状态下的河流地貌类型有很大的区别。

（2）水系图模型概化

水系图模型方法的重点是将水系中的不同地貌利用图论中的相关元素进行表征。在河流纵向，一条河流可以用线来表示，河流汇合处用点来表示。河道滩区系统在河道横向上是由主河道和河漫滩形成的，其连通性与河漫滩的微地貌特征、水文特点、地质地形以及河流动态交换等因素有关。在不同的水位条件下，河道滩区系统内交错而成河道网络水网，其连通程度不同。基于河道滩区中河湖水网的特征以及图论连通度理论，可以用边表示河道或者受水流冲积形成的河网，用顶点表示各条河道的汇合点，用环状弧形来表示牛轭湖或者牛轭弯道，用孤立点表示单独的小型水域，用悬挂点表示仅与一条河道相通的小型水域，用多重边表示鬃岗地形中沙坝之间形成的多条河道。两点间有边连接，表明两点相邻，并且说明两点间有河道通过。河湖水系系统连通性与河道形状无关，河道形状并不影响河流系统中点与点之间的邻接关系。

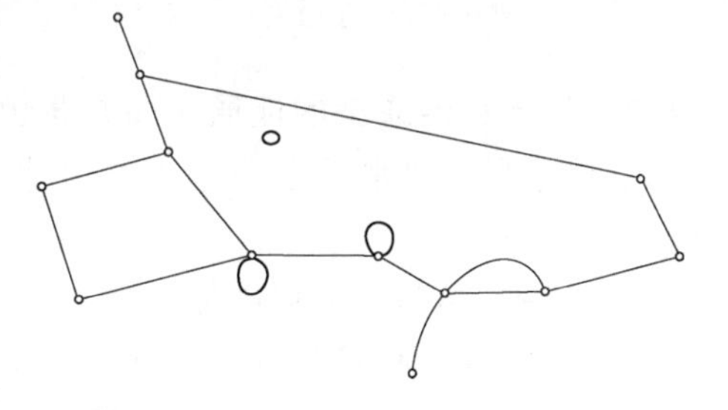

图 5.4.2 水系图模型概化示意图

按照上述概化图模型的方法，利用图论中的相关元素进行表征，可对河湖水系图模型进行概化，得出其概化示意图，如图 5.4.2 所示。由此可见，无向图的图模型可用来表示整个河湖水系系统，从而可利用边连通度参数 $\lambda(G)$ 来衡量河湖水系的整体连通程度，并为河湖水系综合整治及调度管理提供理论基础。

5.4.1.3 连通度计算流程

首先根据河湖水系的概化图，利用 ArcGIS 中的缓冲区分析和相交分析，自动识别点线拓扑关系建立图模型，形成邻接矩阵；其次，利用矩阵运算，判断连通度，通过调整删除的边数，计算图是否连通；最后得到边连通度计算结果。其具体流程如图5.4.3所示。

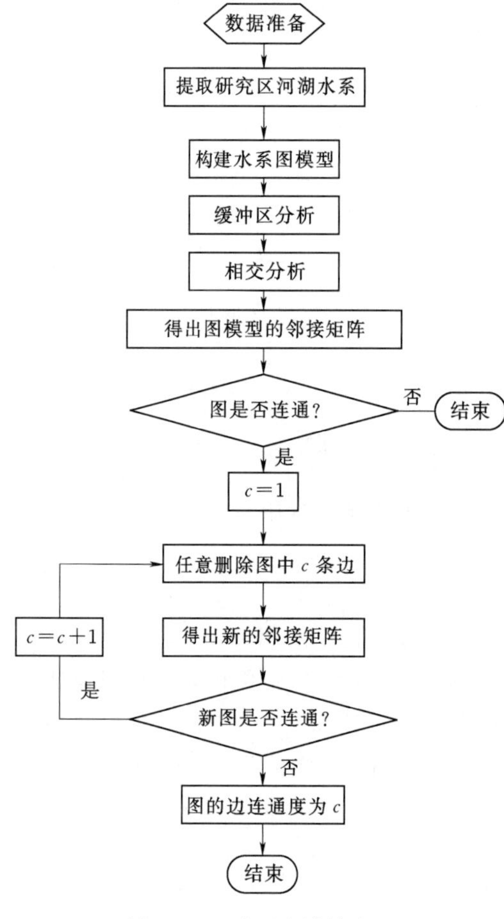

图5.4.3 连通度计算流程

1）提取研究区河湖水系，建立水系图模型。

2）利用ArcGIS分析工具，识别图模型中的点线关系，建立邻接矩阵。

3）依据图的连通性判定准则，做矩阵运算，判断图是否连通。

4）若该图不连通，则结束程序，得出结论；若该图连通，则进入以下的边连通度计算判别。

5）依次删除图中的任意一条边，形成新的邻接矩阵，然后判别删除一条边后的新图连通性，若新图不连通，则原图的边连通度为1，结束程序，得出结论；若删除一条边后，新图仍然连通，则进入下一步判别。

6）依次删除图中的任意两条边，形成新的邻接矩阵，然后判别删除两条边后的新图连通性，若新图不连通，则原图的边连通度为2，结束程序，得出结论；若删除两条边后，新图仍然连通，则进入下一步判别。

7）依次类推，当删除c条边后，形成的新图不连通，那么原图的边连通度为c。

5.4.2 基于边连通度的连通布局方案优选技术

主要根据河湖水系连通情况，评估物理连通指数。连通方案优选流程如图5.4.4所示。

1）对目标区域的数据进行整理，建立湖泊、水系的拓扑关系，并录入连通属性，如长度、面积、可调度流量等。区域的控制性工程数据也要同时录入，并设置相应的调度措施。

2）对导入的河湖水系数据进行物理连通性评估，得出当前连通指数，并给出优、良、差的分级结论。

3）进行连通方案设置。从增加通道、拆除闸坝、生态调度等方面设置可采用的调整方案，从单个方案、多个方案组合等方面进行设置。

4）根据设置的连通方案，计算连通指数，并评估连通性分级。如果连通性分级都不满足要求，则重新调整连通方案。

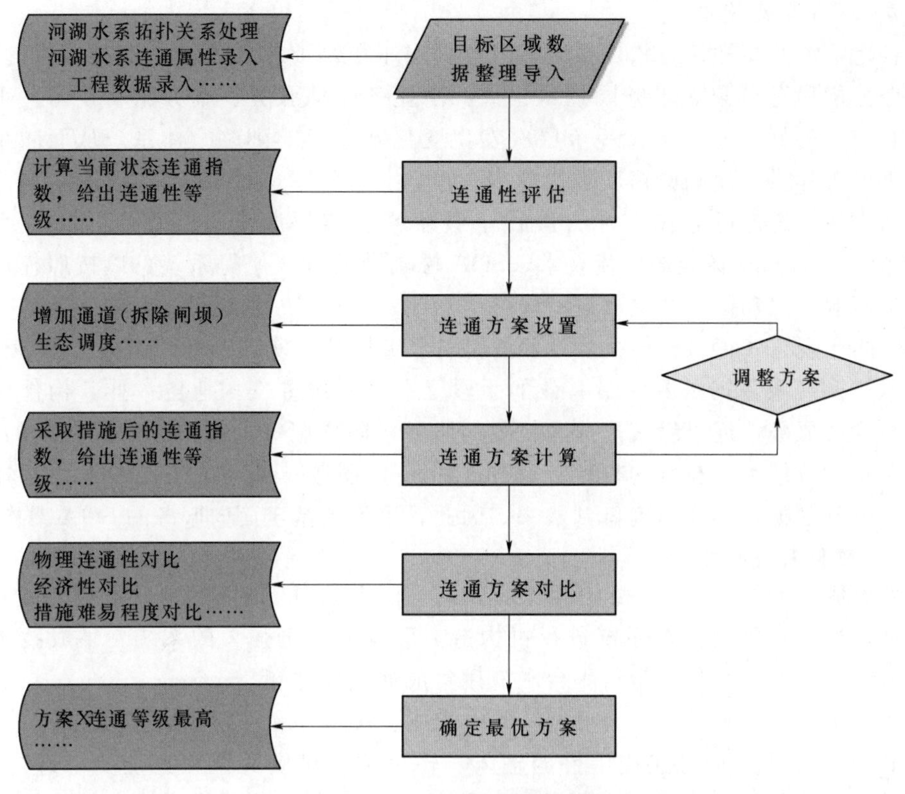

图 5.4.4　连通方案优选流程

5）根据设置的连通方案，利用水量-水质-生态耦合分析模型计算相关参数。

6）根据多个连通方案的计算结果，从连通性指数、经济可行性、技术可行性等方面，进行连通方案的对比优选。

7）确定最优的连通方案，并明确所采取的连通措施。

5.4.3　软件开发相关技术

5.4.3.1　软件开发技术路线选型

在满足功能要求、符合技术规范的前提下，从数据库、地图管理到出图等以采用开源软件为主。开源软件是公益组织开放代码，并不断升级，目前形成较为完善的应用开发模式，有利于后期平台部署、使用、推广。

平台技术架构方面，采用前端展示、服务管理、数据访问三层 SOA 架构，体现高内聚低耦合的设计思想。三层架构被广泛应用于软件工程的架构模式中，可实现将系统开发过程中的关注点分离。首先是可以让前台设计和后台设计相分离，各层之间能够并行设计，前台设计人员只需关注界面设计，后台设计人员只需关注逻辑设计；其次易于用新的实现来替换原有实现，在系统后期完善的过程中，发生变更需求时，开发人员可以很容易满足这种变更需求；最后总体上采用三层架构框架模式，各层次功能清晰、分工明确，且各层之间可同步并行设计，易于测试，很大程度上降低开发的复杂性，便于定位错误并改正。

5.4.3.2　SOA 架构技术

信息化系统的多样性对软件系统的柔性提出了更高要求，要满足这种柔性的要求，需要使业务同服务分离、服务同技术分离，由业务驱动服务、服务驱动技术。采用这种松耦合体系的好处就在于每一个层次发生变化不会影响到整个体系，从而减少了因变化带来的工作量，使响应速度更快。

河湖水系生态连通总体布局方案优选技术平台需要整合多项研究成果，而目前 SOA 架构是实现异构集成的主流技术，SOA 松耦合的特性使得系统可以按照模块化方式来添加新服务（功能）或更新现有服务（功能），以解决新的业务需要。

服务的实现方式很多，但是最重要的是将服务同技术实现分开，而采用图形化构件组装技术来实现服务则是其中最有效的手段之一。同服务支撑业务一样，构件可以看作是小粒度的服务，通过组装形成大粒度的服务；同样服务可以看作是大粒度的构件，通过业务切割分解为小粒度的构件。只有这种业务-服务-构件的松耦合结构，才能将变化的成本降到最低，响应速度做到最快。因此，采用了基于面向服务的 SOA 架构。

5.4.3.3　软件集成技术

软件集成技术的核心是一组开发工具，它可以生成用于连接不同功能模块或不同系统的组件，通过这些组件对系统进行再构造，形成一个更强大的系统。集成技术由以下几部分组成：开发套件、运行平台和应用集成连接组件。

集成技术的开发套件有两个功能：开发集成连接组件和部署集成连接组件。开发套件通过其中的工具分别对连接组件的输入、输出端、对应关系和处理要求进行描述，开发组件根据这些描述，运用已有的基本模板，生成专用的集成连接组件，并通过部署工具将应用连接组件部署到运行平台。

5.4.4　数据采集技术

数据收集方面，一方面充分利用开放的数据源，包括资源卫星数据、在线地形数据、水系数据、行政区划数据等，作为目标评估区域的基础数据。另一方面，可采用无人机等先进的数据采集技术，采集目标区域的照片、视频、三维等数据，补充现状地表信息。

作为当前先进的数据采集手段，无人机在河道状况及目标区域信息采集中得到了应用。利用无人机对目标区进行影像拍摄，然后通过内业软件处理分析，可获取监测地区的地表信息。本书以大疆精灵 4Pro 无人机（图 5.4.5）为例介绍数据采集过程。

图 5.4.5　大疆精灵 4Pro 无人机

首先，在地图上预先设定信息采集点，设置相关飞行参数，在控制终端上运行 DJI GS PRO，划定飞行区域，然后设置飞行姿态参数、相机位置等参数（图 5.4.6）。

其次，利用无人机采集照片（图 5.4.7）。

最后，在现场获取影像资料，利用影像处理软件，生成目标区的三维实景模型（图 5.4.8）。

图 5.4.6 DJI GS PRO 界面

图 5.4.7 无人机采集的照片

图 5.4.8 三维成像

在扬州市、济南市玉符河、中顺大围等地区，利用无人机获取了 3 个示范基地多个区域的数千张航拍影像以及几十个视频资料，较为详细地记录了当地河道、地貌等信息，为项目进行连通分析决策提供了较为翔实的背景资料。

5.5　数据库建设

5.5.1　数据内容

（1）基础数据

基础数据主要包括行政区划、地形、水系、土地利用、社会经济统计数据等。其主要为水系提取、方案优选提供辅助信息。

（2）河湖水系概化数据

河湖水系概化数据包括河道及闸坝连接点。河道数据的属性主要包括河道长度、名称、编码等；连接点数据主要包括坐标、名称、类型、编码等信息。

（3）案例库

数据库共收集国内外案例 117 个，基本涵盖了国内已经建设的、规划中的、正在建设的所有大中型连通案例。这些案例从连通功能上可以分为水资源配置为主、防洪减灾为主以及水生态环境修复保护为主等类型，从连通对象上可划分为河流与河流连通、河流与湖泊连通、湖泊与湖泊连通、河流与湿地连通、湖泊与湿地连通、复杂连通等。

（4）模型库

模型库主要包括耦合分析模型相关的输入、输出、算法等内容。

5.5.2　设计原则

1. 规范性引用文件

（1）GB/T 2260—2007《中华人民共和国行政区划代码》；

（2）GB 2312—1980《信息交换用汉字编码字符集基本集》；

（3）GB/T 50095—2014《水文基本术语和符号标准》；

（4）SL 249—1999《中国河流名称代码》。

2. 表结构设计

表结构描述包括中文表名、表主题、表标识、表编号、表体和字段描述 6 部分。

（1）中文表名是每个表的中文名称，用简明扼要的文字表达该表所描述的内容。

（2）表主题用于进一步描述该表存储的数据内容、目的和意义。

（3）表标识是用于识别表的分类及命名，为其中文表名的英文缩写。

（4）表编号是给每一个表指定的代码，用于反映表的分类或表间的逻辑顺序。

（5）表体以表格形式表示，包括字段名、标识符、类型及长度、是否允许空值、单位、主键序号。

1）字段名采用中文字符表征表字段的名称。

2）标识符为数据库中该字段的唯一标识。

3）字段类型及长度描述该字段的数据类型和数据长度。

4）是否允许空值一栏中，"N"表示表中该字段不允许有空值，为空表示表中该字段可以取空值。

5）主键序号一栏中，有数字的表示该字段是表的主键，为空表示非主键；数字顺序表示在数据库建设时需按照此顺序建立索引，数字越小，优先级越高。

(6) 字段描述用于描述每个字段的意义以及取值范围、数值精度、单位等。

3. 标识符设计

(1) 标识符分为表标识符和字段标识符两类，具有唯一性；标识符由英文字母、数字和下画线（"_"）组成，首字符应为大写英文字母。

(2) 标识符应按表名和字段名中文词组对应的术语符号或常用符号命名，也可按表名和字段名英文译名或中文拼音的缩写命名。在同一数据库表中应统一使用英文或汉语拼音缩写，不应将英文和汉语拼音混合使用。

(3) 标识符与其名称的对应关系应简单明了，体现其标识内容的含义。

(4) 当标识符采用英文译名缩写命名时应符合下列规定：

1）应按组成表名或字段名的汉语词组英文词缩写，以及在中文名称中的位置顺序排列。

2）英文单词或词组有标准缩写的应直接采用；没有标准缩写的，取对应英文单词缩写的前1～3个字母，缩写应顺序保留英文单词中的辅音字母，首字母为元音字母时，应保留首字母。

3）当英文单词长度不超过6个字母时，直接取其全拼。

(5) 当标识符采用中文词的汉语拼音缩写命名时应符合下列规定：

1）应按表名或字段名的汉语拼音缩写顺序排列。

2）汉语拼音缩写取每个汉字首辅音顺序排列，当遇汉字拼音以元音开始时，应保留该元音；当形成的标识符重复或易引起歧义时，可取某些字的全拼作为标识符的组成成分。

1）表标识。表标识由前缀"DOC"、主体标识及分类后缀3部分用下画线（"_"）连接组成，其编写格式为：DOC_X_Y。

其中：

DOC——专业分类码，代表文档库；

X——表代码，表标识的主体标识，长度为两位字符（表5.5.1）；

Y——表标识分类后缀，用于标识表的分类，长度和内容按表5.5.2确定。

表5.5.1　表主体标识

序号	表分类	分类后缀	序号	表分类	分类后缀
1	案例库类	CA	3	分析平台类	PL
2	基础信息类	BA	4	用户信息类	US

表 5.5.2　　表标识符分类后缀取值

序号	表分类	分类后缀	序号	表分类	分类后缀
1	案例项目类	PROJECT	5	河流图层类	RIVER
2	基础信息类	SORT	6	影像类	IMG
3	媒体资料类	MEDIA	7	土地利用类	LANDUSE
4	用户信息类	USER			

2）表编号。表编号的格式如下：

DOC _ AA _ BBB

其中：

DOC——同表标识；

AA——表编号的一级分类码，2位字母，同表标识；

BBB——表编号的二级分类码，3位数字。

3）字段标识。字段标识长度不宜超过10个字符，10位编码不能满足字段描述需求时可向后依次扩展。

4）字段类型及长度。字段类型主要有字符、数值、时间共3种类型。各类型长度应按照以下格式描述：

a. 字符数据类型，其长度的描述格式为

C(d)或 VC(d)

其中：

C——定长字符串型的数据类型标识；

VC——变长字符串型的数据类型标识；

( )——固定不变；

d——十进制数，用来描述字符串长度或最大可能的字符串长度。

b. 数值数据类型，其长度描述格式为

N(D[,d])

其中：

N——数值型的数据类型标识；

( )——固定不变；

[ ]——小数位描述，可选；

D——描述数值型数据的总位数（不包括小数点位）；

，——固定不变，分隔符；

d——描述数值型数据的小数位数。

c. 时间数据类型，用于表示一个时刻。时间数据类型采用公元纪年的北京时间。

5）字段取值范围。

采用连续数字描述的，在字段描述中给出它的取值范围。

采用枚举的方法描述取值范围的，应给出每个代码的具体解释。

5.5.3 数据库表

对部分主要的数据库表进行举例说明。

(1) 案例简介表

- 表描述：该表主要记录的是案例的名称、简介以及导入时间等信息。
- 表标识：DOC _ CA _ PROJECT。
- 表编号：DOC _ CA _ 001。
- 表结构：如表 5.5.3 所示。

表 5.5.3　　案例简介表

序号	字段名	字段标识	类型及长度	单位	可空	主键
1	案例唯一编码	ID	VC (50)		N	Y
2	案例名称	PNAME	VC (100)		N	
3	所在地址	POSITION	VC (200)		N	
4	项目建设时间	PDATE	DATE			
5	预期解决问题	PROBLEMS	VC (2000)			
6	工程内容	ENCONTENT	VC2000)			
7	工程效果	ENEFFECT	VC2000)			
8	案例创建人	PBUILDER	VC (100)			
9	上传时间	PBDATE	DATE		N	
10	简介	BASICDES	VC2000)		N	
11	连通类型	FTYPE	VC (50)		N	

(2) 案例基础信息表

- 表描述：该表主要记录案例发生地坐标、类型、所属省份等信息。
- 表标识：DOC _ CA _ SORT。
- 表编号：DOC _ CA _ 002。
- 表结构：如表 5.5.4 所示。

表 5.5.4　　案例基础信息表

序号	字段名	字段标识	类型及长度	单位	可空	主键
1	案例类型和区域表 ID	ID	VC (50)		N	Y
2	连通功能类型	FTYPE	VC (100)		N	
3	连通对象	CTYPE	VC (200)		N	
4	连通对象描述	CTYPEREMARK	VC (200)			
5	经度	LGTD	N (9, 6)			
6	纬度	LTTD	N (9, 6)			
7	所属区域	REGION	VC (100)			
8	是否属于国内	CHINA	VC (10)		N	
9	所在省份	PROVINCE	VC (50)		N	
10	是否属于水利部水系连通补助项目	MWR	VC (50)		N	
11	项目是否实施	APPLY	VC (10)			
12	案例 ID	PROJECTID	VC (50)		N	

（3）河流信息表

- 表描述：存放连通性计算的河流图层属性表。
- 表标识：SOPP _ PL _ RIVER。
- 表编号：SOPP _ PL _ 001。
- 表结构：如表5.5.5所示。

表5.5.5　　河流信息表

序号	字段名	字段标识	类型及长度	单位	可空	主键
1	ID	ID	VC（50）		N	Y
2	工程代码	PCODE	VC（100）			
3	工程名称	PNAME	VC（100）			
4	河流编码	RCODE	VC（100）		N	
5	河流名称	RNAME	VC（200）		N	
6	河流长度	RLENGTH	VC（50）			
7	时间戳	MODITIME	T			
8	备注	NT	VC（200）			

（4）节点信息表

- 表描述：存放连通性计算的节点图层。
- 表标识：SOPP _ PL _ RIVER。
- 表编号：SOPP _ PL _ 002。
- 表结构：如表5.5.6所示。

表5.5.6　　节点信息表

序号	字段名	字段标识	类型及长度	单位	可空	主键
1	ID	ID	VC（50）		N	Y
2	工程代码	PCODE	VC（100）			
3	工程名称	PNAME	VC（100）			
4	河流编码	RCODE	VC（100）		N	
5	闸坝编码	SDCODE	VC（100）		N	
6	闸坝名称	SDNAME	VC（50）			
7	文件路径	SDPATH	VC（500）		N	
8	时间戳	MODITIME	T			
9	备注	NT	VC（200）			

（5）土地利用信息表

- 表描述：保存目标区域土地利用图层。

- 表标识：SOPP _ PL _ LANDUSE。
- 表编号：SOPP _ PL _ 004。
- 表结构：如表 5.5.7 所示。

表 5.5.7　　土地利用信息表

序号	字段名	字段标识	类型及长度	单位	可空	主键
1	ID	ID	VC (50)		N	Y
2	类型代码	XDMDM	VC (10)		N	
3	类型名称	XDMMC	VC (30)			
4	中心点 X 坐标	XZB	N (15，6)			
5	中心点 Y 坐标	YZB	N (15，6)			
6	面积	XDMMJ	N (15，3)			
7	数据源	SJY	VC (10)			
8	数据源时相	SX	VC (8)			
9	文件路径	FPATH	VC (500)		N	
10	时间戳	MODITIME	T			
11	备注	NT	VC (200)			

5.6 平台功能

5.6.1 功能框架

河湖水系连通总体布局方案优选技术平台功能框架（图 5.6.1）如下。

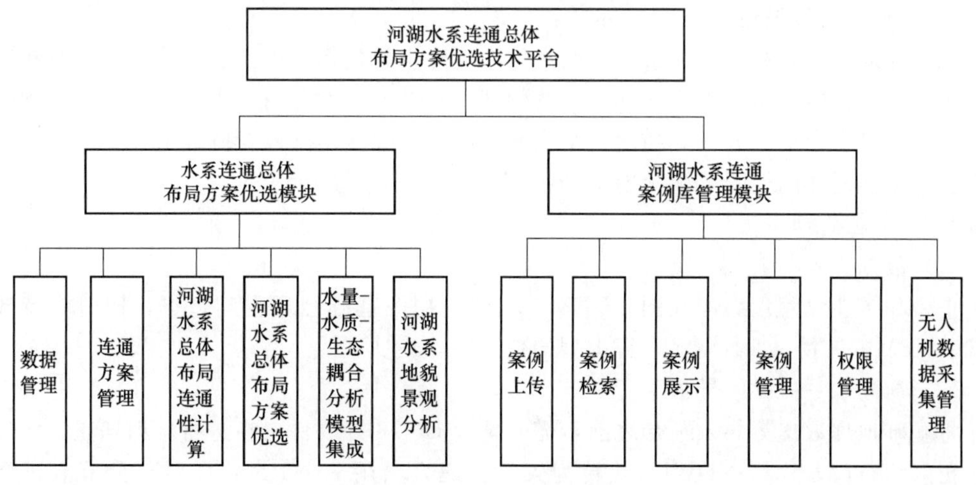

图 5.6.1　平台功能框架

平台主要包括两大模块：水系连通总体布局方案优选模块和河湖水系连通案例库管理模块。水系连通总体布局方案优选模块采用 C/S 架构模式，主要是利用 GIS 技术和图论理论实现对河湖水系总体布局连通程度的定量分析及方案优选、河湖水系地貌景观分析、水量-水质-生态耦合分析模型集成及数据管理等。河湖水系连通案例库管理模块采用 B/S 架构模式，主要是利用 WebGIS 技术、网络技术等实现通过客户端浏览器对河湖生态修复典型案例库的管理。

两个模块通过可视化界面进行集成，平台提供单点登录的功能，能够实现一次登录，两个模块同时免密进入。模块登录入口如图 5.6.2 所示。

图 5.6.2　模块登录入口

点击相应的菜单后可以分别进入两个模块。

5.6.2　水系连通总体布局方案优选模块

5.6.2.1　模块功能描述

水系连通总体布局方案优选模块的主体功能区主要包括菜单区、功能区以及分析结果显示区。其中功能区包括工程管理、方案管理、水系连通度分析计算、图层管理、评价结果展示以及导出、地貌分析等功能；结果显示区包括邻接矩阵、矩阵连通性、分析结论以及河湖水系连通性的地图可视化展示。主界面如图 5.6.3 所示。

5.6.2.2　数据管理

（1）数据导入

平台除了能够管理影像底图、DEM、土地利用等基础地理空间数据，同时支持导入影像、DEM、矢量（shp 格式）等类型的数据。

（2）河湖水系概化图导入

将基础地理数据等导入平台之前，需要结合 ENVI 等软件，在进行辐射纠正、大气纠正、正射纠正后，计算 NDWI，并转为矢量。最后利用 ArcGIS 软件对部分节点进行添加、修正。河湖水系概化图如图 5.6.4 所示。

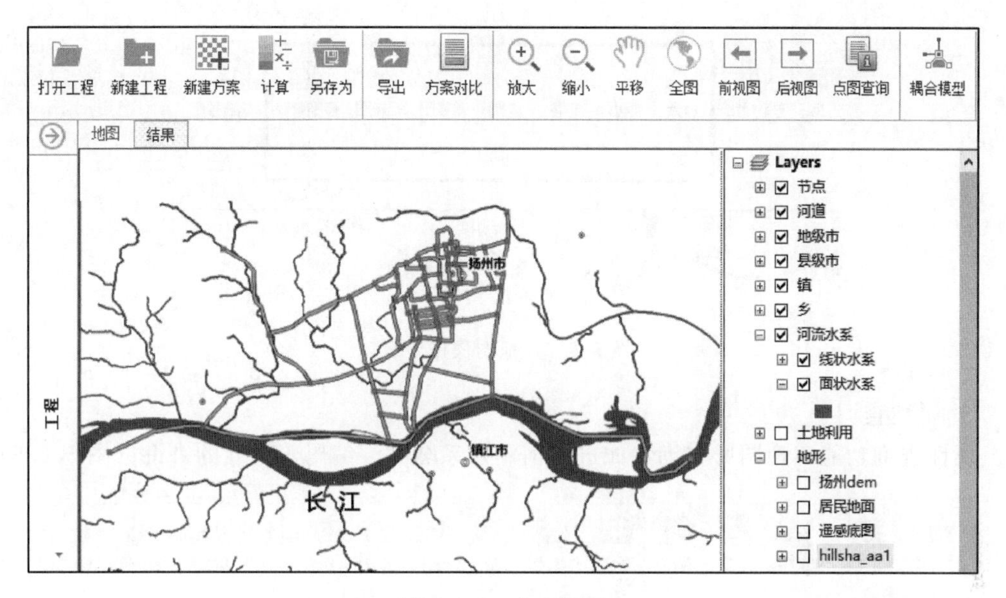

图 5.6.3　主界面图

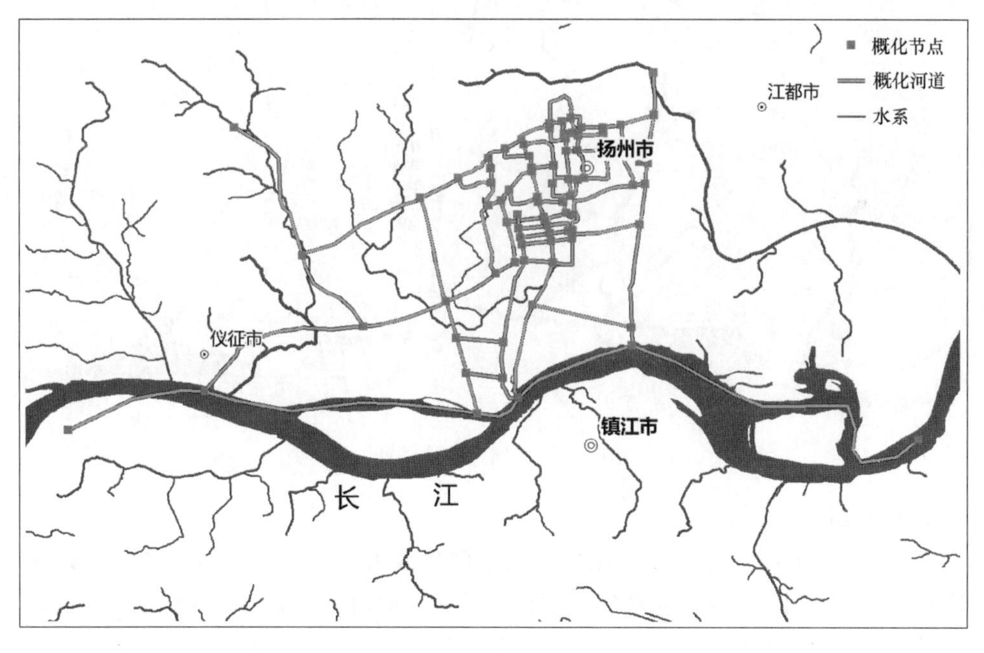

图 5.6.4　河湖水系概化图

（3）地图操作

当数据导入完成后，河湖水系数据会加载到地图中进行可视化展示。地图界面包括工具栏、内容列表以及地图显示区。其中工具栏包括放大、缩小、平移、全图、选择、清除选择以及点选查看属性和测距等工具，基本满足地图操作需求。地图操作界面如图 5.6.5 所示。

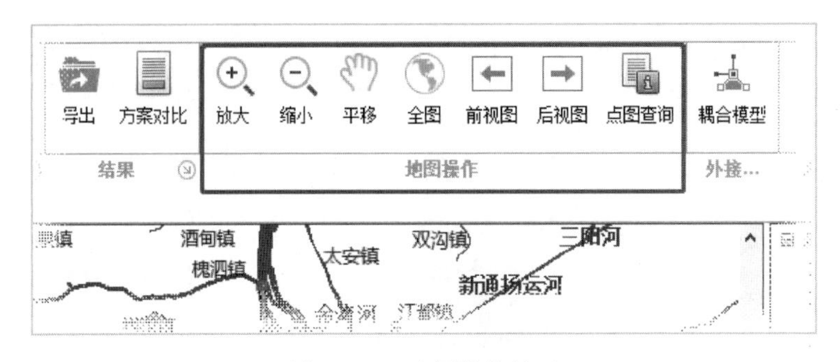

图 5.6.5　地图操作界面

- 属性查询

属性查询功能实现图属查询，如进行河湖水系名称、编码等属性的查询（图 5.6.6）。

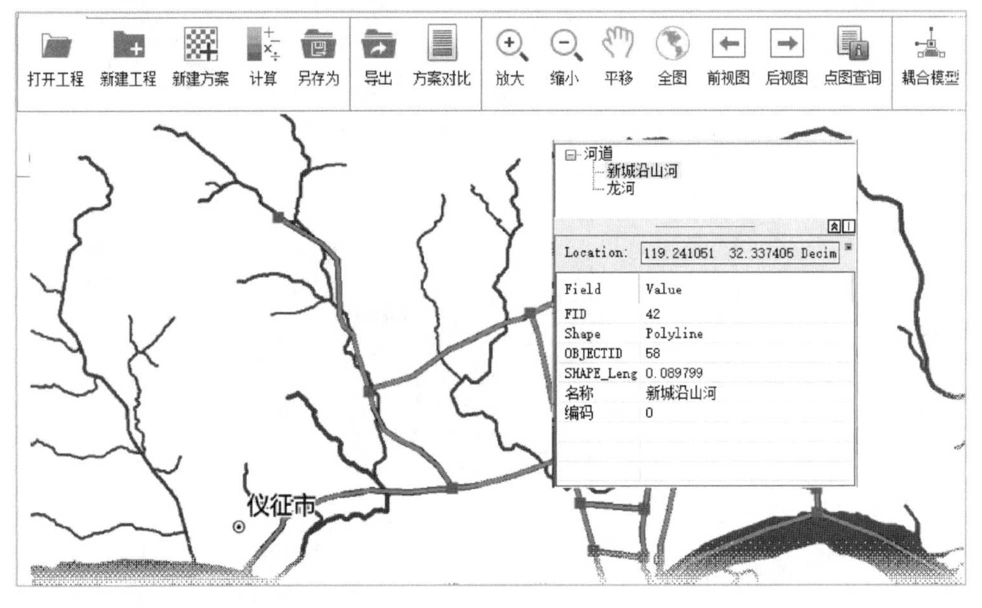

图 5.6.6　属性查询功能

- 图层控制

平台的图层由底图和计算原始图层、结果图层等组成。其中底图有各级行政区划数据、地形图、遥感图、土地利用图等图层。勾选或者取消勾选能够有效控制图层的显示与否。图层控制功能如图 5.6.7 所示。

5.6.2.3　连通方案管理

在应用中，会根据河湖水系特点，建立不同的连通方案。该功能主要对目标区的多个连通方案进行管理。可以将一个或多个方案保存到一个工程文件中，在工程文件中实现方案的打开、修改、保存、删除等。工程文件管理如图 5.6.8 所示。

5.6.2.4　河湖水系总体布局连通性计算

采用图论连通性算法计算目标区不同连通方案的连通性，并将结果以图、文和矩阵的

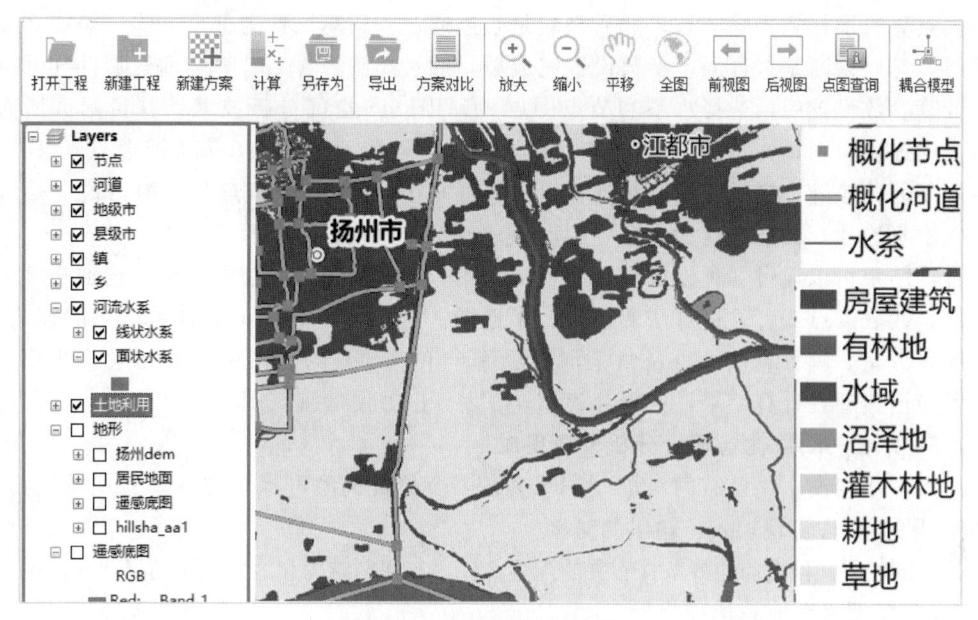

图 5.6.7 图层控制功能

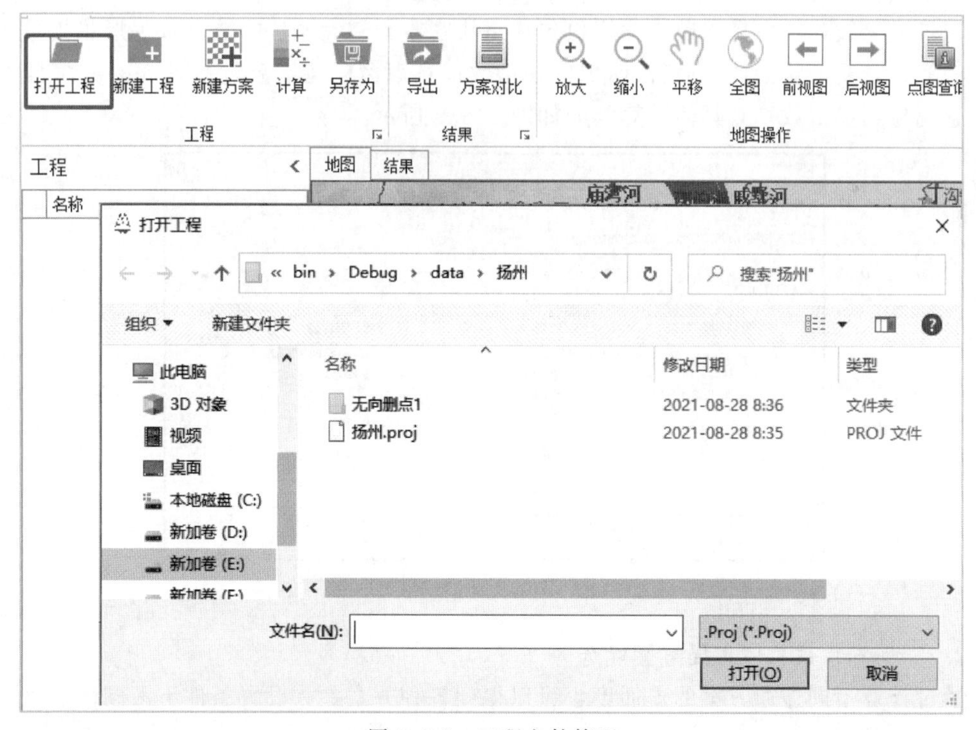

图 5.6.8 工程文件管理

方式进行呈现，也可将结果导出到电脑。

计算连通性之前，需要设置分析参数，包括连通类型和分析算法。其中连通类型分为有向和无向，与图论算法中的有向、无向图相匹配。可供选择的算法有去点算法、去边算法。去点算法即任意去除节点，然后判断是否连通；去边算法即为任意去除一条或者多条连接线，然后判断是否连通。参数设置完成后，通过矩阵计算，计算当前区域的连通性。

计算参数设置后，选择水系和节点图层，利用GIS空间分析技术计算目标区所有河湖水系的连通关系，并将其转换为可计算的邻接矩阵（1为连通，0为不连通）。

基于邻接矩阵，应用图论算法计算出其连通矩阵，当矩阵中有“1”时，说明矩阵在此方案中不连通，其连通度为方案中删点/边个数，即为其连通度。

计算结果可以通过3种方式进行展现：地图、连通矩阵及描述性结论。连通矩阵为结果矩阵，代表去点或者去边算法的连通、不连通。通过连通矩阵可以查看结果的连通性，包括哪种方案、哪种算法，以及每条河流后哪个节点导致的水系不连通结果。计算完成后，可导出连通性计算结果，并保存为Excel表，以方便后续应用。

5.6.2.5 水量-水质-生态耦合分析模型集成

通过调用河湖水系已有的水量-水质-生态耦合分析模型可执行文件，实现系统集成，并通过TXT文件实现输入、输出的对接。

输入的配置文件有与边界条件有关的配置文件、与河网结构和地形有关的配置文件等。

5.6.2.6 河湖水系地貌景观分析

根据土地利用图斑数据，可以计算景观破碎化指数、景观形状指数、景观多样性指数等多种景观参数。其中景观破碎化指数包括斑块密度、最大斑块指数；景观形状指数包括边缘密度、景观形状指数、周长-面积分维指数；景观多样性指数包括Shannon多样性指数和景观蔓延度指数。其具体计算类型如图5.6.9所示。

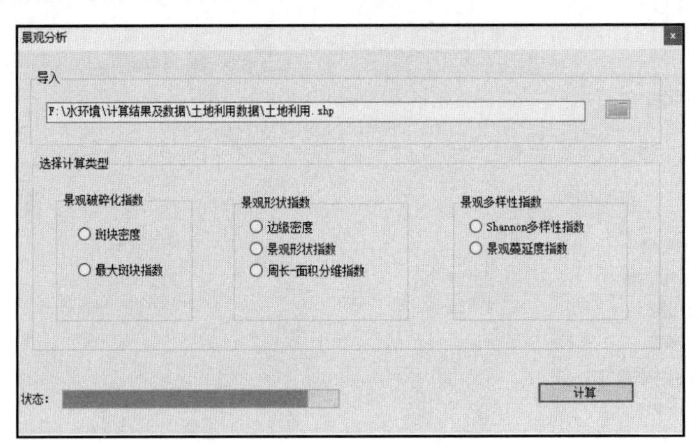

图5.6.9 景观分析

5.6.2.7 河湖水系总体布局方案优选

通过计算不同连通方案的连通度，可以得到各种方案参数设置条件下河湖水系生态连通总体布局的连通性，通过对比连通性，并结合相应方案下的水量-水质-生态耦合分析模型运算结果，从连通性指数、经济可行性、技术可行性等方面进行方案对比，综合确定合理的总体布局方案。

在平台中左侧列表中选择研究区的不同方案，可对不同方案的措施、效果、连通性等各方面进行对比（图5.6.10）。

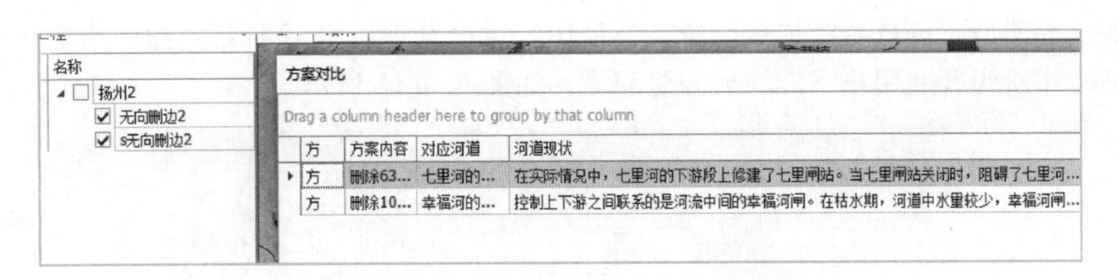

图 5.6.10　不同河湖水系总体布局方案对比

5.6.3　河湖水系连通案例库管理模块

5.6.3.1　模块功能描述

系统采用B/S架构，实现国内外连通案例的上传、修改、查询等管理。系统登录主要分为两种方式：管理员和普通用户，管理员的主要权限是操作上传、编辑、查看案例和操作用户的权限和修改密码，而普通用户主要是查看案例库文档和修改自己的密码。系统功能包括案例上传、案例检索、案例展示、案例管理及权限管理。

目前收集并入库的国内外案例共有117个，按照连通功能可分为水资源配置为主、防洪减灾为主以及水生态环境修复保护为主3类。如水资源调配为主的南水北调东线、中线、西线工程，以水生态环境修复保护为主的引江济淮工程等。

(1) 案例上传

案例上传模块主要实现对新增案例的上传。案例上传时需要填写案例名称、连通功能、基本情况、连通对象、所属区域、所属流域、所在省份、是否属于水利部水生态文明试点城市河湖水系连通2016—2018年项目库中的项目、位置经纬度、是否实施、照片等信息。

(2) 案例检索

通过设置地区、流域、类型等筛选条件实现案例的检索，也可在搜索框输入地理位置或者水系名称查询相应的案例，实现对案例的模糊查询，查询结果案例以列表形式显示。

(3) 案例展示

案例展示主要是对系统中已经集成的典型案例进行查看。案例查看方式有4种，①以列表的形式查看；②以地图的方式进行查看；③通过搜索查询查看；④通过地图中的案例定位标识点击查看。在4种查看方式中，只有以列表的形式和搜索查询的方式查看案例时，才可以对案例进行编辑或删除。

(4) 案例管理

案例管理主要实现对已经集成案例的管理，包括案例修改、补充或删除。

(5) 权限管理

权限管理主要实现对不同的用户进行不同的权限管理，分为普通用户和管理员用户两种类型。普通用户的权限只能对上传的案例进行查看和修改密码，管理员的权限是进行案例上传、编辑、查看案例以及修改操作用户的权限和修改密码等。普通用户没有权限操作此功能。

在浏览器中输入系统访问网址，打开系统登录界面。

在打开的登录界面中输入用户名和密码后，单击登录按钮后，系统进行用户信息的验证，验证成功后，进行系统加载登录。如果用户没有注册，登录前需要注册新的用户名，但是只能注册为普通用户不能注册为管理员，如图 5.6.11 所示。

图 5.6.11　河湖水系连通案例库管理系统登录界面

系统加载完成后，用户登录至系统主界面，如图 5.6.12 所示。软件主界面包括菜单区、导航区、地图（列表）显示区等。

河湖水系连通案例库管理系统　案例列表　案例上传　权限管理　修改密码　退出登录

地图　案例

地理位置
华北地区：北京市 天津市 河北省 山西省 内蒙古自治区
东北地区：辽宁省 吉林省 黑龙江省
华东地区：上海市 江苏省 浙江省 山东省 安徽省 江西省 福建省
华中地区：河南省 湖北省 湖南省
华南地区：广东省 广西壮族自治区 海南省

案例列表　项目名称 | 连通功能

项目名称	查看	连通功能	上传时间	编辑	删除
引松入榆		水资源配置	2018-01-09		
引大济湖工程		水资源配置	2018-01-09		
南水北调中线一期工程		水资源配置	2018-01-09		
南水北调西线工程		水资源配置	2018-01-09		
引江济淮工程		水资源配置,水...	2018-01-09		
引黄入邯工程		水资源配置	2018-01-09		
引大入秦工程		水资源配置	2018-01-09		
引大济黑工程		水资源配置	2018-01-09		
引黄济津工程		水资源配置	2018-01-09		
引滦入津工程		水资源配置	2018-01-09		
引黄入冀工程		水资源配置	2018-01-09		

首页　上一页　1　2　3　4　5　6　下一页　末页

图 5.6.12　案例库管理系统主界面

5.6.3.2　案例上传

在主界面点击案例上传，实现对新增案例的添加，需要填写新增案例的案例名称、连通功能、基本情况、连通对象、所属区域、所属流域、所在省份、位置经纬度、照片等信息。如图 5.6.13 所示。

在案例上传界面，根据界面信息提示进行新增案例信息的填写，信息填写完成后单击确定按钮，进行新增案例的上传。

5.6.3.3　案例检索

案例检索方式包括按名称检索、按行政区域检索、按流域检索等。下文以按流域检索

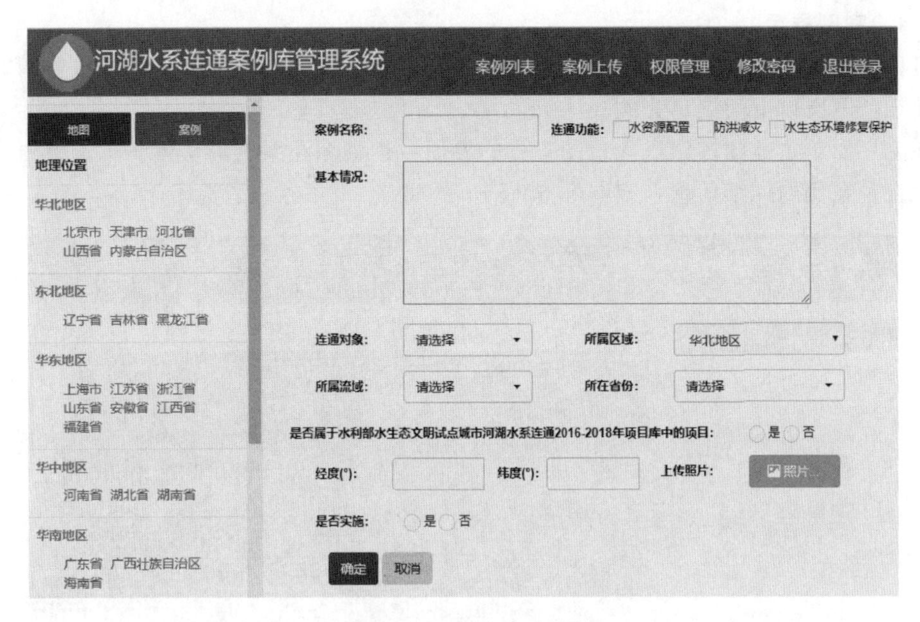

图 5.6.13　案例录入上传界面

为例。

在主界面左侧导航栏下选择需要检索的案例所在流域，即可检索到该流域相关的案例，如图 5.6.14 所示。可对案例进行查看、编辑或删除操作。

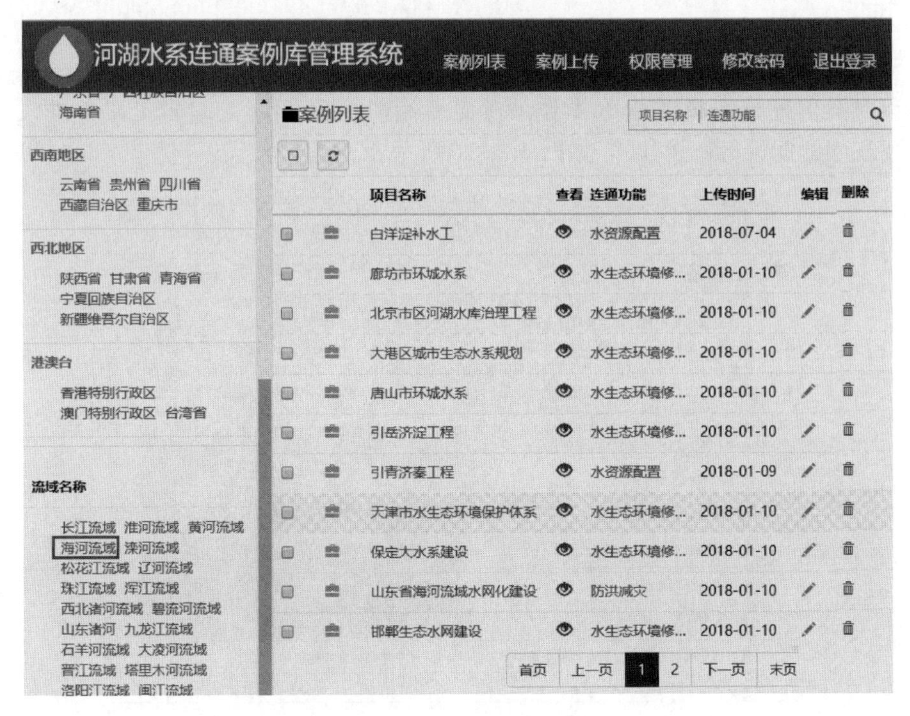

图 5.6.14　按流域检索

5.6.3.4　案例展示

可以通过列表或空间位置进行案例展示，通过点击案例名称或案例所在位置调取案例详细信息。下文以空间展示为例。

在主界面单击地图按钮进入地图查看的界面，查询标注案例的位置。单击地图中标识点，可查看案例的详细信息，如图 5.6.15 所示。

图 5.6.15　案例位置查看

5.6.3.5　案例管理

可以对案例进行编辑或删除操作。对需要编辑的案例单击编辑工具，进入编辑界面（需要权限才能进行此操作），如图 5.6.16 所示。

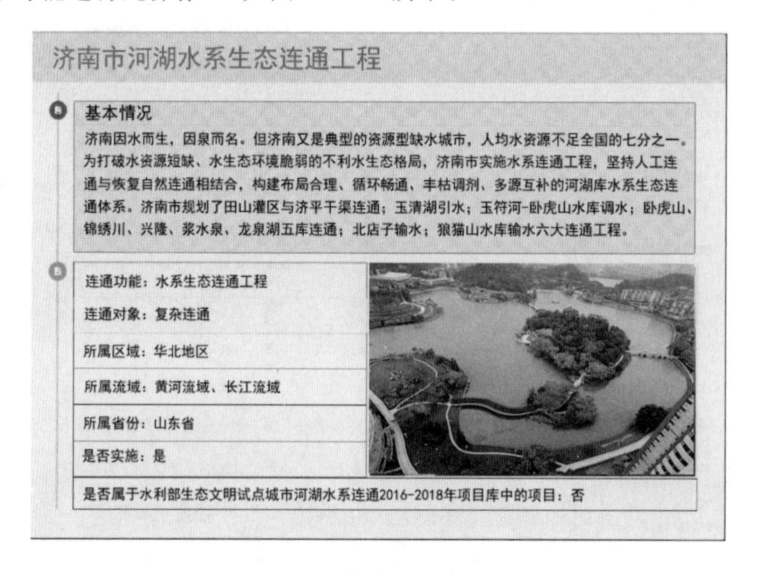

图 5.6.16　案例信息查看

进入编辑界面后就可以对案例进行编辑修改操作。单击编辑按钮后进行编辑，编辑完成后单击确定即可完成保存。

5.6.3.6 权限管理

单击权限管理进入权限管理界面（普通用户没有权限操作此功能）。在操作界面可以执行查看用户权限、修改用户名、删除用户等操作。

5.6.3.7 无人机数据采集与管理

采用大疆精灵 4Pro 无人机对研究区进行了影像拍摄，然后通过内业软件处理分析，获取了监测地区的地表信息。获取了 3 个示范基地、多个区域的数千张航拍影像以及几十个视频资料，较为详细地记录了当地河道、地貌等信息，为项目进行连通分析决策提供了较为翔实的背景资料。

图 5.6.17 无人机示范基地采集图

图 5.6.17 是无人机示范基地采集的照片。

扬州示范区古运河无人机拍摄图如图 5.6.18 所示。

图 5.6.18 扬州示范区古运河无人机拍摄图

广东示范区无人机拍摄图如图 5.6.19 所示。

图 5.6.19 广东示范区无人机拍摄图

第 6 章　河湖水系连通工程技术体系

6.1　纵向连通工程技术

在河流上建造大坝和水闸，不但使物质流（水体、泥沙、营养物质等）和物种流（洄游鱼类、漂浮性鱼卵、树种等）运动受阻，而且因水库径流调节造成自然水文过程变化导致信息流改变，影响鱼类产卵和生存。恢复和改善纵向连通性的技术，包括河道恢复和新建技术、绿色小水电建设、大坝退役、过鱼设施设置技术等。

6.1.1　河道恢复和旁路新建分洪道技术

在河湖水系生态纵向连通工程技术中，河道恢复技术是指对于被填埋的河道或河段，结合河流变迁历史资料及当前土地利用状况，划定河道恢复的范围，并参照历史河流平面形态特征确定待恢复河道的蜿蜒系数。

反映蜿蜒型河道深泓线特征的地貌参数包括：蜿蜒波形波长 L_m，蜿蜒河道波形振幅 A_m，曲率半径 R_c，中心角 θ，半波弯曲弧线长度 Z 和平滩流量对应的河道宽度均值 W。蜿蜒型河流平面形态特征参数如图 6.1.1 所示。河道蜿蜒型修复可在小空间尺度下通过人工堆石、设置构造物、在河流横断面上设置深潭-浅滩序列等措施，恢复局部水流的蜿蜒特性，也可在河流的某段区间或整段河道通过改变河道的平面形状进行大尺度修复。

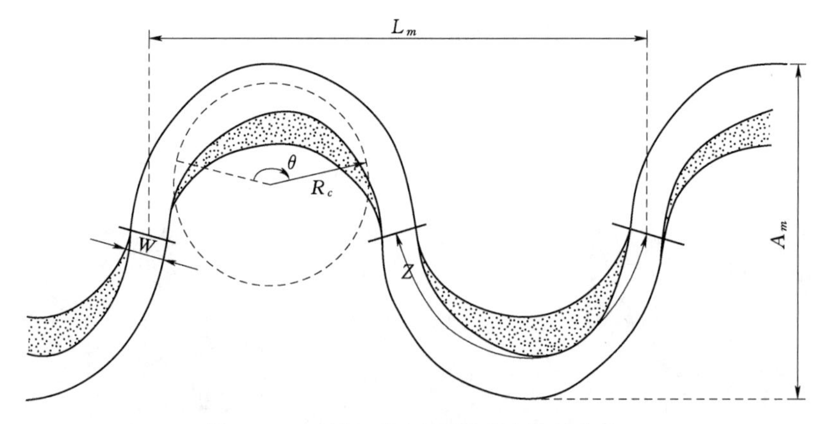

图 6.1.1　蜿蜒型河流平面形态特征参数

平面形态参数确定方法如下。

1）对以人类活动干扰为主要原因引起河道平面发生变化的河流，可采取复制法或参考河段法进行平面形态参数确定，对人类活动干扰区域进行拆除还原，尽量恢复成干扰前的河道蜿蜒模式。复制法指选取历史上原河道状态或上下游临近河段蜿蜒模式，参考河段法指参考临近流域流量、地貌条件相近的河段蜿蜒模式，进行相关平面形态参数取值。

2）对于干扰成因复杂的河道，可应用经验关系法进行平面形态参数确定。可采用航拍等手段对待修复范围的蜿蜒模式进行调查，建立河道蜿蜒参数与流域水文和地貌特征关系，进行河道蜿蜒度变化成因分析，确定修复后的河道蜿蜒程度和平面形态。也可直接采用水文地貌经验公式进行平面形态参数选取。

3）综合分析法指针对河流蜿蜒化存在问题和设计需求，在系统分析河流与环境条件相互作用的基础上，以河流主体功能需求为分析依据，采用水文水动力学或水质模型进行多种蜿蜒度适宜性分析，从而确定河段最佳平面形态。

4）对现状受人为活动干扰因素较少的河流，可采取自然恢复法对河道平面的适当调整后，利用水流自然冲刷能力使河道达到设计平面形态。

旁路新建分洪道技术指的是在原有河道基础上，开挖形成新的河道，形成两级河道。两级河道实质上是大河道内套小河道，即上部河道主要用于行洪，枯水河道主要用于改善栖息地质量和提高泥沙输移能力。上部河道可设计成公共娱乐场所或湿地型栖息地，枯水河道可设计成蜿蜒形态。枯水河道的顶高程低于平滩水位，因此可能无法维持泥沙输移平衡，如是冲积型河流，上部河道可能会淤积，但淤积程度将小于单级梯形河道。在设计枯水河道时，需对泥沙输移能力进行认真评估。若要把已建的防洪河道改建两级河道，还可能牵涉到其他一些问题，如桥墩改造、桥头河岸防护等。另外，为满足河道行洪能力的要求，两级河道要比单级河道宽，从而会涉及土地利用和房地产开发等方面问题。

6.1.2 绿色小水电建设

6.1.2.1 小水电建设情况

根据《水利工程等级划分及洪水标准》（SL 252—2017），按水电站装机容量将水电站分为5个等别，装机容量50MW以下为小型水电站。《世界小水电发展报告2016》指出，截至2016年全球小水电装机容量估约为78GW，小水电资源总潜力估算约217GW，2016年全球小水电资源总潜力已经开发近36%。装机10MW以下的小水电约占全球总发电装机容量的1.9%，占可再生能源总装机的7%，占水电总装机容量（包括抽水蓄能）的6.5%（10MW以下）。作为全球最重要的可再生能源资源之一，小水电发展排名第四，当前大水电装机容量排名第一，随后是风能和太阳能。中国、意大利、日本、挪威和美国一起构成67%的全球总装机容量。截至2010年年底，我国已开发小水电总装机5512.1万kW，占我国水电总装机的22.3%。

小型水电站按河段水力资源的开发方式，分成3种类型，即坝式、引水式和混合式。3种方式各适用于不同的河道地形、地质、水文等自然条件，其水电站的枢纽布置、建筑物组成也迥然不同。坝式水电站通过筑坝蓄高水位获得发电水头，其根据厂房位置的不同可分为河床式水电站和坝后式水电站。引水式水电站是自河流坡降较陡、落差比较集中的河段，以及河湾或相邻两河河床高程相差较大的地方，利用坡降平缓的引水道引水而与天然水面形成符合要求的落差（水头）发电的水电站。引水式水电站可分为无压引水式水电站和有压引水式水电站。山区河流的特点是流量不大，但落差一般较大，发电水头可通过修造引水明渠或引水隧洞来取得，适合于修建引水式水电站。混合式是以上两种方式的综合。混合式水电站是由坝和引水道两种建筑物共同形成发电水头的水电站，可以充分利用河流有利的天然条件，在坡降平缓河段上筑坝形成水库，以利径流调节，在其下游坡降很陡或落差集中的河段采用引水方式得到大的水头。

在我国，已建成的小水电在解决无电缺电地区人口用电和促进江河治理、生态改善、环境保护、调控水资源和满足社会能源需求等方面作出了重要贡献。同时，小水电发展也普遍存在无序开发、过度开发、违法违规建设、生态环境破坏严重等问题。一是无序开发、过度开发的问题十分突出。小水电一般分布在支流，普遍缺乏河流规划依据，各地小水电在发展过程中出现了无序竞争、遍地开花的问题。二是保护让位于开发现象依然突出，自然保护区内违法建设活动仍有发生。据部分省市中央环保督查及有关部门排查，长江经济带11省市有1500余座小水电涉及自然保护区。三是生态环境破坏严重。基本不考虑生态流量，坝下河段干涸。挤占鱼类生境，鱼类种类和资源减少。四是未批先建等违法违规建设行为多发。无规划、无审批核准、无环评的小水电较普遍。近年来，部分小水电项目实施了增效扩容改造，多数也未依法开展环境影响评价。五是生态环境主体责任不落实，政府监管整改不到位。由于建设年代不同，小水电企业落实生态环境保护责任不到位，85%的项目未采取鱼类保护措施，40%以上的项目未建设生态流量下泄措施。

近几年，欧美发达国家开展了绿色水电研究和试点工作。截至2012年10月，瑞士得到绿色水电认证的电站有88座，最小装机容量为10kW，最大装机容量为1872MW。截至2014年年底，美国28个州的118座水电站通过低影响认证，装机容量共计4.4GW。通过绿色认证的水电站大部分为径流式且产沙量低，还有一些是利用当地有利自然条件建设的水电站。奥地利在欧盟水框架指令的约束下，对水电开发也提出了严格的要求。水电站不单有最小流量要求，涉及鱼类栖息地的河流水电站（几乎覆盖全部水电站，高海拔水电站除外）还必须保障鱼类洄游和下行（如增设鱼道等措施）；中小河流水电站调峰运行造成的下游水位变幅不超过3倍，最低水位时最少覆盖河床的80%；人为造成的流速低于0.3m/s的情况只能在非常短的河段发生（如水库蓄水影响）等。上述要求都是法律要求，奥地利全部水电站计划于2027年完成修复达到上述要求。

2017年水利部批准发布了《绿色小水电评价标准》（SL 752—2017）。该标准规定了绿色小水电评价的基本条件、评价内容和评价方法。绿色小水电应满足下列基本要求：①符合经批准的区域空间规划、流域综合规划以及河流水能资源开发等规划，依法依规建设，并按《小型水电站建设工程验收规程》（SL 168—2012）通过竣工验收，且已投产运行3年及以上。②按《水利水电建设项目水资源论证导则》（SL 525—2011）和《水资源供需预测分析技术规范》（SL 429—2008）规定，下泄流量满足坝（闸）下游影响区域内的居民生活以及工农业生产用水要求。③评价期内水电站未发生一般及以上等级的生产安全事故，不存在重大事故隐患，工程影响区内未发生较大及以上等级的突发环境事件或重大水事纠纷，其分类分级标准执行相关规定。评价内容包括生态环境、社会、管理和经济4个方面。其中，在生态环境部分，评价内容包括水文情势、河流形态、水质、水生和陆生生态、景观、减排。在社会部分，包括移民、利益共享、综合利用。

根据《水利部关于开展绿色小水电站创建工作的通知》（水电〔2017〕220号）精神，各地积极开展了绿色小水电站创建工作。经申报、初验、审核和公示，目前有165座被评为绿色小水电站，其中2017年度44座，2018年度121座。2018年12月，水利部等四部委印发了《关于开展长江经济带小水电清理整改工作的意见》（水电〔2018〕312号）；2019年1月，全国水利工作会议提出“推进小水电绿色改造，修复河流生态”“狠抓小水电清理整改与绿色改造”“联合有关部门组织开展长江经济带小水电生态环境突出问题清理整改专项行动”“以河流为单元，以修复水生态环境为目标，开展小水电绿色改造”。

6.1.2.2 减脱水河段形成原因

河流减脱水段是指由于拦河筑坝，河流水量受到调节，在大坝蓄水时，坝下游一段区域内流量就会减小，甚至出现断流的情况；或者尾水排泄距离下游坝址较远，导致尾水出口到坝址段无水的情况。

引水式水电站厂坝间河段减脱水现象是普遍存在的，其减脱水河段一般指厂坝间河段，当厂坝间存在汇流，且汇流后河道内流量始终大于最小下泄流量，则减脱水河段指坝址处至汇流断面以及受减脱水河段影响的岸边区域。受电站调度运行影响，坝（闸）下游区间水流流态较天然河道迥异。枯水期内，绝大部分上游来流直接通过隧洞引水至厂房发电，原河段水流减少，因此，到枯水季节易形成减水河段、脱水河段的水生生态环境。如不加强监督保障下游生态下泄水量，极易造成下游一定距离的河段脱流断水，从而影响流域内生产、生活及生态用水安全。

与引水式不同，坝式水电站减脱水河段与下游水文条件有关，只要存在流量小于最小下泄流量要求的，且与水电站有关，就应纳入减脱水河段的范围，即下游河道内流量不小于最小下泄流量的控制断面与坝（闸）址之间的河段，以及相应受减脱水影响的岸边区域。

由于历史遗留问题和对河湖生态环境保护认知的局限性，2003年以前建设的水利水电工程在审批时大多未考虑生态流量，未设置生态流量下泄设施，导致目前大部分河道出现减脱水河段。

6.1.2.3 引水式电站闸坝生态改建技术

小水电绿色改造、保证引水式电站脱水河段下泄环境流量、解决纵向连通性受阻问题的手段之一是对引水式电站进行闸坝生态改建。引水式电站改建工程需保留拦河闸坝大部分，以继续发挥挡水和泄洪功能。只需改造部分坝段，改建的溢流坝段可以按鱼坡设计，将鱼坡结构整体嵌入堰坝中。

改建的坝段坝顶高程、鱼道宽度根据水位-流量关系曲线和环境流量、鱼类游泳能力确定。对于上游运行水位相对较稳定的枢纽，鱼道上的设计水位可采用主要过鱼季节相应的闸坝正常运行水位；下游设计水位取主要过鱼季节的多年平均低水位。对于运行水位变化较大的枢纽，鱼道上游设计最高水位取正常蓄水位或工程限制运行水位，不低于工程死水位。也可在溢流坝段设置控制闸门，以满足汛期调节流量防止水流冲毁及检修需要。小型堰坝不设控制闸门，允许自然溢流。

改建坝段纵剖面如图6.1.2所示。改建的坝段坝体采用仿生态式鱼道-鱼坡结构代替。鱼坡平面布置如图6.1.3所示。鱼坡形态与鱼类原栖息地生境相仿，水流条件根据鱼类游泳能力、水深确定。鱼类游泳能力一般以感应流速、喜爱流速和极限流速等表示。鱼类的极限流速可参考相关调查资料选取，也可根据体长近似估算。鱼坡结构一般下游底坡为1：100～1：20，水深不小于0.3m，提升高度不大于6m，最大流速不大于2.0m/s。为满足底栖生物上溯，改造后的鱼坡出口底部也设置一定坡度与上游河床或岸坡平顺衔接。鱼坡坡面可采用大砾石嵌入式缓坡、松散填石缓坡和砾石槛阶梯式缓坡等结构。采用砾石等表面粗糙的自然材料，沿鱼坡斜面连续铺设。在砾石群间隔布置大砾石或砾石槛，起消能和形成水池的作用。

对于引水式电站，当溢流坝泄水时，对下游鱼类的诱导作用极好，能把鱼类诱集至溢流坝下及两侧；但当溢流坝停止泄水时，下游来鱼易被厂房尾水吸引而游向厂房。因此，需在尾水区设导鱼栅等装置，并在鱼坡进口设诱鱼系统。诱鱼系统可采用喷洒水管网，向进口外一定范围内水域洒水。下游鱼类在水流和水声引诱下可顺利进入鱼坡。

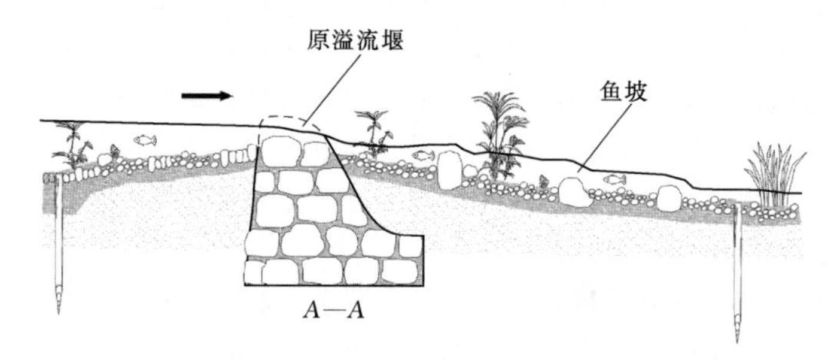

图6.1.2　改建坝段纵剖面

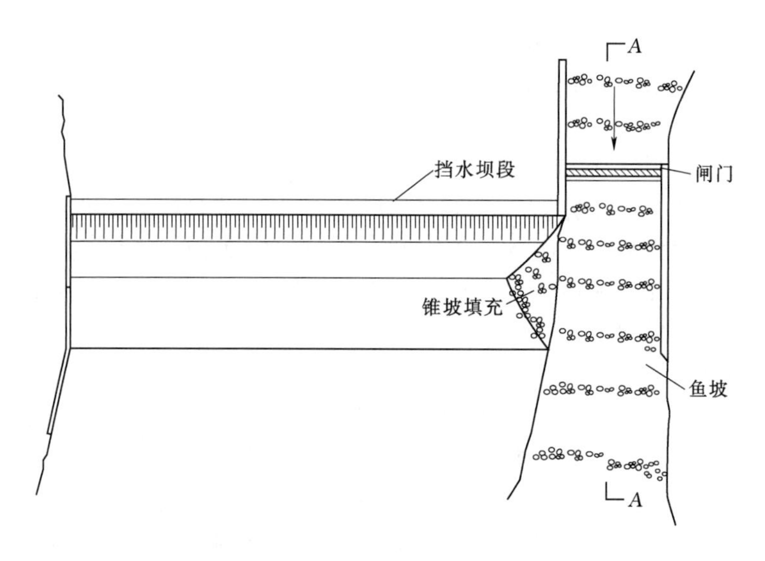

图6.1.3　鱼坡平面布置

改建后的鱼坡及溢流堰体可设置必要的观测设施，以满足对流速、流量、水深、过鱼数量、种类、规格等的观测需要。

6.1.3　老旧小水坝退役与拆除技术

随着时间推移和经济发展，部分老旧小水坝及水电设施的安全性及经济效益降低，功能逐渐退化，人们对水坝的安全和环保要求也越来越高。在这种情形下，水坝退役与拆除成为解决安全、经济、生态等问题的一种可行选择。截至2014年，美国共计拆除水坝1185座。近10年，美国拆坝数量逐年递增，仅在2014年就拆除72座水坝。已拆水坝的坝高大多在5m以下，多为低水头非水电坝、退役坝或废弃坝，近年来有几座龄期较长、规模较大的混凝土重力坝或拱坝被拆除，如64m高的格莱因斯卡因坝、38m高的康迪特项、33m高的艾尔瓦坝等。截至2005年，加拿大共拆除20多座水坝，主要原因是大坝功能丧失或需要恢复河流生态系统。法国罗纳河河段上修建了十几座电站和水坝，为了不影响河流生态系统，法国政府在20世纪90年代终止该河流上的电站使用，使这些电站和水坝退役并被拆除。我国从水库大坝运行管理方面，为了规范水库的降等与退役，在2003年出台《水库降等与报废管理办法（试行）》，2013年发布了配套技术标准《水库降等与报废标准》（SL 605—2013）。

目前国内外几个典型的水坝退役与拆除的导则和管理办法主要包括：美国土木工程师学会（The American Society of Civil Engineers，ASCE）能源部水力发电专业委员会1997年编写出版的《大坝及水电设施退役导则》；我国水利部2003年颁布的《水库降等与报废管理办法（试行）》；美国大坝协会2006年编写出版的《大坝退役导则》，及《退役坝拆除的科学与决策》；国际大坝委员会于2014年完成的技术公报（编号160）《大坝退役导则》（初稿）。郭军归纳了国内外大坝退役与拆除导则和管理办法特点：①编制目的是为大坝的退役和拆除提供一套规范的评价方法和管理程序。评价要考虑的因素包括大坝安全、美学、鱼类、河流流量减少，在经济方面要比较大坝继续运行或加固维护所需的费用，另外，还有对地方的供水、娱乐和防洪管理的影响。泥沙管理是一个比较重要的关注点。评价的结果一般有3种：继续运行、部分退役、全部退役。②评价结果一旦为部分退役或全部退役，则将进行下一阶段的论证与研究，包括：防洪标准和溢洪道泄流能力；施工导流和围堰布置；大坝、电厂设施、辅助设施部分或全部拆除；机械和电气设备的拆除与处理；考虑泥沙管理、环境要求、洪水和湿地作用，以及可能要采取的工程措施；增加娱乐设施；施工以及拆除方案的投资预算及施工计划；评价为部分拆除工程的，其保留部分的运行维护费用；筹措拆除资金。③大坝拆除无论是对环境生态，还是对当地经济社会未来的发展都有一定的影响，评价工作不仅要给出定量的影响评价，有时还要有辅助措施或替代方案。④拆除过程中也需要开展监测，但监测的重点除考虑工程的安全外，更重要的是关注拆除工作对当地生态环境的影响。⑤大坝的退役拆除需要解决原有资产的处置问题。

胡苏萍归纳了退役评估、泥沙管理、性能监测和拆坝响应4个方面的国际经验，考虑水坝退役时需要评估的主要因素取决于水坝的所有权（政府、公共或私人所有）和监管要求，可能包括以下主要因素：①水坝安全要求，水坝不满足防洪、地震或正常运行条件的现行安全标准，需要花巨资进行大修；②经济因素，由于水坝老化以及高额维修、运行和维护成本，水坝不再具有成本效益，用于满足水坝现行安全标准的费用远远超过水坝的效益；③过鱼要求（受保护物种迁移）：按照监管要求设置鱼道的费用使工程项目不再具有经济性；④用于满足改善水质、水生生境和泥沙输移的河流修复要求；⑤项目融资的可用资金和来源；⑥渔业、娱乐、航运和美学价值等潜在公共利益；⑦业主从减小风险和责任以及改善公共关系获得的潜在收益；⑧水坝退役项目的潜在环境影响和工程效益损失：拆坝时释放水库泥沙的影响、防洪效益的损失、湖滨区的损失以及对房地产价值的影响；⑨供水或发电的替代方案。

泥沙管理通常是水坝退役拆除时需要考虑的一个重要问题。泥沙管理问题的潜在影响程度可以根据美国垦务局2006年提出的以下指标进行评估：相对库容、水库运行方式、相对水库泥沙量、相对水库宽度、相对污染物浓度。泥沙管理方案可以分为以下4类：①不采取措施；②河流自然侵蚀；③机械清淤；④稳定化处理。其比较如表6.1.1所示。

表6.1.1 泥沙管理方案比较

配沙管理方案	优点	缺点
不采取措施	成本低	（1）仍存在过鱼和过船问题 （2）蓄水水库继续淤积，库存损失及下游河道来沙量减少
河流自然侵蚀	（1）是潜在的低管理方案 （2）可恢复下游的泥沙供给	（1）未预料的影响通常构成最大风险 （2）下游水质暂时性下降 （3）可能造成水库下游河道淤积
机械清淤	（1）水库泥沙释放风险通常较低 （2）对下游水质影响较小 （3）下游河道短期淤积可能性小	（1）成本高 （2）泥沙处理厂可能难以找到 （3）含污染物的泥沙可能会影响到处理厂的地下水
稳定化处理	（1）成本适中 （2）避免对其他处理场的影响 （3）对下游水质影响小至中等 （4）下游河道短期淤积可能性小	（1）穿过或绕过水库泥沙的河道维护成本较高 （2）存在泥沙稳定措施失效的可能性 （3）库区未恢复自然条件

在水坝退役过程的各个阶段（降低水库水位、施工、退役后期处理），都需要进行性能监测。性能监测计划通常包括以下内容：性能监测计划的目标；计划的最短时间；水坝退役之前和之后监测要素一览表；每个要素可接受性的标准和范围；定期报告要求；有疑问情况下的缓解措施；出现未预见情况时的干预方法。通常需要对水坝退役项目的物理、生物和社会经济影响进行监测，并通过采取潜在的缓解措施减小不利影响。与水坝退役项目相关的典型物理影响参数包括：洪水流量、地下水位、水质、泥沙推移质及其输移、冰塞。与水质相关的典型物理影响参数包括：流速、浑浊度、温度、溶解氧、总悬浮和溶解固体、硬度、营养物、金属和污染物等。与水坝退役有关的典型生物影响参数包括鱼类、无脊椎动物和浮游生物的丰度和多样性；鱼类繁殖和养育栖息地；野生动物和植被。

在拆坝响应方面，研究发现河流具有一定的复原力，可以对拆坝作出快速响应。大部分河道可在几个月内或几年内恢复稳定，而不需要数十年，分段拆坝则响应时间通常较长。上下游与河系的连接是快速物理响应的驱动因素。大部分水库泥沙可以在数周或数月内被冲刷，一些泥沙沉积在下游，但通常在数月内会重新分布，许多河流倾向于恢复建坝前的状态。洄游性鱼类也会对恢复河流连通性作出快速响应。水坝尺度、河流尺度、水库尺度与形状、泥沙量及其粒径是拆坝物理响应和生态响应的关键控制因素。与常见的小坝拆除相比，大坝拆除对下游的影响更持久和广泛，当地的环境和栖息地条件以及水坝在流域中的位置也会对拆坝的物理和生态响应产生影响。拆坝也可能造成一些负面影响，如上游源头鱼类群落的变化；污染物、有机物和营养物暴露或扰动等。利用数值和物理模型可以预测水库泥沙冲刷过程、下游泥沙输移以及河道响应，从而尽可能避免负面影响。

6.1.4 过鱼设施设置技术

在河湖水系生态纵向连通工程技术中，过鱼设施设置技术是指为使洄游鱼类繁殖时能溯河或降河通过河道中的水利枢纽或天然河坝而设置建筑物及设施的技术的总称。溯河洄游鱼类过鱼设施包括仿自然型鱼道和工程型过鱼设施。降河洄游鱼类保护主要是减轻水电站、泵站、水库取水口等障碍物对鱼类的卷吸影响。

6.1.4.1 溯河洄游鱼类过鱼设施技术选择

过鱼设施包括仿自然型鱼道（nature - like fishway）与工程型过鱼设施（engineering - type fish passage facility）。

仿自然型鱼道仿照自然溪流的形态、坡度、河床底质以及水流条件等特征，形成连接障碍物上下游的水道，为鱼类提供洄游通道。仿自然型鱼道有旁路水道、砾石缓坡、鱼坡等多种形式，适合于低水头水坝或溢流堰。仿自然型鱼道按照天然河道水流特性进行设计，适合鱼类的自然洄游习惯，能有效地吸引鱼类，集鱼效果好。又因水流条件多样，所以过鱼种类多。大部分仿自然型鱼道允许水生生物溯河和降河双向通过。这种鱼道具有蜿蜒的河道和岸边植被，能够融入周围的景色，美学价值较高，而维护成本较低。仿自然型鱼道的缺点是占地面积大，通道距离长，对上游水位波动敏感，运行所需流量较大。

工程型过鱼设施包括鱼道、鱼闸和升鱼机等。鱼道是目前应用最为广泛的过鱼设施，它是连续阶梯状的水槽式构筑物，主要类型有池式鱼道、槽式鱼道和组合式鱼道等，适用于中低水头电站。鱼道设计原理是通过水力学计算和实验，设计特殊的工程结构，力求满足溯河洄游鱼类需要的流速、流量、流态及水深等水力学条件。一般来说，鱼道过鱼能力强，且能连续过鱼，运行保证率高。其缺点是水流形态相对较为单一，过鱼种类较少；经济上一次性投资较高。鱼闸的工作原理与船闸相同，即上下游分别设置闸门，通过闸门控制水位帮助鱼类溯河运动。鱼闸适合于上下游水位差小于 40m 的水电站，对于大型鱼类洄游作用明显。但鱼闸造价高，日常运行和维护费用高。升鱼机是通过配置有运送水槽的升降机，将鱼类吊送到上游。通过旁路水道注水创造吸引流。升鱼机适合高水头水坝，但是造价和运行维护费用高。

6.1.4.2 降河洄游鱼类保护措施

对鱼类降河洄游的主要威胁是在水库、水电站和泵站运行过程中，鱼类被卷吸进入进水口受到严重威胁，或者进入水轮机室或泵房，由于水轮机或水泵的机械伤害造成严重伤亡。降河洄游鱼类保护的关键问题是减轻对鱼类卷吸影响。

制订降河洄游鱼类保护方案，需要收集有关水流、取水特征和鱼类保护等信息资料。水流特征信息包括：①水文资料。鱼类洄游期间下泄日流量、通过水轮机或水泵的流量；②取水口处水深、流速、流态；③水下声光条件；④含沙量、悬移质和推移质；⑤漂浮物、垃圾和杂物。取水特征资料包括：①取水口特征；②取水管理制度；③水轮机或水泵型号、单机流量。鱼类保护资料包括：①降河洄游鱼类的种类；②鱼类死亡率。

需要对生物学信息和生物资源调查报告进行评估，确定目标鱼类物种。评估中还要确定那些对降河洄游保护需求并不迫切的鱼类物种，例如可以利用周边水域栖息地而不需要洄游的鱼类、对水库取水不敏感的鱼类、某些历史上有记录而当下已经绝迹的鱼类等。排除这些物种，将珍稀、濒危、特有和具有生物资源价值的鱼类作为目标物种，并对其进行集中保护。

解决技术方案包括：①机械屏蔽。通过机械栅栏阻止鱼类进入进水口。②行为屏蔽。利用声光刺激引导鱼类游向下游；③旁路通道。提供另一条通往下游的水道；④其他管理措施。

6.2　侧向连通工程技术

在河流侧向有两类连通性受到人类活动干扰。一类是河流与湖泊之间连通性受到围垦和闸坝工程影响受到阻隔。另一类是河流与河漫滩之间连通性受到堤防约束而受到损害。恢复侧向连通性可以采取的工程技术包括恢复通江湖泊、河道滩区系统连通技术、生态护岸建设技术、多单元岸坡型湿地水质净化系统等。

6.2.1　恢复通江湖泊

历史上，由于围湖造田和防洪等目的，建设闸坝等工程设施，破坏了河湖之间自然连通格局，造成江湖阻隔，使一些通江湖泊变成孤立湖泊，失去与河流的水力联系。另外，长江中下游地区的大多数湖泊均与长江相通，能够自由与长江保持水体交换，被称为“通江湖泊”。江湖连通形成长江中下游独特的江湖复合生态系统。由于自然演变，湖泊退化，特别是 20 世纪 50 年代后的围湖造田、80 年代后的围网养殖，通过建闸、筑堤等措施，原有 100 多个通江湖泊目前只剩下洞庭湖、鄱阳湖和石臼湖等个别湖泊。江湖阻隔后，水生动物迁徙受阻，产卵场、育肥场和索饵场消失，河湖洄游型鱼类物种多样性明显降低，湖泊定居型鱼类所占比例增加。但两种类型的鱼类总产量都呈下降趋势。江湖阻隔使湖泊成为封闭水体，水体置换缓慢，使多种湿地萎缩。加之上游污水排放和湖区大规模围网养殖污染，湖泊水质恶化，呈现富营养化趋势。河湖阻隔的综合影响是特有的河湖复合生态系统退化，生态服务功能下降。

自然状态的河湖水系连通格局有其天然合理性。河湖连通工程规划，应以历史上的河湖连通状况为理想状况，确定恢复连通性目标。诚然，短时间完全恢复到大规模河湖改造和水资源开发前的自然连接状况几乎是不可能的，只能以自然状况下的河湖水系连通状况作为参照系统，立足现状，制定恢复连通性规划。具体可取大规模水资源开发和河湖改造前的河湖关系状况，如 20 世纪五六十年代的河湖水系连通状况作为理想状况，通过调查获得的河湖水系水文-地貌历史数据，重建河湖水系连通的历史景观格局，在此基础上再根据水文、地貌现状条件和生态、社会、经济需求，确定改善河湖连通性目标。为此，需要建立河湖水系连通状况分级系统。在分级系统中，生态要素包括水文、地貌、水质、生物，以历史自然连通状况作为优级赋值，根据与理想状况的不同偏差率，再划分良、中、差、劣等级。一般情况下，修复定量目标取为良等级。由连通性分级表，就可以获得恢复河湖水系连通工程的定量目标。

6.2.2 河道滩区系统连通技术

河道滩区系统的连通性是维持河流生态系统结构和功能的重要基础。自然河流在横向上主要由主河槽、河漫滩和过渡带3部分组成，其中，主河槽和河漫滩构成了河道滩区系统。在河道滩区系统中，河流与水塘、湿地等地貌单元的连通性是洪水脉冲效应的地貌学基础，而洪水脉冲效应是河道滩区系统诸如生产、分解和消费等基本生态过程的主要驱动力，因此河道滩区系统连通技术是河湖水系生态横向连通工程技术中的一项重要技术。

河道滩区系统连通技术主要采取堤防后靠、建开口堤等方法来实现河道滩区系统的横向连通。

6.2.2.1 堤防后靠

在防洪工程建设中，一些地方将堤防间距缩窄，目的是腾出滩地用于房地产开发和农业耕地。其后果是一方面切断了河漫滩与河流的水文连通性，造成河漫滩萎缩，丧失了许多湿地和沼泽，导致生态系统退化；另一方面，削弱了河漫滩滞洪功能，增大了洪水风险（图6.2.1）。生态修复的任务是将堤防后靠和重建，恢复原有的堤防间距，即将图6.2.1（c）现状恢复到历史上的图6.2.1（a）状态。这样既满足防洪要求，也保护了河漫滩栖息地。堤防后靠工程除堤防重建之外，还应包括清除侵占河滩地的建筑设施、农田和鱼塘等。

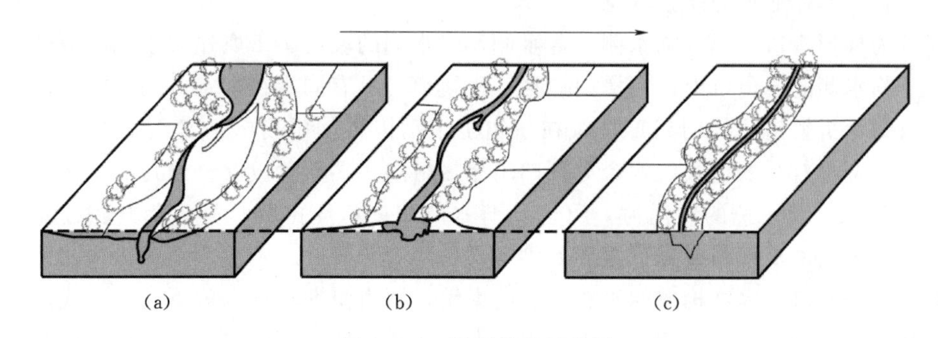

图6.2.1　堤距缩窄示意图

河流与河漫滩的水文连通在年内是间歇性的，主要受河道水位控制，而水位变化则反映不同的洪水频率。作为举例，图6.2.2（b）显示河流的漫滩流量为2年一遇洪水，当汛期发生2年一遇洪水时，水流从主槽漫溢到河漫滩台地T_1，水体挟带泥沙、营养物质进入河漫滩，局部洄游鱼类顺势向河漫滩运动，植物种子向河漫滩扩散，洪水脉冲效应开始出现。随着洪水流量不断加大，当发生50年一遇洪水时，河漫滩水位与台地T_2高程

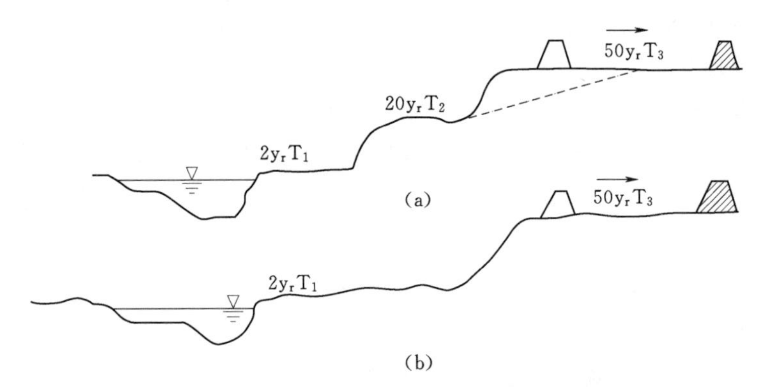

图6.2.2 洪水频率与河流-河漫滩水文连通的关系

齐平。图6.2.2中显示，在T_2平台构筑有设计标准为50年一遇的防洪堤，洪水受到阻隔，不能继续向河漫滩漫溢。

深切型河床边坡较陡，如图6.2.2（a）所示，河漫滩包括3级台地T_1、T_2和T_3，每级台地相对较窄。在深切型河床实施堤防后靠，可配合高台削坡。如图6.2.2（a）所示，在T_3台地削坡，能够增加河漫滩的淹没范围，使得发生频率为20年一遇至50年一遇的各级别洪水，都能够逐渐地漫溢，不断扩大淹没面积，而不是等50年一遇洪水发生时淹没面积突变。另外，台地削坡也能增加滩区蓄滞洪容积。为降低工程成本，削坡土方可用于新堤防填土。

6.2.2.2 建开口堤

采用开口式生态堤坝结构建开口堤可解决现有技术中传统堤防工程的人与河流隔断的问题。堤坝结构包括堤身和预留在堤身内且用于连通堤坝两侧的通道；通道处设有可隔断所述通道的侧滑门；侧滑门在低水位时为开门位置，通道为连通状态；侧滑门在高水位时为闭门位置，所述通道为闭合状态。

堤身为梯形构造，包括临水侧和背水侧，临水侧的坡度小于所述背水侧的坡度。侧滑门布置于临水侧的通道口上，侧滑门包括：①轨道，具有固定在临水侧的直线轨道和凹陷进入通道的弯折轨道；②门扇，具有在轨道上滚动以带动门扇的滑轮组，设置一个或两个。门扇为两个对开的形式，两个对开门扇相接触的一端布置成互补密封的结构。临水侧的坡比为1：2，背水侧的坡比为1：0.5，背水侧布设草皮护坡。堤身上方靠近临水侧的一侧布设防浪墙，上部布设堤顶路。

对于这种开口式堤坝构成的生态型堤防系统，河道汛期较低水位下，水位线位于其通道的中部及以下位置，此时侧滑门为开启状态；河道汛期较高水位下，水位线位于通道的中部以上位置，此时侧滑门为闭合状态。

这种生态堤坝结构打破了传统堤防的构造形式，在防洪的基础上，为人类的亲水需求提供了更加便捷的方式，更好地满足了人类生活亲水的需求，有利于汛期主流的侧向漫溢，为主流与滩地之间物种流、信息流、物质流的沟通提供渠道。其优势在于建筑原理简洁明了，便于施工，有利于普遍推广，同时在满足防洪及生态性要求的前提下，可保持较好的整体稳定性。整体结构图和堤防侧视图如图6.2.3和图6.2.4所示。

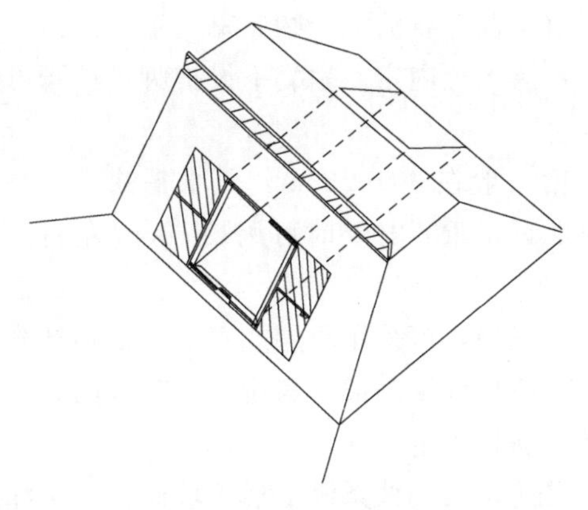

图 6.2.3 整体结构图

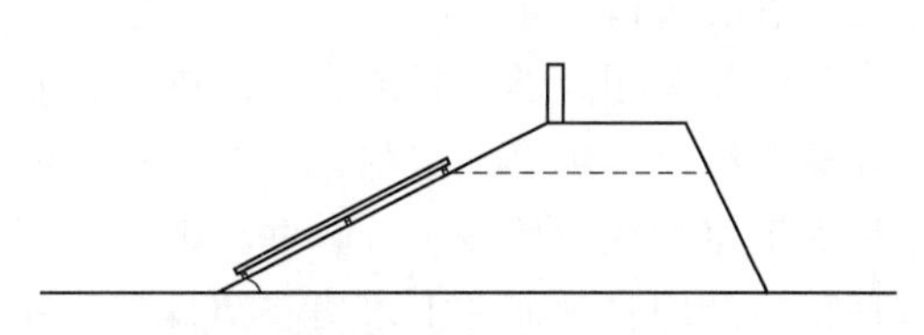

图 6.2.4 堤防侧视图

6.2.3 生态护岸建设技术

在河湖水系生态横向连通工程技术中，生态护岸建设技术是指拆除硬质不透水护底和岸坡防护结构，采取自然化措施或多孔透水的近自然生态工程技术进行岸坡侵蚀防护的技术。

生态型岸坡防护技术的设计主要需满足规模最小化、外形缓坡化、内外透水化、表面粗糙化、材质自然化及成本经济化等要求。最终目标是在满足人类需求的前提下，使工程结构对河流的生态系统冲击最小，亦即对水流的流量、流速、冲淤平衡、环境外观等影响最小，同时大量创造动物栖息及植物生长所需要的多样性生活空间。生态型护岸技术种类多样，可根据当地的具体情况在设计时进行调整，如土体生态工程技术、生态砖/鱼巢砖等构件、石笼席、天然材料垫、土工织物扁袋、混凝土预制块、土工格室、间插枝条的抛石护岸、椰壳纤维捆、木框墙、三维土工网垫、消浪植生型生态护坡构件等。其中，土体生态工程技术大多利用自然材料，在自然力的作用下达到生态恢复和保护的目的，主要有木桩、梢料层、梢料捆、梢料排、椰壳纤维柴笼以及它们的不同组合形式等。

6.2.3.1 土工材料复合生态护岸

常规生态护岸方式主要有植物护坡、综合式护坡及透水直墙式护坡方式，这些护坡方式在符合工程稳定性要求与生态保护两方面往往不可兼得。目前应用比较广泛的生态护坡方式主要为生态袋坡面防护结合格宾石笼护脚。该种护坡方式主要依靠坡面生长出的植被覆盖层提高河道水流对水体岸坡的抗冲刷作用，同时，又能保持一定的边坡表面生长环境，满足生态需要。但是，实际铺设的生态袋表面植被往往成活率低，难以保证植被覆盖层的整体性和防护作用；并且草皮根系都生长于坡面表层，边坡的整体抗滑性能完全依靠生态袋自身重力作用；受多层生态袋表面孔隙限制，岸坡土体与水体连通性中断，对岸坡栖息地的连通造成一定程度的影响。

为了减少多层生态袋表面织物的阻隔作用，同时在岸坡营造多物种多层次的复合型植被，充分利用复合植被根系在岸坡土体中的多层次固结作用，本书提出了一种新的生态护坡技术，以生态复合式织物扁袋代替生态袋，采用现场进行制作和铺设的方式。对待防护坡面进行简单修整后，坡面防护底层铺设天然植物纤维或合成材料织物，填土后翻卷形成扁袋型式进行分层铺设，填充物一般为草种、腐殖土及碎石的混合物。每层扁袋可错层铺设形成一定坡面倾角，层间放置活枝条，顶端插入活木桩固定。扁袋下设护脚，护脚可采用石笼或抛石结构，基础设反滤层并固定。

坡面防护坡度要缓于护脚倾角，单层扁袋厚度一般在 30～50cm，可水平铺设，也可呈 10°～15°仰角铺设。底层扁袋内先铺设一定的堆石压重，必要时可用长 50cm 左右的楔形木桩对扁袋加以固定。

扁袋织物采用天然材料或合成纤维材料制成的织物，可采用单层或双层，植物纤维一般采用椰壳纤维、黄麻、木棉、芦苇、稻草等天然植物纤维制成。扁袋铺设时应同时配合洒水以保证草种成活所需水分，并减少岸坡沉降以满足稳定要求。

回包后的织物表面在上层扁袋铺设前平铺一层活枝条，枝条满足插入坡面土体中深度 10～20cm，且长度的 75%应被扁袋覆盖，枝条规格一般为直径 10～25mm、间距 5～10cm。顶层扁袋铺设后应与原岸坡平顺连接，并采用活木桩固定。

复合植被覆盖层由活木桩、活枝条及扁袋中的草种组成，远期可形成乔灌草或灌草结合的生物群落，其多层根系不仅具有岸坡土体加筋及锚固作用，还为岸坡生态环境提供有利条件。植物品种多选择本地适生物种，枝条及木桩应选择成活率高的灌木或低矮乔木树种，并至少有一种树种生长速度比较快。

护脚可采用抛石、格宾石笼等型式。

抛石护脚主要用于缓坡型生态护岸，抛石部位位于扁袋外侧，抛石的自然边坡一般为 1∶1.5～1∶2.0，厚度 0.5m 以上，抛石粒径的大小可根据流速、边坡进行相应的估算。

陡坡型护岸可在扁袋下部通长布设格宾石笼护脚，格宾材料选择镀高尔凡、镀锌、PVC、PE（plyethylene，聚乙烯）、不锈钢等。护脚深 0.6～1.0m，宽度根据扁袋宽度确定。格宾石笼基础设反滤层，可采用砂石垫层或土工布。

本技术与常规的生态护坡型式相比主要有以下特点及优势。

1）坡面形成的活枝条使得结构表面的抗水流冲刷性能优于传统的生态袋结构。

2）随年限增加，远期强度呈上升趋势。初期护岸强度主要依靠活木桩及扁袋外层织物纤维进行固土固坡，后期待活木桩、活枝条、草种成活后，形成乔灌草结合的复合式植被覆盖层，护岸强度将大部分依靠复合植物根系的固土作用。

3）形成的复合植被覆盖层可营造出多样性的原生态栖息地环境。最大的优势是生态复合式植被形成的多层次植被根系可以有效固结边坡，且随着时间的增加强度呈增长趋势。

4）在满足透水性及生态性的要求下，可保持较好的结构稳定性。

5）对于原坡面的适应性较好，可根据实际坡面结构现场调节扁袋的尺寸，形成统一的外边坡。

6）生物栖息地连通性较好，更适于生物群落的生存和发育。

7）景观性较好，可形成自然型外观。

土工材料复合生态护岸如图 6.2.5 所示。

6.2.3.2　植生式挡土墙生态护岸

直墙式护坡主要应用于占地宽度受限或岸坡坡度较陡的部位。传统挡土墙以混凝土、

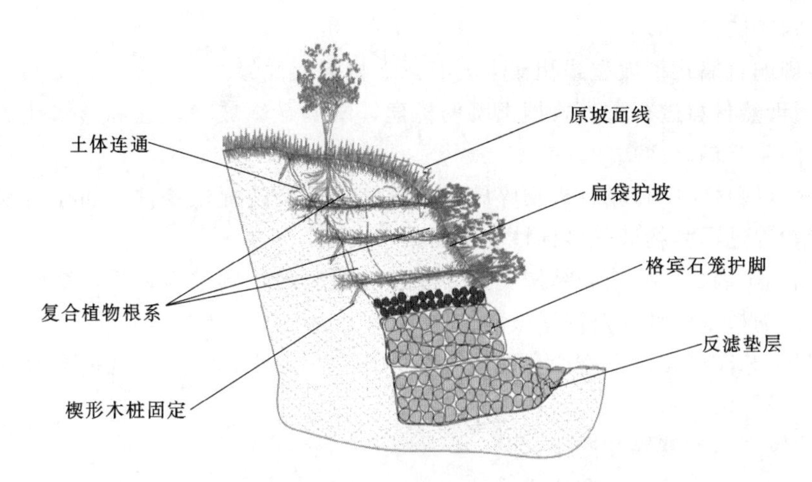

图 6.2.5 土工材料复合生态护岸

浆砌石结构为主，多采用重力式，依靠自身重力及基底摩擦力满足抗滑、抗倾稳定要求。近年来，随着生态型护岸理念的提出，直墙式护坡多采用透水结构，目前常见的主要有格宾石笼或自嵌式挡墙。格宾石笼也为重力式直墙结构，但由于墙体采用材料以卵石块石为主，墙体较厚，即使能保证墙体前后的水体连通，墙体表面也难以形成整体的植被覆盖层，从生态角度上与传统的重力式挡土墙无太大区别。自嵌式挡土墙采用自嵌块块体、填土通过土工格栅连接构成复合墙体，墙体设植生孔等结构可种植水生植物和为鱼类产卵、避难提供场所，但墙体材料仍然以混凝土类材料为主，且作为柔性结构墙体强度低，受一定的高度限制。以这两种结构为主的常规生态直墙式护坡在满足墙体稳定性及生态保护和修复性两方面难以兼得，且都对水体岸坡生态系统有一定的阻隔作用，造成生态系统退化。

为保证岸坡生态系统的连通性及岸坡挡土墙的稳定性，需要把自重式挡墙及植物根系固坡方式结合起来，利用木、石、土等天然材料，本书采用的技术方案是：由未处理过的圆木逐层搭接而成木框箱体，箱体下部设块石或卵石压重以保证箱体稳定。箱体上部充填现场开挖土石方，并分层扦插活枝条。箱体表面用拌有草种的表土层覆盖并与原岸坡平顺连接，以形成表层植被防护层。

木框挡土墙是由未处理过的圆木，利用钢筋绑扎或铆钉固定搭建而成的。搭建可现场制作或预制，但基础需对坡脚进行一定深度的开挖，开挖深度 0.5～1.2m。木框墙的踵部可比趾部位置深 15～30cm，使木框墙形成一定的仰角利于稳定。横向圆木末端可削出尖头，插入岸坡土体以形成一定的锚固深度，保证箱体与岸坡的结合紧密。

挡土墙外框体尺寸根据计算确定，计算方法可参考重力式挡土墙稳定计算方法。圆木直径一般为 0.1～0.15m，底层圆木与河道水流方向垂直放置，内部常水位以下部位充填卵石、块石或河道内大块漂石，水位变化区以上可铺设基础开挖土方，但土方及块石间应铺设砂砾过渡层。

土方分层铺设，层间加铺活枝条，枝条采用满铺方式分层随土方铺设，规格一般采用直径 10～25mm，间距 5～10cm。箱体顶部填土高度要与岸坡平顺连接，并适当埋播草种以形成稳定植被防护层。

其与常规的直墙式护坡型式相比主要有以下特点及优势。

1）采用天然材料进行重力式挡土墙的构建，既满足岸坡稳定性和透水性的需要，又增加了墙体的生物栖息地功能。

2）圆木可向水体中补充有机物碎屑，为水体物质交换提供条件，间隙为水中生物提供生存场所，促进了生物群落多样性的提高。

3）初期挡土墙强度由箱体结构支撑，经过一段时间，圆木腐烂后，结构内部的植物枝条发育形成的根系将继续发挥岸坡防护作用。

4）施工工艺简单，对生物栖息地环境的破坏和扰动小，无须大规模土石方开挖及石方调配。

5）占地较小，不需要开挖作业面。

6）景观性更好，可形成自然式护岸。

植生式挡土墙生态护岸如图6.2.6所示。

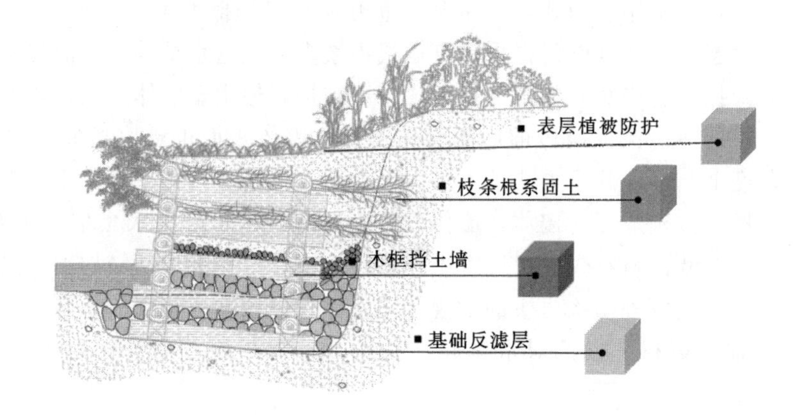

图6.2.6 植生式挡土墙生态护岸

6.2.3.3 块石和植被

采用块石和植被进行岸坡防护是最常用的一种岸坡防护结构型式（图6.2.7），它具有防止水流冲刷和波浪淘刷及改善生物栖息地等多种功能。设计时，按河道防洪水位加一定安全超高确定防护高度范围。设计中须验算水流淘刷深度以确定块石防护范围，必要时在坡脚设置挡墙；按照满足在水流和波浪作用下的稳定性要求确定面层块石尺寸。块石层下面必须设反滤层，必要时还应设置垫层。从方便施工的角度出发，反滤层可采用透水性良好的土工布。从施工工艺要求出发，可采用抛石、干砌块石等材料和结构类型。对于流速较大河流，还可采用铅丝石笼。一般情况下不采用浆砌石护岸，以维持河岸结构的多孔性和透水性，适于生物的生长发育。但在凹岸水流顶冲强烈的河段，为保证岸坡稳定，局部采用浆砌石也是必要的。

在块石护岸及以上区域种植适生植物或依赖自然生长形成植被。块石缝隙可为鱼类和其他野生动物提供多样性的栖息地环境，植物生长后形成的植被既可消散能量、减缓流速、促进携营养物的泥沙淤积，又可为野生动物提供产卵环境、遮阴和落叶食物，也是河

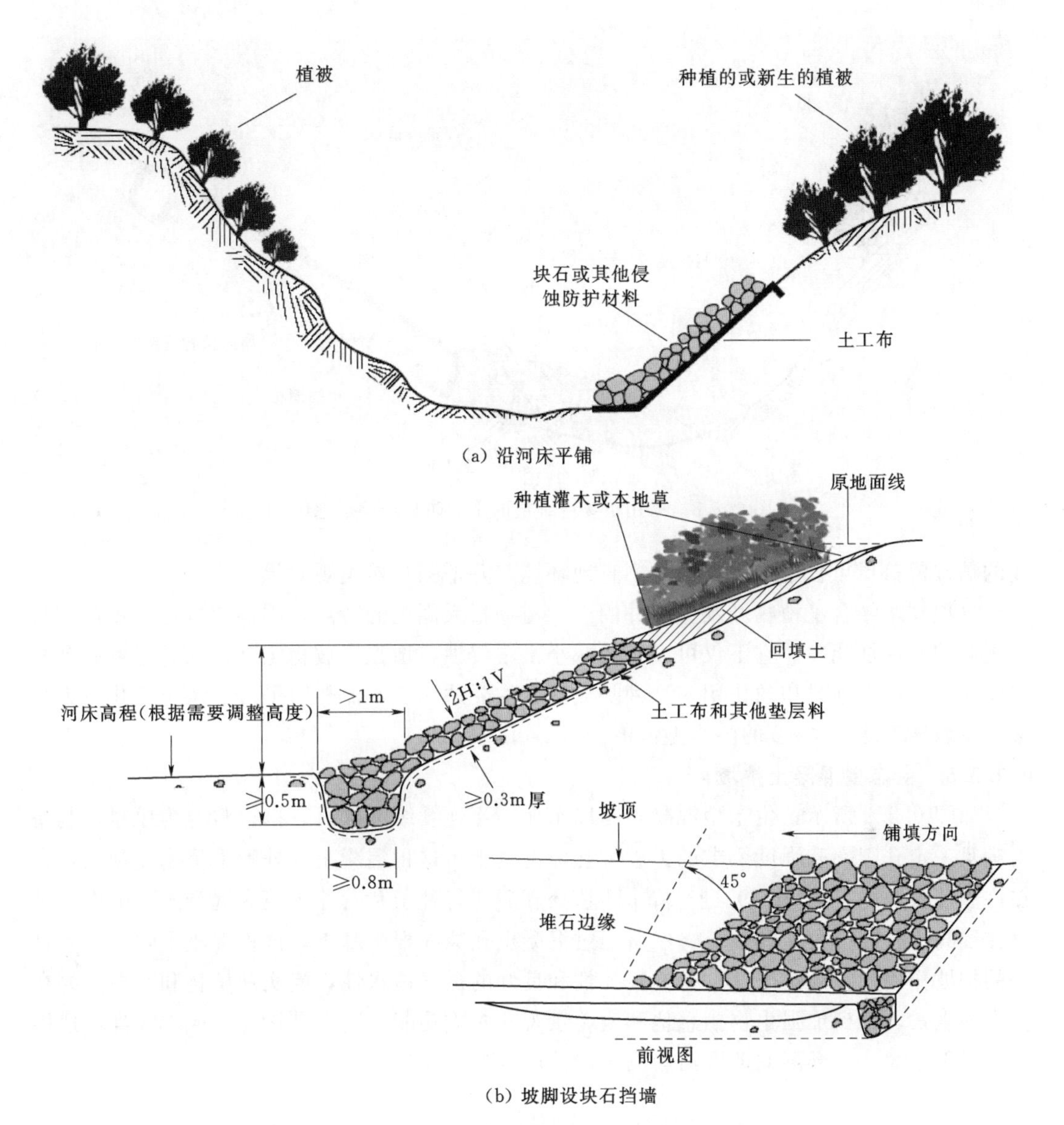

图 6.2.7 块石和植被护岸结构型式示意图

流的一个营养物输入途径。同时，可形成天然景观，提升岸坡的整体自然美学价值。块石和植被促使的泥沙淤积也为其他植被的生长提供了基质条件。

6.2.3.4 植物纤维垫

植物纤维垫一般采用椰壳纤维、黄麻、木棉、芦苇、稻草等天然植物纤维制成（也可应用土工格栅进行加筋），可结合植被一起应用于河道岸坡防护工程，如图 6.2.8 所示。一般情况下，这类防护结构下层为混有草种的腐殖土，植物纤维垫可用活木桩固定，并覆盖一薄层表土；可在表土层内撒播种子，并穿过纤维垫扦插活枝条。

由于植物纤维腐烂后能促进腐殖质的形成，可增加土壤肥力。草籽发芽生长后通过纤维垫的孔眼穿出形成抗冲结构体。插条也会在适宜的气候、水力条件下繁殖生长，最终形

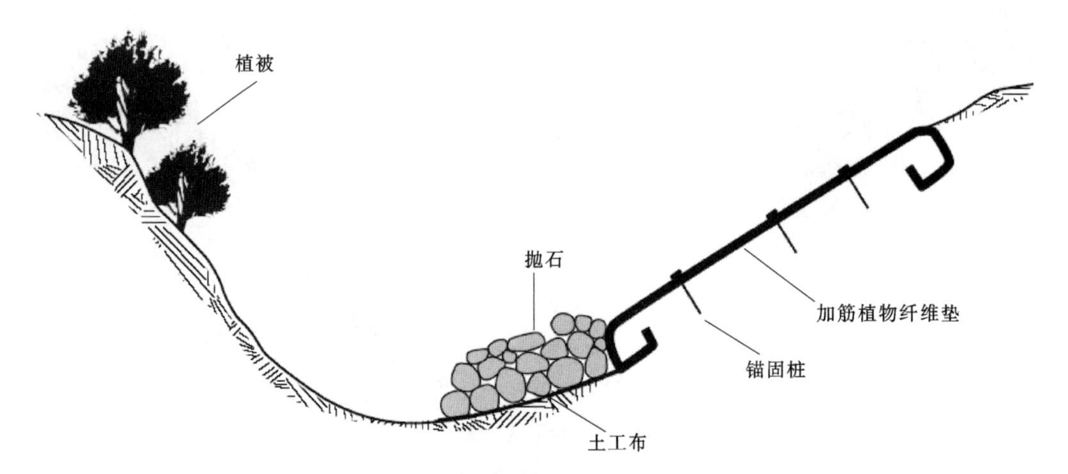

图 6.2.8　采用植物纤维垫的岸坡防护结构示意图

成的植被覆盖层可营造出多样性的栖息地环境，并增强自然美观效果。

这项技术结合了植物纤维垫防冲固土和植物根系固土的特点，因而比普通草皮护坡具有更高的抗冲蚀能力。它不仅可以有效减小土壤侵蚀，增强岸坡稳定性，而且还可起到减缓流速，促进泥沙淤积的作用。这种护坡技术主要适用于水流相对平缓、水位变化不太频繁、岸坡坡度缓于 1∶2 的中小型河流。

6.2.3.5　生态型混凝土护坡

如图 6.2.9 所示，生态型混凝土是以水泥、不连续级配碎石、掺合料等为原料，制备出满足一定孔隙率和强度要求的无砂大孔隙混凝土。这种混凝土在外形上呈米花糖状，存在许多连续孔隙。用 $FeSO_4$ 进行降 pH 值处理后，将种子和营养土填入混凝土孔隙中，植物在混凝土孔隙内发芽和生长，然后通过混凝土孔隙扎根于基土。该种混凝土除了起到良好的护坡作用外，还由于其自身的多孔性和良好的透气透水性，能实现植物和水中生物在其中的生长，起到加强生物栖息地和改善景观的多重功能。这类结构养护成本较高，适用于年降雨量大、气候湿润地区河岸淘刷侵蚀严重的河段。

(a) 施工现场

(b) 植被发育效果

图 6.2.9　生态型混凝土护坡（南京佳境生态景观工程技术有限公司　王胜　提供）

6.2.4 多单元岸坡型湿地水质净化系统

结合自然湿地系统的特点，按照自然型水质净化单元布局、岸坡防护、土壤级配和植物配置4个步骤展开，通过构建多单元岸坡型湿地水质净化系统，在营造自然河流廊道景观、原位净化水质的同时，与河流生态自然融合，使湿地系统更好地发挥景观、生态功能。

6.2.4.1 构建方法

（1）自然型水质净化单元布局

依靠岸坡地势进行自然型水质净化单元总体布局，其纵断面如图6.2.10所示，岸坡坡度为3‰～5‰，岸坡与外围河流连通，主要由植草沟、厌氧塘、仿自然湿地、缓冲塘、再生利用塘用配水管道依次连接构成。其中，仿自然湿地由4个植物床组成两两并联结构；在缓冲塘安装至上级湿地的回流管道，构成可控循环系统。植草沟、厌氧塘、仿自然湿地、缓冲塘设置在缓冲区，再生利用塘设在岸坡区。

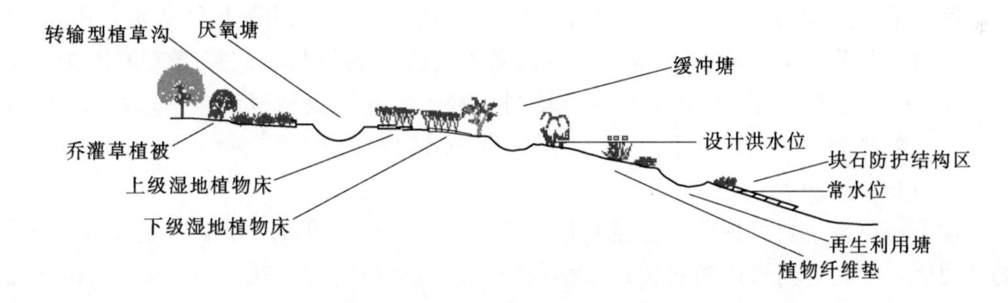

图6.2.10 多单元岸坡型湿地水质净化系统纵断面示意图

多单元岸坡型湿地水质净化系统工艺流程示意图如图6.2.11所示：污水或再生水→植草沟→厌氧塘→仿自然湿地→缓冲塘→再生利用塘→入河。

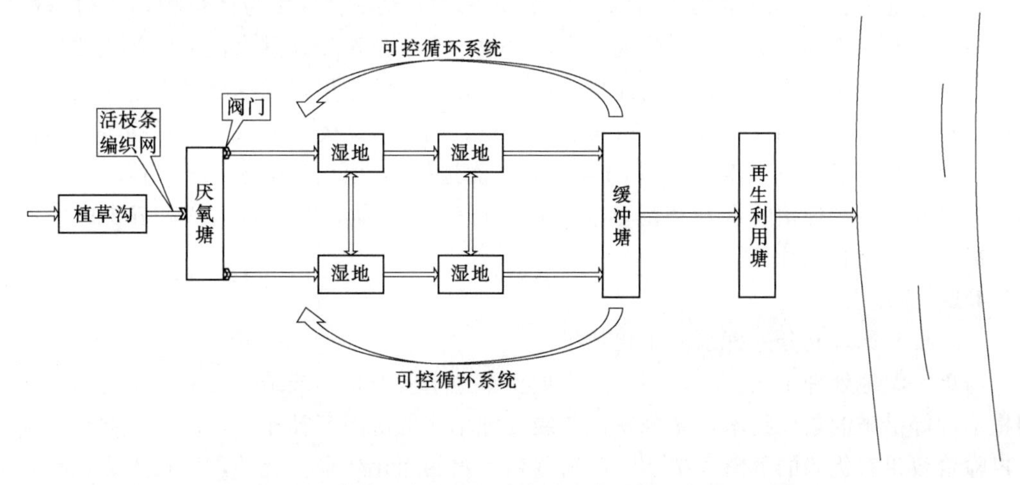

图6.2.11 多单元岸坡型湿地水质净化系统工艺流程示意图

（2）构建湿地系统岸坡防护工程

该湿地系统岸坡防护工程依据河道岸坡不同区域特点需求，兼顾周边环境美化，采用块石植被和植物纤维垫结合技术。下方岸坡防护结构采用块石，防止水流冲刷及波浪淘刷，设计时按照河道防洪及稳定性要求确定块石防护范围和尺寸，块石层下面设土工布反滤层；岸坡区铺设植物纤维垫，末端使用块石平缓过渡到下面块石防护结构，植物纤维垫可减小土壤侵蚀，植物根系的加筋作用可增强岸坡稳定性，形成的植被覆盖层可营造多样性的栖息地环境，美化岸坡；缓冲区种植适生植被，形成天然景观，提升岸坡的整体自然美学价值。

（3）土壤级配

湿地不同的基质及其组合对污染物的去除效果不一样，应根据污水主要成分调整填料品种。农村农田排水、初期暴雨径流等主要含有氮、磷等污染物质，因此优选脱氮除磷效果好的湿地床填料。上级湿地床体采用除磷效果有优势的填料，底层填充厚度为 20cm、粒径为 1～2cm 的高炉渣、煤灰渣，可以收集当地工业副产品，废物利用，节约成本；底层以上逐层填充厚度为 30cm、含钙量为 2.0～2.5kg/100kg 的混合土和厚度为 8mm 的棕丝，利于磷的去除。下级湿地床体采用脱氮效果有优势的填料，底层填充厚度为 20cm、粒径为 1～1.5cm 的沸石、陶瓷滤料混合填料，利于去除总氮和氨氮；中层填充 30cm 厚度的砂子（粒径为 1～5mm 的粗砂），表层铺设 8mm 厚度的竹条。

（4）植物群落配置

传输型植草沟主要发挥收集汇流农田排水等污水、降低流速、过滤拦截一些颗粒态污染物等功能，因此，河道内植物优选亲水硬质草，植被高度宜控制在 100～200mm。湿地床植物配置采用耐污力强、生长周期长、具有经济价值的水生植物芦苇，形成芦苇床生态系统。滨水区植物配置在充分考虑护坡不同区域特点需求及植物适宜生长的水位条件的基础上，坚持乡土植物为主原则，兼顾生态美学价值和经济价值。块石防护结构区位于常水位以下，处于常年有水状态，是水生植物发挥净化水体作用的主要区域，因此，优选根系发达、抗水性强、有水质净化作用的水生植物香蒲、黄香蒲等作为优势种，同时搭配睡莲、慈姑等开花植物，美化河道景观。岸坡区位于常水位至设计洪水位之间，主要发挥水土保持作用。植物纤维垫主要起到固岸护坡和美化堤岸的作用，优选根系发达、抗冲性强的灌木和草本植物，如紫花苜蓿、芦苇、美人蕉、结缕草、美丽胡枝子和木槿等。缓冲区位于设计洪水位以上，土壤含水量相对较低，优选抗旱性能的植物，可以林、灌、草结合，多层次、多物种植物合理搭配。灌木植物可优选石榴、紫荆等；乔木植物可优选合欢、枫香、柿树和火棘等。

6.2.4.2　系统特点

（1）设计原理充分发挥水质净化效果

与单一湿地处理工艺比较，多单元岸坡型湿地水质净化系统结合湿地、生物塘、转输型植草沟等措施的集成技术，充分发挥各级处理单元的协同互补作用，而且，湿地床优选脱氮除磷效果有优势的填料和植物，可增强对污水的净化效果。此外，该技术为设置有可控循环系统，利用有限的湿地面积，循环处理污水，为解决湿地系统占地面积大的问题和满足出水要求提供了思路。

(2) 具有景观廊道、生物栖息地功能

将湿地系统与生态护岸结合起来，提高湿地系统与周围环境的融合性，与河流廊道融为一体，形成滨岸区域一道自然风景线，既顾及了水质净化，又确保了景观改造和生态护岸功能。此外，还可以调节局部微气候，为生物提供丰富复杂的生境，增加物种多样性，维护河道生态系统平衡健康。

(3) 生态护岸植被覆盖层可起到护岸缓冲带的作用

植物纤维垫的草种、插条生长繁殖形成植被覆盖层和缓冲区种植的乔灌草植被，有护岸缓冲带的作用。植被覆盖层通过降雨截留，削减强降雨对岸坡的击溅与冲刷侵蚀，根系有土体加筋作用，稳固岸坡；植被覆盖层可以过滤截留雨期径流中氮、磷等污染物质，削减氮、磷等污染物质的入河量。

6.3 垂向连通工程技术

河流垂向连通性反映地表水与地下水之间的连通性。人类活动导致河流垂向物理连通性受损，主要缘于地表水与地下水交界面材料性质发生改变，诸如城市地区用不透水地面铺设代替原来的土壤地面，改变了水文下垫面特征，阻碍雨水入渗；不透水的河湖护坡护岸和堤防衬砌结构，阻碍了河湖地表水与地下水交换通道。恢复垂向连通性的目的在于尽可能恢复原有的水文循环特征，缓解垂向物理连通性受损引起的生态问题，主要技术包括拟自然减渗技术、生态清淤技术、河床底质改善技术、滨水区低影响开发技术等。

6.3.1 拟自然减渗技术

在河湖水系生态垂向连通工程技术中，拟自然减渗技术是通过模拟天然河道致密保护层的结构特性，利用人为技术措施，形成减渗结构层，达到河道减渗的目的，在维持一定的河湖水体与保持垂向连通性之间找寻平衡点。在河湖水系连通工程中，可根据河湖床质特性及水资源情况等具体环境条件，通过材料配比、施工工艺调整等，调配确定适合具体河湖生态修复工程需要的减渗材料施工方案。

拟自然减渗技术的典型结构从上至下分为保护层、找平层、减渗层及砂砾石基础(图 6.3.1)。保护层起着对减渗层的保护作用，防止减渗层被水流冲刷破坏，就地取材，利用当地卵砾石，可节约成本。减渗层是拟自然减渗技术的核心部分，需要根据河床质材料土工物理特性，利用河床质、壤土、调理剂等材料进行配比形成适宜河湖减渗目标的减

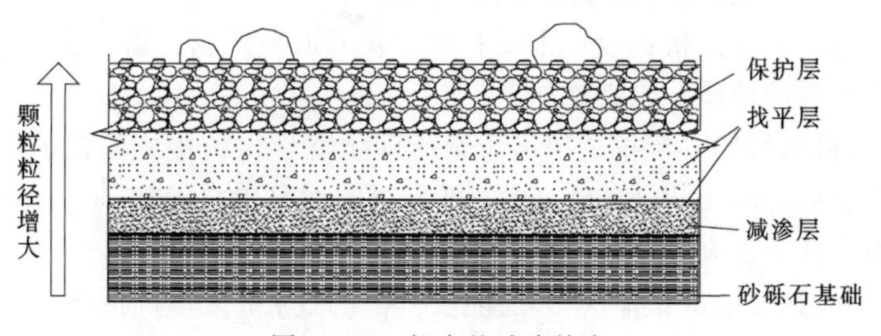

图 6.3.1 拟自然减渗技术

渗材料，铺设形成减渗层。找平层位于减渗层和基础层之间，起平整场地、防止砾石突兀、破坏防渗结构的功能。砂砾石基础是在基础平整的基础上进行碾压夯实，起到称重的作用。

对采砂活动较多或底质破坏较大的河道，应当尽量恢复与原有底质相类似的河床结构，营造适宜土著生物生存和繁衍的栖息地条件，可通过堆砌在河岸上的采砂废弃石块再回填、合理分布大小卵石位置等手段，改善受损区域底质类型和组成。由于河床底质受水力条件影响会产生潜在的顺河道迁移趋势，因此，应当对所铺设的底质重量及互嵌性质进行合理选取，结合水文水力学、地质地貌条件和生物调查数据对比分析。此外，河道底质铺设也可结合水力条件计算，采用表 6.3.1 选择所铺设底质的中值粒径，并在石块与石块之间填充小石块保持稳定。

表 6.3.1　　临界流速 V_c 与石粒径（重量）关系

石粒径 D /cm	临界流速 V_c/(m/s)						石块重量 /kg
	H=0.3m	H=0.5m	H=1.0m	H=2.0m	H=4.0m	H=5.0m	
1	0.67	0.73	0.82	0.92	1.03	1.11	0.001
5	1.50	1.64	1.84	2.06	2.31	2.47	0.17
10	2.12	2.31	2.60	2.91	3.27	3.45	1.36
20	3.00	3.27	3.67	4.12	4.63	4.95	10.9
30	3.68	4.01	4.50	5.05	5.66	6.06	36.8
40	4.25	4.63	5.19	5.83	6.54	7.00	87.1
50	4.75	5.17	5.80	6.52	7.31	7.82	170.2
100	6.72	7.31	8.21	9.21	10.34	11.07	1361

注　H 表水深，石块密度按 2.6t/m^3 估算。

6.3.2　生态清淤技术

在河湖水系生态垂向连通工程技术中，生态清淤技术是指为了改善河湖生态环境，通过生态清淤机械设备清除河湖水体中含有污染物的底泥，通过阻断污染源以减少水体的污染而采取的工程技术。

相对于一般清淤工程，生态清淤需注意以下 4 点：一是清除对象主要是悬浮于淤泥表层的胶体状悬浮质及表层污染淤泥；二是严禁由于施工机械的振动而造成的二次污染；三是在清除表层污染底泥的同时要保护下层底泥不被破坏，有利于水生生物种群的恢复和建立；四是清淤过程中要做好淤泥和尾水的妥善处置。

目前，生态清淤的施工机械设备主要有旋挖式河道清淤船、新型多功能挖泥船和生态环保清淤船，其相应的性能分别表现如下。

1）旋挖式河道清淤船。旋挖式河道清淤船即生态环保绞吸式清淤船，该船主要功能是通过搅动河底表面 20～40cm 的淤泥层，然后由污泥泵直接输送到污泥水池。其特点是体积小、功效高、性价比高，较适应城市中小河湖水系生态连通的清淤。

2）新型多功能挖泥船。该船为多功能挖泥船，通过更换不同的施工设备（环保螺旋绞刀、吸泥头、铲斗和耙具）实现环保绞吸施工，完成吸泥、反铲挖泥及水下垃圾收集。

不同施工设备更换简便，挖泥施工摆动区域较大，能满足多种清淤施工方式的要求。此外，螺旋绞刀本身对淤泥扰动小，绞刀周围还可再加上防护罩，通过调整绞刀角度可对河道边坡进行施工。

3）生态环保清淤船。生态环保清淤船是一种多功能环保绞吸船，以淤泥绞吸为主，集反铲清淤、抓斗清淤、耙子清理河道垃圾，打桩作业，清理水面油污等多种功能于一体，且各功能在施工作业时可互相转换，具有机动灵活和应用范围广的特性。

6.3.3 河床底质改善技术

在河湖水系垂向生态连通工程技术中，河床底质改善技术需首先采用统计分析方法研究河床底质群体中粒径大小的分布情况，可采用级配曲线及其统计特征值进行描述，并利用不均匀系数表征河床底质的多样性，根据河流底质的组成多样性、孔隙度、材料构成等参数，与目标生物的栖息地需求建立相关关系，进行修复方案的总体设计，然后进行河床底质修复改善。

6.3.4 滨水区低影响开发技术

在城市河湖滨水区采用低影响开发技术（Low Impact Development，LID）保持垂向连通性。应用LID作场地规划时，基于以下基本设计理念：将水文功能作为整合框架；微观控制；源头控制雨洪；简单化和非工程化方法；创造多功能的景观和基础设施。低影响开发技术采用分散式微观管理方式，使土地开发活动对场地水文功能的影响达到最小，保持场地水体的渗透和存储功能，延长水体汇集径流时间。进行场地规划时，重点要识别影响水文条件的敏感区域，包括溪流及其支流、河漫滩、湿地、跌水、高渗透性土壤区和林地。为基本维持开发前的场地水文功能，应采用生物滞留设施、增加水流路径、渗滤技术、排水洼地、滞留区等方法，还可能增添场地的美学价值和休闲娱乐功能。在小型流域、集水区、住宅区和公用区采用微管理技术，对通过这些场地的雨洪进行分散式控制。微管理技术的目标是维持场地的水文功能，包括渗透、洼地储水、拦截以及延长水流汇集时间。源头控制雨洪，将土地利用活动的水文影响最小化并将其降低到接近开发前的状况，对水文功能的补偿或恢复措施，应尽可能布置在产生干扰或影响的源头。小型、分散、微控制的设施，不会影响整体雨洪控制功能，小型设施设计多用浅洼地、浅水沼泽、缓坡水道等地貌单元，降低了安全风险。LID将雨洪管理技术整合成一种多功能景观地貌，对暴雨径流实施源头微管理和微控制，各种城市景观和基础设施要素，可设计成具有滞留、渗透、延迟、径流利用等多功能单元。

依据城市规划主体功能定位，明确分区及主要特征以满足城市设计目标，LID增加了地面覆盖分区、不透水铺设分区、功能分区以及集水区分区，便于场地布局。绘制一张待开发地块平面图，在地图上标出要保护的地貌单元，包括溪流、溪流缓冲区、河漫滩、湿地、保育的林地、现存重要树木、陡坡、强透水区以及土壤强侵蚀区。采用对土壤最低限度干扰技术，包括减少对高渗透性土壤的铺筑和压实；在建筑物选址和场地布置时，要考虑避免砍伐树木；限制不透水地面铺设，减少硬质铺设总面积；施工期控制建筑材料储存库位置和规模；划定防止土壤扰动区，尽量减少工地上的土壤压实，并限制在这些地区临时储存施工设备。尽可能分割切断不透水区域，以增加渗透能力并减少形成地表径流，维持现有的地形地貌和排水系统，以分散水流路径。

LID 与自然地貌相协调，把排水功能作为设计要素进行场地空间布局。规划 LID 雨洪管理排水系统有多种方式，包括调整道路布置；优化公园和休闲空间位置；潜在的建筑物布置。在明确开发范围以后，着手规划交通模式和道路布置：优化道路布局，减少硬质路面道路总长度；缩窄路面宽度可以减少场地不透水总面积；乡村住宅道路不使用混凝土路缘和排水沟，而采用路边植被洼地；把人行道布置在道路一侧，也可以减少场地的不透水性；减少街道泊车。暴雨径流汇流时间与场地水文条件一起，决定了雨洪事件峰值流量，场地和基础设施影响汇流时间的因素包括：水流路径；地表坡度以及水流坡面线；地表糙率；水道形状和岸坡材料特征。LID 在场地范围内控制暴雨径流汇流时间的措施包括：地表层流最大化；增加水流路径长度；平整场地及调节纵坡；最大限度应用开放沼泽系统；增加和强化场地植被。

第7章　河湖水系连通规划效果后评估方法

7.1　规划效果后评估范围的界定

通过河湖水系连通来实现河湖生态修复有两种情况：①通过改善河湖水系内的连通状况来实现生态修复；②通过连通之前不相连的两个水系或者提高其连通程度来实现生态修复。对前一种情况，连通区范围较易界定。对后一种情况，在界定效果评估范围时，需要对被连通的两个水系（被连通区）之间的关系有深入的认识。以下针对后一种情况，讨论效果评估范围的界定。

河湖水系连通意味着物质、能量和信息在原本未连通（或连通不畅）的两个水系之间的交换。状态的差异决定了两个被连通区之间相互影响的主导方向（例如，主要是A区影响B区还是相反），即谁影响谁的问题，或者说谁对谁的影响更大的问题。伴随着河湖水系的连通，一般会发生水系间的水量净输运。依据水量净输运对被连通区影响程度的不同，可将两个水系间的连通分为两种类型：主从型连通及对等型连通。

7.1.1　连通区的相对大小及对评价的影响

（1）主从型连通

在有些情况下，河湖水系连通工程连通的分别是水资源丰沛的及水资源匮乏的河湖水系，典型例子如引江济太连通。在这种情况下，通过连通通道所输运的水量对供水水系（如长江干流江苏段）而言是小量，但对受水水系（太湖）而言并非小量。另一种情况是被引水区域的生态环境问题不突出或被引水区不重要，社会上对该区的生态环境状况关注程度较低，而更关心连通对受水区的影响或效果。扬州市内河网水系连通可能较为接近这种情况，从实践上看，人们更多地关心水系连通对扬州市内水网水环境的影响，而对引水对京杭大运河的影响关注相对不那么强。对这种情形，在评价河湖水系连通的影响或效果时，人们重点关注、重点评价的区域是受水区。综合以上分析，可认为在这种类型的水系连通中存在主、从区。对存在主、从区的河湖水系连通，连通的目的往往是引入主区域的某些特征，如丰富的水量、较好的水质、较自然的水文情势、水生生物资源等。

对这种类型的河湖水系连通进行效果评估时，评估区域往往就是所谓的从区而非整个连通区。

（2）对等型连通

若被连通的两个水系在空间尺度、水资源量等方面旗鼓相当，或者水量交换表现为有来有往的双向连通，朝某个方向的净输送水量较小时，河湖水系连通的目的往往是扩大水域生态系统的空间尺度或增加两个水系中相关要素交换的强度。

对这种类型的河湖水系连通进行效果评估时，评估区域往往是整个连通区。鉴于河湖水系连通对被连通的两个区域都有影响，一般而言，在评价连通的影响时，不仅应评价连通对被连通的两个单区域的影响，还应该评价连通对整个连通区的综合影响，从而对这种类型河湖水系连通影响或效果的评价在空间上应该是多层面（单个连通区层面、全连通区层面）、多阈值（在单个连通区、全连通区上可能都存在阈值）的。其中最为特殊的是连通对整个连通区的综合影响，这种影响的阈值可能要基于特定影响评价指标在整个连通区上相对变化的可接受程度来确定。

7.1.2　单个被连通区评价范围的界定

在评估河湖水系连通效果时需要确定评估的空间范围。由于被纳入评估的指标往往是特定指标在该空间范围的均值或极值等指标，评估空间范围不同时评价结果也会有差别。河湖是地表水资源的载体，连通的影响（效果）同时也体现在河湖水系所在的区域，乃至对相应河湖有水资源利用行为的全部区域。连通影响范围与连通节点在流域内的位置以及水系本身的连通状况有关。

（1）被纳入评价的河段范围

流域内水的流动受地形梯度的控制。从水文水动力、水环境等方面来看，连通对水系的影响主要发生在连通节点下游。从而在水文水动力、水环境等方面受连通影响较为明显的河段应纳入评价范围，这些河段以水系中位于连通节点下游的河段为主。从生态的角度来看，由于水生生物具有通过水流输运、自主游动等形式扩散的能力，连通对水生生物的影响范围也应包含连通节点上下游一定范围内的河段，具体的影响范围和水系本身的连通（阻隔）状况、阻隔的具体形式有关。

（2）被纳入评价的区域范围

水资源是人类开展生产生活的基本支撑条件之一。人类社会在河湖取水后一般会在特定区域内进行配置。水系连通一般会影响连通区内河湖的水资源状况（总量及其时间、空间分布），从而影响人类社会的水资源利用及配置方式，这也导致其影响发生在区域上而非仅仅在流域内。例如，连通后水资源配置方式的变化可能会影响区域内的排污状况、河流生态流量保障情况，从而对区域内的水环境、水生态产生影响。另外，以引江济太为例，由于太湖处于太湖流域的低地，太湖流域的高地如西部山区可认为基本不受引江济太调水的直接影响；但引江济太缓解了太湖流域的水资源紧缺状况，人类可以更多地从太湖取水并将之用于更广大的区域范围，对全太湖流域、杭嘉湖平原等产生了影响。总的来说，连通影响范围应是以被连通河湖所在区域为核心、受连通导致的水资源配置变化影响的区域。

7.2　河湖水系连通规划效果后评估方法

7.2.1　河湖水系连通影响评价指标体系建立的原则

河湖水系连通规划后评估技术的内容之一，就是河湖水系连通影响评价指标体系。在建立这一评价指标体系时，应遵循以下原则。

1）应重点对连通的环境、生态影响（或者说连通对生态环境的修复效果）进行评价。

这是因为河湖水系生态连通本身不是以改善水资源短缺、解决水旱灾害为目标，而是以生态修复为目标。

2）在选取指标时，应点面结合，既要相对全面地反映河湖水系生态连通的各种影响，又要重点突出，抓住最重要的方面。

3）指标值的获得应较为便利，应尽可能利用现有指标；指标评价方法应较为可行。

7.2.2 评价指标体系

结合河流生态状况分级系统方法，基于河湖水系连通对流域的影响，以生态环境影响为重点，建立了河湖水系连通修复效果后评价指标体系，如表 7.2.1 所示。

表 7.2.1　　河湖水系连通修复效果后评价指标体系

目标层	要素层	指标层		设置指标的理由	指标定义
河湖水系连通修复效果	河流地貌	C_1	连通性	河湖水系连通的修复效果直接体现为水系连通性的改善	多年平均水文条件下河网的结构连通度，可基于图论的方法进行计算
	水文水动力	C_2	换水周期	污染物质一般为水体所溶解和输运，水系换水快慢是连通性强弱的重要标志	影响区内水体置换一次平均所需要的时间。可表示为连通影响区内河湖平均水体容积与进/出影响区平均流量的比值
		C_3	生态基流（水位）保证率	保障河流的生态基流是河流生态环境管理的底线，必须予以保障。表征连通对生态基流的影响	生态基流是指为维持河流基本形态和基本生态功能，即防止河道断流，避免河流水生生物群落遭受到无法恢复破坏的河道内最小流量。其阈值与河流生态系统的演进过程及水生生物的生活史阶段相关。由于汛期生态基流多能得到满足，通常生态基流指非汛期生态基流
		C_4	生态需水满足程度	表征连通对有敏感生态保护目标的河湖敏感期生态流量的影响。适用于有敏感生态保护目标的河湖	河湖水系连通区内生态敏感区在敏感期内生态需水被满足的整体状况
		C_5	水文节律近自然程度	较为自然的水文节律是生态系统健康状况的重要表征。河湖水系生态连通的目的之一往往是尽可能将水文节律恢复到较为自然的状态	通过水系连通影响区与主区同期涨水次数的比例来表征
		C_6	地下水埋深	地下水位上升可能引起次生土壤盐碱化、沼泽化，地下水位下降会造成表层土壤干燥，引起地表植被退化、土壤沙化及环境地质灾害等问题。地下水位的变化尤其会对农业种植产生影响	连通影响区内各水功能区的平均地下水埋深。地下水埋深是指地表至浅层地下水水位之间的垂线距离
	水环境	C_7	水功能区水质达标率	水功能区水质达标率的变化能表征在连通的影响下，连通区影响区内总体的水质改善/恶化效果	水功能区水质达到其水质目标的水功能区个数（河长、面积）占水功能区总数（总河长、总面积）的比例
		C_8	特征污染物浓度	污染水体在一般情况下都有一个或几个水质指标问题最为突出，通过连通来缓解（稀释）该指标污染的需求也最为突出。因此，有必要依据污染物的代表性、严重性、影响大小，选择某种代表性污染物考察其浓度	连通影响区内所有水功能区内该污染物的平均浓度

续表

目标层	要素层	指标层		设置指标的理由	指标定义
河湖水系连通修复效果	水环境	C_9	富营养化指数	水体富营养化是严重的水生态环境问题，同时也影响饮用水安全。连通导致的氮、磷等营养盐输入，可能会对水体营养状态产生显著的影响，导致蓝藻水华等问题的发生	连通影响区内所有水功能区富营养化指数的均值。富营养化指数是反映水体富营养化状况的评价指标，是由水体透明度、氮磷含量及比值、溶解氧含量及其时空分布、藻类生物量及种类组成、初级生物生产力等指标构成的综合指标，环保系统采用综合营养指数法，水利系统主要采用指数法
		C_{10}	水温	温度是重要的水质指标，同时也是反映水生生物生境状况的重要指标	连通影响区内典型物种典型栖息地在关键期内的平均水温
		C_{11}	水温节律近自然程度	水温节律对生态系统食物网的演进、水生植物的生长、水生动物的栖息、繁殖等都有重要影响	通过水系连通影响区与主区月平均水温的标准差来表征
	生物生境	C_{12}	鱼类物种多样性	连通影响区内鱼类物种的种类及其组成，是反映河湖水生生物状况的代表性指标	定性指标，以河段存在鱼类的种数、类别及组成表示
		C_{13}	典型经济鱼类渔获物量	通过连通以扩大水域生态系统尺度，实现鱼类对生境更好、更充分的利用，是连通的目标之一。实践表明，好的连通性往往意味着鱼类对产卵场、索饵场、育肥场等关键生境更为充分的利用	连通影响区内典型经济鱼类的年渔获物量
		C_{14}	鱼类及两栖类生境状况	改善鱼类等生物的生境，实现生境质量的提高、生境空间的拓展、生境更充分的利用，是推进河湖水系连通的重要动因	定性指标，用于评价连通影响区内鱼类及两栖类物种生存繁衍的栖息地状况。这里的鱼类及两栖类指特种鱼类或两栖类，也就是国家重点保护的、珍稀濒危的、土著的、特有的、有重要经济价值的鱼类及两栖类种，鱼类及两栖类生境重点关注产卵场、索饵场、越冬场情况
		C_{15}	珍稀水生生物存活状况	珍稀水生生物是指权威部门引用或参考的濒危物种标准中包括的水生生物。珍稀水生生物的存活质量和数量变动与种群遗传结构和遗传多样性密切相关，遗传多样性体现了一个物种对环境的适应能力，可以在一定程度上反映出外界变化对物种所产生的长期影响。河湖水系连通应有助于而非恶化珍稀水生生物的保护条件	在连通影响区内珍稀水生生物或者特殊水生生物在河流中生存繁衍，物种存活质量与数量的状况。根据不同情况，可分别进行定性或定量评价
		C_{16}	外来物种威胁程度	河湖水系连通可能导致的外来物种（包括连通前在一个水系存在而在另一个水系没有的物种）威胁，是一个现实的威胁，需要引起高度重视。外来物种可能是特定的水生动物如外来鱼类，但也有可能是水生植物，如有害水草等	外来物种入侵是指一种生物在人类活动的影响下，从原产地进入一个新的栖息地，并通过定居、建群和扩散而逐渐占领该栖息地，从而对当地土著生物和生态系统造成负面影响的一种生态现象。外来物种威胁程度是指连通是否造成外来物种入侵及外来物种对本地土著生物和生态系统造成威胁的程度

续表

目标层	要素层	指标层		设置指标的理由	指标定义
河湖水系连通修复效果	社会环境	C_{17}	涉水疾病传播风险	在实施河湖水系连通时非常可能发生的风险	涉水疾病通过河湖水系连通在区域上扩散、在程度上加重的可能性。与水利工程建设相关的疾病可以分为以下4类：自然疫源性疾病、虫媒传染病、介水传染病和地方病。可参考涉水疾病的传播阻断率（参考水利部水利水电规划设计总院（以下简称“水规总院”）《水工程规划设计标准中关键生态指标体系研究与应用》报告）的计算方法
		C_{18}	景观舒适度	反映河湖水系连通在营造涉水景观、美化环境、改善小气候，增加景观舒适度等方面的效应。河湖水系连通对景观的美化效果是连通能开展的重要动因之一	定性指标，很难采用定量分析的方法确定，宜采用公众调查与专家评判相结合的方法，定性地评估水工程对景观舒适程度的影响，可根据具体景观特点设计相应调查表格

7.2.3 评价方法

在对单指标进行评价时，将对单个指标的评价分值范围设定为［－1，1］，当分值为负时，影响为负面；当分值为正时，影响为正面。同时，在分值范围［0，1］之间，以0.2为间隔，将正面影响区分为小、较小、中等、较大、大等5档，分别对应分值范围［0，0.2］、(0.2，0.4］、(0.4，0.6］、(0.6，0.8］、(0.8，1］。当分值为负时，以此类推。

7.2.3.1 单项指标赋分

(1) 连通性 C_1

通过开展河湖水系连通来改善水生态环境，目的一般不是改善河道内的连通状态，而是改善河流与河流之间（或河流与湖泊之间、河网内部）的连通关系，从而所需要考虑的，主要是河湖水系的平面连通。为此，可将赵进勇等基于图论对河道内连通的描述方式拓展用于河湖水系间（尤其是河网内）的连通。可基于河湖水系在特征水位（如多年平均水位或特征枯水位）下的连通状态，建立河湖水系的图模型，计算河湖水系的连通度，并通过河湖水系连通工程（或方案）实施先后连通度的变化来评价连通性的改善程度。

(2) 换水周期 C_2

当前对湖泊换水周期尚无现成的评价方法。理论上说，对湖泊换水周期的评价应该和连通影响区的环境生态响应相结合，但限于研究深度，当前尚难以按这一方法进行评价。在这里按以下标准进行评价：当河湖水系连通使换水周期减小一半（及一半以上）时，认为连通导致的水体置换效果显著，将连通对换水周期的影响评价为“1分”；当连通使换水周期减小1/4时，将连通对换水周期的影响评价为“0.5分”，依次类推，如表7.2.2所示。

表7.2.2　连通对换水周期 C_1 指标的影响评价阈值

指标名称	阈值标准（$R_{C_1}=C_{1连通后}/C_{1连通前}$）				
换水周期	$R_{C_2}<0.5$	$0.5\leqslant R_{C_2}<0.75$	$0.75\leqslant R_{C_2}<0.875$	$0.875\leqslant R_{C_2}<0.938$	$R_{C_2}=1$
评价分值	1.0	0.5	0.25	0.1	0

(3) 生态基流（水位）保证率 C_3

对生态基流/水位保证率的评价，主要是对河湖水系连通前后生态基流（水位）保证率的变化程度进行评价。生态基流的计算方法参考水规总院报告，而这里的生态基流（水位）保证率，是指连通影响区内河湖生态基流（水位）保证率的均值。河湖水系连通对生态基流（水位）保证率的影响可按表7.2.3所示的方法进行评价。

表7.2.3　连通对生态基流（水位）保证率 C_3 指标的影响评价方法

连通前保证率	连通后保证率					
	$P<50\%$	$50\%\leqslant P<60\%$	$60\%\leqslant P<70\%$	$70\%\leqslant P<80\%$	$80\%\leqslant P<90\%$	$90\%\leqslant P<100\%$
$P<50\%$	0	0.2	0.4	0.6	0.8	1.0
$50\%\leqslant P<60\%$	−0.2	0	0.2	0.4	0.6	0.8
$60\%\leqslant P<70\%$	−0.4	−0.2	0	0.2	0.4	0.6
$70\%\leqslant P<80\%$	−0.6	−0.4	−0.2	0	0.2	0.4
$80\%\leqslant P<90\%$	−0.8	−0.6	−0.4	−0.2	0	0.2
$90\%\leqslant P<100\%$	−1.0	−0.8	−0.6	−0.4	−0.2	0

(4) 生态需水满足程度 C_4

这里所要评价的生态需水满足程度，是指河湖水系连通影响区内诸敏感生态需水计算断面上平均的敏感生态需水满足程度。敏感生态需水是指：维持河湖生态敏感区正常生态功能的需水量及过程；在多沙河流，一般还要同时考虑输沙水量。河流生态需水量的计算方法亦参见水规总院报告。

当前，对敏感生态需水给出的多是水量，一般尚未能给出生态流过程。在计算生态需水时，多采用入湖、河流湿地及河谷林、重要水生生物栖息地或河口上游临近控制断面作为敏感区生态需水计算断面。因此，仍可用河湖水系连通前后相关敏感生态需水计算断面上生态需水满足程度均值的变化来评价连通对生态需水满足程度的影响，评价方法如表7.2.4所示。

表7.2.4　连通对生态需水满足程度 C_4 指标的评价方法

连通前保证率	连通后保证率					
	$P<50\%$	$50\%\leqslant P<60\%$	$60\%\leqslant P<70\%$	$70\%\leqslant P<80\%$	$80\%\leqslant P<90\%$	$90\%\leqslant P<100\%$
$P<50\%$	0	0.2	0.4	0.6	0.8	1.0
$50\%\leqslant P<60\%$	−0.2	0	0.2	0.4	0.6	0.8
$60\%\leqslant P<70\%$	−0.4	−0.2	0	0.2	0.4	0.6
$70\%\leqslant P<80\%$	−0.6	−0.4	−0.2	0	0.2	0.4
$80\%\leqslant P<90\%$	−0.8	−0.6	−0.4	−0.2	0	0.2
$90\%\leqslant P<100\%$	−1.0	−0.8	−0.6	−0.4	−0.2	0

(5) 水文节律近自然程度 C_5

1) 连通区有主从关系的情况。在连通区有主从关系的情况下，一般认为主区水文节律更接近自然状况，连通的效果之一为将主区的水文节律引入从区。在这种情况下，可以以主区的水文情势作为参考，将从区的水文情势与主区进行对比，对水文节律的近自然程度进行评价。

2）连通区水文情势受人类活动干扰均较强的情况。这种情况下，可以参考本区人类活动干扰较小的历史时期的水文情势，将连通后的水文情势与之进行比较，实现对水文节律近自然程度的评价。

可以先统计确定主区或者连通影响区内历史上高流量过程发生的平均次数及高流量时间段，然后统计连通后每年在同一时间段内影响区内高流量发生的平均次数，计算二者的比值，设定阈值对其进行评价。

$$C_5 = abs\frac{N-N_0}{N_0} \tag{7.2.1}$$

式中：N 为在所确定的高流量时段内连通影响区内高流量脉冲数；N_0 为参照情况相应时段内高流量脉冲数。可按表 7.2.5 进行评价。

表 7.2.5　水文节律近自然程度评价标准

指数等级	C_5 取值	状况分类	分类等级	评价得分
1	0	非常接近参照自然状况	极好	1
2	0.25	对于河流稍有干扰	良好	0.5
3	0.50	中等干扰	中等	0
4	0.75	重大干扰	差	−0.5
5	1	彻底干扰	极差	−1

（6）地下水埋深 C_6

1）地下水埋深的阈值。不同地区的地下水条件不同，地下水临界深度也不同，一般应根据实地调查和观测试验资料确定。但在年内不同季节，或气象（蒸发和降雨）、耕作、灌水等具体条件不同时，防止土壤返盐要求的地下水埋深及其持续时间也应有所不同。因此，对地下水位，不应要求一个固定值，而应要求是一个随季节而变化的地下水位过程。我国北方一些地区根据土壤质地和地下水矿化度所采用的地下水临界深度取值如表 7.2.6 所示。

表 7.2.6　我国北方地区采用的地下水临界深度　单位：m

地下水矿化度/(g/L)	土壤质地		
	砂壤	壤土	黏土
<2	1.8～2.1	1.5～1.7	1.0～1.2
2～5	2.1～2.3	1.7～1.9	1.1～1.3
5～10	2.3～2.6	1.8～2.0	1.2～1.4
>10	2.6～0.8	2.0～2.2	1.3～0.5

作物所要求的地下水埋深随作物种类、生育阶段、土壤性质而不同。我国南方主要作物降雨后在允许排水时间内要求达到的地下水埋深：棉花为 0.9～1.2m，小麦为 0.8～1.0m，水稻为 0.4～0.6m。西北地区开发利用地下水必须考虑控制一定的地下水位埋深，应该保证适当的生态用水，尤其在绿洲边缘、沙漠边缘地带更要注意这点。根据以往对西北地区野生生态系统的调查研究，防止植被退化和生态环境恶化，维持野生生态系统平衡，乔木、灌木分布区，潜水埋深不能大于 7～8m，而草甸分布区潜水埋深不能大于 2～3m。

从研究干旱区植物生长与地下水位的角度提出了沼泽化水位、盐渍化水位、适宜生态水位、生态胁迫水位、荒漠化水位、临界深度及最佳水文地质环境等概念。研究中将1m以内地下水埋深定义为沼泽化水位、1～2m内地下水埋深定义为盐渍化水位、2～4m内地下水埋深定义为适宜生态水位、4～6m地下水埋深定义为对植物生长发育产生胁迫的地下水位（也称生态警戒水位)、地下水埋深大于6m定义为荒漠化水位。

2）河湖水系连通对地下水埋深指标 C_6 的影响评价。在不同地区，水系连通对地下水位影响的后果也不同。以干旱区河湖水系连通对地下水位的影响为例，可考虑将地下水位的适宜状态分为5个等级（沼泽化水位、盐渍化水位、适宜生态水位、生态胁迫水位、荒漠化水位)，按表7.2.7进行评价，其中表中的评分表示水位由列所在的水位变为行所示的水位所应得的评分值。举例来说，水位由沼泽化水位变为盐渍化水位时，得0.5分；变为生态适宜水位时，得1分；变为生态警戒水位时，得0.5分；变为荒漠化水位时，得0分。也就是说，在评价时，沼泽化水位与荒漠化水位、盐渍化水位与生态警戒水位被认为具有同等的位阶；当河湖水系连通使得水位位阶不变时，认为连通对地下水埋深没有影响，评分为0分。

表7.2.7　连通对地下水埋深 C_6 指标的影响评价方法

水位的适宜状态	沼泽化水位	盐渍化水位	生态适宜水位	生态警戒水位	荒漠化水位
沼泽化水位	0	0.5	1	0.5	0
盐渍化水位	−0.5	0	0.5	0	−0.5
生态适宜水位	−1	−0.5	0	0.5	1
生态警戒水位	−0.5	0	0.5	0	−0.5
荒漠化水位	0	0.5	1	0.5	0

(7）水功能区水质达标率 C_7

这里 C_7 指标指的是连通影响区内所有水功能区的平均达标率。对连通区内单个水功能区，其达标率可按表7.2.8、表7.2.9进行评价。鉴于对一级区、二级区的分级标准有所不同，这里可使用表7.2.10所示的阈值评价河湖水系连通对指标 C_7 的影响。

表7.2.8　流域（区域）水功能一级区（开发利用区除外）达标率评价分级标准

标准分级	达标	基本达标	轻度不达标	中度不达标	重度不达标
水功能区达标率（r）	$r\geqslant 90\%$	$70\%\leqslant r<90\%$	$60\%\leqslant r<70\%$	$40\%\leqslant r<60\%$	$r<40\%$

表7.2.9　流域（区域）水功能二级区达标率评价分级标准

标准分级	达标	基本达标	轻度不达标	中度不达标	重度不达标
水功能区达标率（r）	$r\geqslant 80\%^*$	$60\%\leqslant r<80\%^*$	$40\%\leqslant r<60\%$	$20\%\leqslant r<40\%$	$r<20\%$

表7.2.10　连通对水功能区水质达标率 C_7 指标的影响评价阈值

指标名称	阈值标准（$\Delta C_7=C_{7连通后}-C_{7连通前}$）				
水功能区水质达标率	$\Delta C_7\geqslant 10\%$	$5\%\leqslant\Delta C_7<10\%$	$-5\leqslant\Delta C_7<5\%$	$-10\%\leqslant\Delta C_7<-5\%$	$\Delta C_7<-20\%$
评价分值	1.0	0.5	0	−0.5	−1.0

(8) 特征污染物浓度 C_8

在河湖水系连通中，连通影响区内可能存在问题较为严重，必须予以特定关注的特征水质指标。例如，对总氮浓度较高的水体，可将总氮设为特征污染物；当对水体盐度较为关注时，可将盐度设为特征污染物指标。

在有特征污染物的情况下，可通过河湖水系连通前后连通影响区内特征污染物浓度的变化来评价连通的影响。对特征污染物一般有一个可接受的浓度，如对总氮、总磷，各水质等级都有对应的浓度限值；对盐度，虽然水质标准中没有明确的规定，但在利用含盐水体（如河口区进行饮用水取水）时，对盐度仍有要求。可参考这些限值，采用表 7.2.11 所示的阈值对连通前后连通影响区内特征污染物浓度的变化进行评价。

表 7.2.11　特征污染物浓度 C_8 指标评价阈值

指标名称	阈值标准（$R_{C_8}=C_{8连通后}/C_{8连通前}$）				
特征污染物浓度	$R_{C_8}<0.5$ 或 $C_{8连通后}$<最小限值	$0.5\leqslant R_{C_8}<0.75$	$0.75\leqslant R_{C_8}<0.865$	$0.865\leqslant R_{C_8}<1$	$R_{C_8}=1$
评价分值	1.0	0.5	0.25	0.1	0

(9) 富营养化指数 C_9

这里的富营养化指数指的是连通影响区内所有水功能区富营养化指数的平均值。可通过连通前后连通影响区内富营养化指数的变化来进行评价。评价的基本原则是：若连通导致影响区内水体富营养化程度增加，则评价为负；若相反，则评价为正。可按表 7.2.12 所示的标准进行评价。

表 7.2.12　连通对富营养化指数 C_9 指标的影响评价方法

连通前	连通后				
	贫营养	中营养	（轻度）富营养	（中度）富营养	（重度）富营养
贫营养	0	−0.25	−0.5	−0.75	−1.0
中营养	0.25	0	−0.25	−0.5	−0.75
（轻度）富营养	0.50	0.25	0	−0.25	−0.50
（中度）富营养	0.75	0.50	0.25	0	−0.25
（重度）富营养	1.0	0.75	0.50	0.25	0

根据《地表水资源质量评价技术规程》（SL 395—2007）和《湖泊（水库）富营养化评价方法及分级技术规定》，湖泊（水库）营养状态等级判别标准如表 7.2.13 和表 7.2.14 所示。

表 7.2.13　营养状态等级判别标准（《地表水资源质量评价技术规程》）

营养状态分级	评分值 TLI(Σ)	营养状态分级	评分值 TLI(Σ)
贫营养	$0\leqslant TLI(\Sigma)\leqslant 30$	(中度)富营养	$60<TLI(\Sigma)\leqslant 70$
中营养	$30<TLI(\Sigma)\leqslant 50$	(重度)富营养	$70<TLI(\Sigma)\leqslant 100$
(轻度)富营养	$50<TLI(\Sigma)\leqslant 60$		

表 7.2.14　营养状态等级判别标准（《湖泊（水库）富营养化评价方法及分级技术规定》）

营养状态分级	营养状态指数 EI	营养状态分级	营养状态指数 EI
贫营养	0≤EI≤20	（中度）富营养	60＜EI≤80
中营养	20＜EI≤50	（重度）富营养	80＜EI≤100
（轻度）富营养	50＜EI≤60		

（10）水温 C_{10}

对水温的评价需要与生物需求相结合，这种生物需求可能体现为以鱼类为代表的水生生物在关键期（一般也是对水温需求较为严格的时期）对水温的需求，也可能体现为农作物对灌溉水温的需求。若在河湖水系连通之后连通影响区内的水温较连通前更适合生物的需求，则认为连通的影响是正面的；反之，认为连通的影响是负面的。根据相关研究，我国典型经济鱼类对水温的需求如表 7.2.15 所示。

表 7.2.15　我国典型经济鱼类对水温的需求　单位：℃

<table>
<tr><th>种类</th><th>产卵水温</th><th>最适宜水温</th><th>开始不利高温</th><th>开始不利低温</th></tr>
<tr><td>青鱼</td><td rowspan="4">18 以上</td><td rowspan="4">24～28</td><td rowspan="2">30</td><td rowspan="2">17</td></tr>
<tr><td>草鱼</td></tr>
<tr><td>鲢</td><td rowspan="2">37</td><td rowspan="2"></td></tr>
<tr><td>鳙</td></tr>
<tr><td>鲤</td><td>17 以上</td><td>25～28</td><td></td><td>13</td></tr>
<tr><td>鲫</td><td>15 以上</td><td></td><td>29</td><td></td></tr>
<tr><td>罗非鱼</td><td>23～33</td><td>20～35</td><td>45</td><td>10</td></tr>
<tr><td>鲥鱼</td><td>27～30</td><td></td><td></td><td></td></tr>
</table>

在评价河湖水系连通对水温的影响时，需要先确定需考虑水温影响的典型生物（一般为鱼类或农作物），然后确定典型生物的关键期，关键期对鱼类可能为产卵期，对农作物可能为特定的生长阶段。对典型生物为鱼类的情况还需要确定关键栖息地，基于典型鱼类在关键期和关键栖息地的水温进行评价。

当所需考虑的生物为鱼类时，可通过考察典型鱼类的典型栖息地在关键期内的水温与鱼类所需最适宜水温的适配情况，按以下方式进行评价：

若连通前水温适配较差而连通后较好，则将水温影响评价为 1.0。

若连通前水温适配较好而连通后较差，则将水温影响评价为－1.0。

若连通前后水温适配情况变化不大，则将水温影响评价为 0。

对其他情况，参考上述情况采取插值的方法进行评价。

（11）水温节律近自然程度 C_{11}

和评价水文节律近自然程度类似，对水温节律的近自然程度进行评价时同样需要参照水温序列。对连通区有主从关系的情况，可将参照水温序列选为主区的各月平均水温；对连通区水文水温情势受人类活动干扰较强的情况，可将参照水温序列选为连通影响区在受人类活动干扰较小的历史时期的月平均水温。

$$C_{11}=\left[\sum_{i=1}^{12}\left(\frac{T_i-T_{i0}}{T_{i0}}\right)^2\right]^{\frac{1}{2}} \tag{7.2.2}$$

式中：T_i 为连通影响区内月平均水温,℃；T_{i0} 为参照状况月平均水温,℃。可按表 7.2.16 设定的标准进行评价。

（12）鱼类物种多样性 C_{12}

该指标为定性指标，以连通影响区内河湖存在鱼类的种数、类别及组成表示，主要通过调查、填表进行定性评价，鱼类组成调查表如表 7.2.17 所示。按照统计学方法和要求，针对影响范围内的典型断面或河段抽样调查，填写调查表。基于连通前后鱼类物种多样性的变化，通过专家咨询进行定性评价。根据定性评价的结果，当认为影响较正面时，评价分值为 1；当评价认为影响较为负面时，评价分值为－1。

表 7.2.16　　水温节律近自然程度评价标准

指数等级	C_{11}取值	状况分类	分类等级	评价得分
1	＜2.0	非常接近参照自然状况	极好	1
2	2.0～4.0	对于河流稍有干扰	良好	0.5
3	4.0～6.0	中等干扰	中等	0
4	6.0～8.0	重大干扰	差	－0.5
5	8.0～10.0	彻底干扰	极差	－1

表 7.2.17　　鱼类组成调查表

调查时间				调查地点												
调查项目				断面号												
编号	鱼类名称	拉丁名称	目名称	科名称	属名称	数量（选填）	重量	重量百分比（以物种为单位）	是否洄游鱼类	是否入侵物种	是否重点保护种	是否土著种	是否特有种	产卵类型	年龄组成	摄食类别
累计的目、科、属总数																
总量																
入侵物种比例																
调查人																

（13）典型经济鱼类渔获物量 C_{13}

依据鱼类调查规范，调查连通前后连通影响区内典型经济鱼类渔获物的量。若连通后连通影响区内典型经济鱼类渔获物量较连通前增加了 50%以上，则认为连通影响显著，评价分值为1分；若连通后典型经济鱼类渔获物量较连通前的变幅在±20%以内，则认为连通影响不明显，评价分值为0分；若连通后典型经济鱼类渔获物量较连通前有明显的减少，则认为连通影响比较负面，评价分值为−1分。

（14）鱼类及两栖类生境状况 C_{14}

该指标为定性描述指标，主要通过有关调查表采用专家判定法进行评价。可参考水规总院报告调查获得鱼类及两栖类生境状况。在评价河湖水系连通对鱼类及两栖类生境状况这一指标的影响时，应基于该指标在连通前后的变化来进行定性评价。若生境状况改善明显，则连通对该指标的影响可评价为1分；若生境状况明显恶化，则连通对该指标的影响可评价为−1分。

（15）珍稀水生生物存活状况 C_{15}

在评价河湖水系连通对珍稀水生生物存活状况的影响时，需要先评价在连通前、连通后珍稀水生生物的存活状况。连通所要评价的，是珍稀水生生物存活状况的变化。在评价河湖水系连通对珍稀水生生物存活状况的影响时，可按表7.2.18进行评价，其中珍稀水生生物存活状况的指标阈值如表7.2.19所示。

表7.2.18　　连通对珍稀水生生物存活状况 C_{15} 指标的影响评价方法

连通前状况	连通后状况				
	优	良	中	差	劣
优	0	−0.25	−0.5	−0.75	−1.0
良	0.25	0	−0.25	−0.5	−0.75
中	0.50	0.25	0	−0.25	−0.50
差	0.75	0.50	0.25	0	−0.25
劣	1.0	0.75	0.50	0.25	0

表7.2.19　　珍稀水生生物存活状况指标阈值

指标名称	阈值标准				
	优	良	中	差	劣
珍稀水生生物存活状况	珍稀水生生物种群密度相对高，物种数量呈明显增长趋势	珍稀水生生物种群密度相对较高，物种数量具备增长趋势	珍稀水生生物可以捕获，物种数量不减少	珍稀水生生物偶有捕获，物种数量减少但尚未灭绝	珍稀水生生物很难捕获或已经灭绝

（16）外来物种威胁程度 C_{16}

参考水规总院报告中对外来物种威胁程度的评价方法进行评价。

一般认为，外来种的传入扩散过程分为传入、定植（殖）、停滞期和扩散4个阶段。事实上，每一种入侵种生物都有其自身的入侵特性，扩散过程也不尽一致，不可能有统一的模式准确阐明每一个入侵过程。每个外来物种进入停滞期的数量均不相同，且相同物种入侵到不同地区进入停滞期的数量也不相同，很难以入侵数量作为判定的依据，因此，该指标只能通过外来物种调查，定性评价区域内外来物种入侵状况及威胁程度。

该指标通过技术人员调查判断并咨询当地相关部门了解评价区域外来入侵物种威胁程度，将该指标从最安全到最不安全分为以下几个等级：无外来入侵物种、有外来物种入侵但未对本地物种造成任何影响、有外来物种入侵并且已经对本地物种造成严重威胁（如挤占了本地物种生存空间、与本地物种竞争食物或释放化学物质毒害本地物种）、有外来物种入侵并已造成本地一种以上的物种消失。由于该指标为定性评价指标，阈值判定依据专家判定法进行，外来物种威胁程度评价基本程序如图 7.2.1 所示。

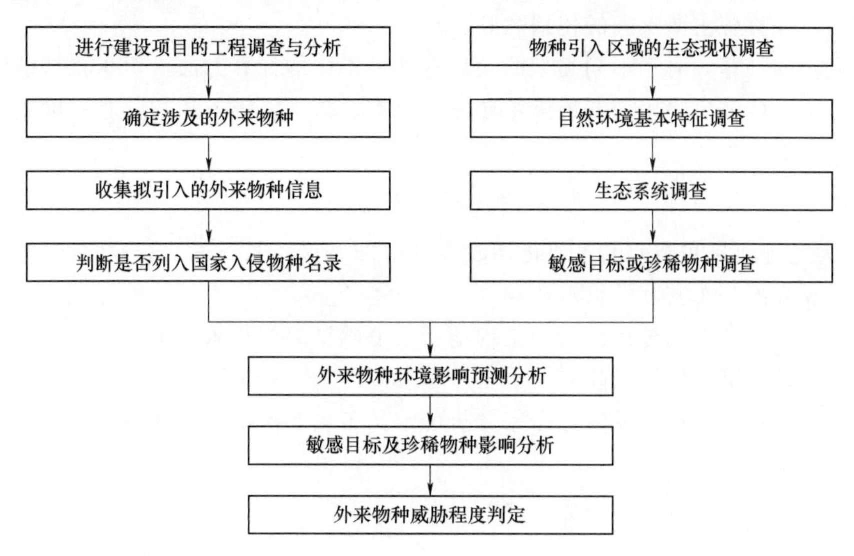

图 7.2.1 外来物种威胁程度评价基本程序

针对河湖水系连通实际，选择外来鱼类、水生生物作为外来入侵物种评价指标，调查表如表 7.2.20 所示。

表 7.2.20　　外来物种调查表

外来侵入物种名称（中文名）	学名	原产地	侵入方式	侵入时间	侵入面积	危害情况
动物						
…						
植物						
…						

注 外来物种以生态环境部公布的第一批、第二批外来入侵物种名录为准，当地若有名录以外的外来入侵物种，可根据实际情况适当增加。

入侵物种（鱼类）：根据鱼类组成调查表做定性判断。

入侵物种（水生植物）：通过现场调查，可以面积比例作为直观衡量依据。

（17）涉水疾病传播风险 C_{17}

涉水疾病传播风险这一指标和涉水疾病传播阻断率较为类似，可参照该指标的评价方法进行评价。

分析某一具体工程的传播风险，要从工程所在地区的实际入手，先分析区域内易发的涉水疾病，选取最主要的疾病类型，分别计算风险，再综合分析得到该工程的传播风险。

步骤一，明确主要疾病类型。

针对工程建设区域和移民安置区域开展全面的医学调查，包括人口的健康现状，与水工程相关疾病的类型、发病率及病史。通过资料查询和现场调研等方式确定当地主要疾病类型，并按照发病率和影响程度综合排序，通过专家分析方法确定 1～3 种最主要的疾病类型作为研究对象，并给出各主要疾病在分析综合传播风险时的计算权重。

步骤二，计算各主要疾病的传播风险。

传播风险的计算，对于不同类型的疾病有两种不同的计算方法。对于自然疫源性疾病和虫媒传染病，传播风险用主要传染媒介（如鼠类、蚊、钉螺等）的分布密度变化率来表征，计算公式如下：

$$C_z=(S_2-S_1)/S_1 \tag{7.2.3}$$

式中：S_1 为工程项目实施前的主要传播媒介的分布密度，只/m^2，S_2 为工程项目实施后的主要传播媒介的分布密度，只/m^2。

介水传染病和地方病传播风险用工程前后人群感染率变化率表示。

步骤三，计算综合传播风险。

根据各主要疾病的传播风险和专家分析确定的各主要疾病的计算权重，分析得到综合传播风险。计算公式如下：

$$C_s=a_1C_{z1}+a_2C_{z2}+a_3C_{z3} \tag{7.2.4}$$

$$a_1+a_2+a_3=1 \tag{7.2.5}$$

式中：C_s 为综合传播风险；C_{zn} 为各主要疾病的传播风险；a_n 为其权重。

在血吸虫病高发地区，必须要将血吸虫病作为最主要的疾病类型重点研究，要对该疾病赋以最高的权重。

若 $C_s \gg 1$，则河湖水系连通显著增大了涉水疾病传播风险，连通对该指标的影响评价得分为-1；若 $C_s=1$ 分，则连通前后涉水疾病的传播风险无明显变化，评价得分为 0 分。

（18）景观舒适度 C_{18}

景观舒适度指标采用公众调查与专家评判相结合的方法，定性地估测河湖水系连通对景观的影响，其阈值确定也采用专家评判的方法。评判阈值的专家应至少包含水利工程师、美术家等，通常情况下阈值以河湖水系连通实施后的景观舒适度不低于实施前为宜。若由于连通的原因河湖景观有明显的改善，则河湖水系连通对该指标的影响评价得分为 1 分；若景观无明显改善，评价得分为 0 分。

7.2.3.2　综合评价方法

将各指标分值加权求和，计算出综合评分，即

$$I=\sum_{i=1}^{n}W_iC_i \tag{7.2.6}$$

式中：I 为综合评分；C_i 为各指标的分值；W_i 为各指标的权重。

各级指标权重 W_i 采用层次分析法确定：①在同一级的指标中进行两两比较，构造判断矩阵，用数字表示指标间的相对重要程度，1 表示两个因素相比，具有相同重要性；3 表示两个因素相比，前者比后者稍重要；5 表示两个因素相比，前者比后者明显重要；7

表示两个因素相比，前者比后者强烈重要；9 表示两个因素相比，前者比后者极端重要。②求得矩阵的最大特征根所对应的特征向量，即为各指标的权重向量，通过一致性检验后，对特征向量中各值进行归一化处理后即得各指标的权数；如未能通过一致性检验，需要重新构造判断矩阵。

河湖水系连通的目的是改善生态环境，其中改善水环境往往又是主要的方面。为此，生态环境指标（尤其是水环境指标）应该占有较大的权重。河流地貌属于结构性指标，河流地貌改变对生态环境的影响在水文水动力、水环境、生物生境、社会环境等方面的指标中已有体现，因此在进行综合评价时，对河流地貌可不赋予权重。

评价体系中指标权重的确定是见仁见智的事情，比较可行的方法是通过专家讨论来确定权重。经讨论，认为对水文水动力、水环境、生物生境、社会环境等要素可分别赋予20%、40%、30%和10%的权重；在各要素内部，可基于被纳入的具体指标在该要素指标范围内再考虑具体的权重。当在评价体系中，某类要素有缺项时，可对各要素的比重进行重新分配。

下　篇
实践篇

第8章　平原河网地区水系连通规划研究与评估——以扬州市为例

8.1　示范点概况

8.1.1　扬州市自然状况

8.1.1.1　地理区位

扬州市是中国历史文化名城，古称广陵、江都、维扬等。扬州市位于江苏省中部，东部紧靠泰州市；南面以长江为界与镇江市相邻；西南与江苏省省会南京市相距仅110km；西北部与安徽省淮安市接壤。优越的地理区位，使其被划入了南京都市圈。扬州是京杭大运河的起点，中国南水北调东线工程就是以扬州为调水的源头，沿京杭大运河北上。辖区范围在119°02′E至119°55E、32°16′N至33°27′N之间，辖区面积6591.21km²。扬州市下辖6个行政区，分别为邗江区、广陵区、江都区、宝应县、仪征市、高邮市。

8.1.1.2　气象水文

扬州市地处长江中下游，属于亚热带季风气候区。2015年，全市年平均气温为16.1～16.6℃。根据常年气温统计比较，偏高0.4～0.9℃。其具体各行政区气温如表8.1.1所示。

表8.1.1　　2015年各行政区年均气温、降水、日照时间统计

行政区	气温/℃	降水/mm	日照时间/h
扬州市	16.6	925	2187
宝应县	16.2	715	2176
仪征市	16.1	1013	2174
高邮市	16.2	785	2282

2015年3月、7月、8月的月均气温与常年月均气温相比偏高，其他月份基本与往年同期气温持平。8月8日江都区创下了2015年全市最高气温40.1℃，12月28日，仪征市－8.9℃的温度为2015年全市最低温度。

2015年扬州市降水量整体比往年平均水平偏少。其中仪征市基本达到常年平均降水量，扬州市区、宝兴县、高邮市降水量都比常年水平量减少10%～30%。在全年当中1月、3月、4月、8月、11月、12月等6个月降水偏少，2月、5月降水偏多，6月、7月、9月、10月降水基本与往年持平。

2015年扬州市日照时长比往年平均时长偏多，但在不同月份和不同区域略有差异。在全年所有月份中2月、5月、6月这3个月的日照时长比常年偏多，1月、3月、4月、

7 月、8 月、10 月、11 月、12 月等 8 个月比起常年日照时长偏少，只有 9 月的日照时长与常年平均水平基本相当。与往年相比，宝应县基本与常年平均日照时长持平，扬州市、仪征市、高邮市比常年偏多 10%左右。

8.1.1.3　河流水系分布与连通现状

扬州市共有乡镇级及以上河流 1111 条，河道总长 6060km。根据河流注入的河道划分为长江水系和淮河水系。扬州市区的重要河流有京杭大运河、古运河、邗沟、唐子城护城河、新城河、七里河、小秦淮河等共计 26 条河。其中，京杭大运河纵贯扬州全境，南水北调东线工程在境内引江北送，是平原河网的典型代表。境内主要湖泊有高邮湖、邵伯湖、宝应湖等。扬州市水系分布图如图 8.1.1 所示。

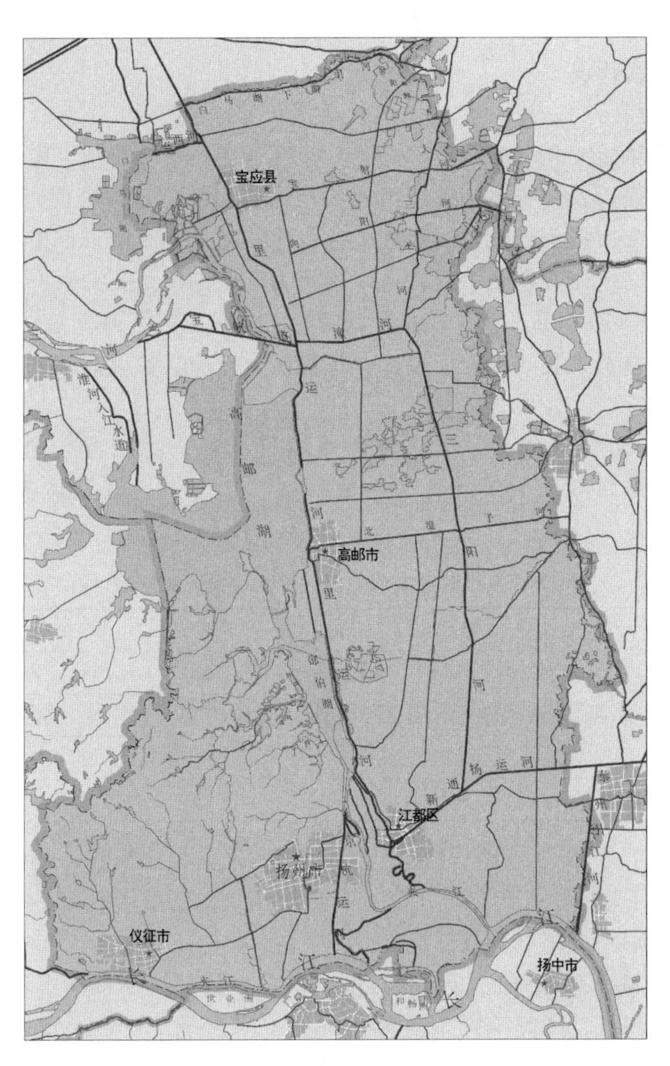

图 8.1.1　扬州市水系分布图

扬州市主城区水系主要分为 3 个部分。

其中西部水系包括沿山河、新城河、四望亭河、念泗河、蒿草河、杨庄河、幸福河、引潮河、揽月河、赵家支沟等10条主要河流，流域面积53.1km²，包含新城河闸、四望亭河闸、江阳路节制闸、杨庄河闸、幸福河闸、念泗河闸、明月湖闸等7个主要闸站，平山堂泵站、引潮河泵站、吕桥河泵站等3个泵站。

中部水系包括唐子城护城河、邗沟、漕河、玉带河、北城河、小秦淮河、玉带河、二道河、安墩河、保障湖、瘦西湖等9条河流与2个湖泊。流域面积22.2km²，包含黄金坝闸站、便益门闸站、钞关闸站、二道河闸站、安墩闸站、象鼻桥泵站等5个闸站与1个泵站。

东部水系包括京杭大运河、沙施河、老沙河、古运河、七里河等5条主要河流。流域面积15.4km²，包含扬州闸、太平闸、通运闸、七里闸、曲江泵站等4个闸站和1个泵站。

从水系连通情况来看，扬州市具有独特的水系连通格局。从大的水系格局来看，长江与淮河连通，长江和运河、里下河互通，沿江水系与长江互通。城区内的古运河沟通了长江水系和淮河水系，在平水年或丰水年，北部的高邮湖和邵伯湖水量丰沛，可以为古运河与城区其他水系提供充足的水源，从而保证了河道内的6亿m³左右的生态基流。从扬州市内部水系来看，东部城区位于京杭大运河及古运河之间，七里河、横沟河等河道连接了京杭大运河与古运河；古运河西部地区水系主要通过古运河上游进行补水，基本可以支撑该区域活水需要；京杭大运河以东区域基本依靠引大运河水，自西向东排入廖家沟。

扬州市主城区河道内的水源主要来自高邮湖和邵伯湖，通过开启扬州闸，使两湖泊中的水流沿着古运河进入主城区水系，除此之外，通过拦蓄天然降雨径流，也为城区活水提供了部分水源。邵伯湖水位较高（多年平均水位4.67m），可依地势流入古运河（最低景观控制水位4.5m），是古运河活水的主要水源，水质现状为Ⅲ～Ⅳ类（目标水质为Ⅲ类）。根据50多年的降雨和水位资料统计，邵伯湖水量、水位基本满足平水年的沿湖地区农业用水和市区环境用水需求。

8.1.2 主城区水系存在的主要问题

由于受到城市化及工业化的影响，主城区水系大多存在河道过水断面变窄、河道淤积、水环境状况日趋变差的状况。如七里河受到城市开发的影响，部分原有河道被侵占，河道断面束窄、杂物堆积，同时沿线存在卡口建筑物，导致河道过流能力不足，易导致水位壅高。另外，沙施河主河道由于历史原因，被人为分为3段，河道不贯通，对排涝、活水等均存在较大影响。支河在城市开发建设过程中也被侵占严重，存在卡口且与京杭大运河不连通，为断头河道，河道的排涝、活水均需依赖主河道进行。以上情况导致沙施河引排体系不健全，排涝、引水活水布局均存在较大缺陷。

8.1.3 示范区连通规划概述

近年来，水系生态连通工程在扬州市的相关规划、方案和文件编制过程中均有涉及，如《扬州市水生态文明城市建设试点实施方案》《扬州市水生态文明建设总体规划》《扬州市城市“清水活水”综合整治三年行动方案》等。

8.1.3.1 扬州市水生态文明城市建设相关规划

扬州作为首批全国水生态文明建设试点城市，2013年全面启动水生态文明城市方案编制，实施的水系连通工程包括以下几项。

1）冷却河（官河）拓浚西延工程：将冷却河沿上方寺路南侧西延至扬菱公路（友谊路），同时拓浚冷却河，整治官河、竹西河，拆建盐亭子闸。

2）城区西片水系整治：七里沟北段整治沟通，3条支流疏浚整治，拆建四联闸站等。

3）古运河东部水系沟通工程：新建曲江双向闸站，闸站西侧新开河道以顶管过运河北路沟通京杭大运河与曲江公园；新建文昌国际广场箱涵，整治丁家河，新建箱涵与节制闸沟通京杭大运河；对曲江公园湖、沙施河鸿泰家园支流等水体实施水质改善工程。

4）城区东片骨干河道整治：开挖大汪河（中沟河）、朱家河，整治高家河。

8.1.3.2　扬州市清水活水综合整治三年行动方案

为进一步改善扬州市城市河道水环境，打造良好的生活环境，扬州市政府于2014年颁布了《扬州市城市“清水活水”综合整治三年行动方案》，主要包括水系沟通、河道清淤等内容。

1）水系沟通：以解决城市黑臭河道的活水源头为重点，从2014年到2016年，用3年时间，有计划、分步骤地实施城市主干河道水系沟通工程。一是古运河整治及瓜洲外排泵站建设。完成古运河中小河流治理，拓浚古运河束窄段，实现古运河全线畅通。推进古运河瓜洲外排泵站（170m^3/s）建设，解决江淮高水位时城市排涝出路问题。二是西北部水系沟通。开辟黄金坝闸至沿山河的活水通道，通过扩建黄金坝闸至18m^3/s，抽引古运河水，新建10m^3/s的平山堂站及输水通道，为古运河西侧城市活水提供水源保障。三是瘦西湖水系沟通。主要通过黄金坝闸抽引古运河上游水，经瘦西湖水系的纵向河道排入古运河下游，解决目前仍存在的活水水量不足、换水时间不够等问题。四是新城河水系沟通。实施江阳路与新城河相交的下游束窄段河道拓浚整治工程，改善新城河排水条件；在四望亭河西端沿润扬北路东侧新建箱涵或新开河道与沿山河沟通，通过调引沿山河水活化四望亭河，向东流入新城河，实现四望亭河自流活水；念泗河、引潮河、幸福河、童套河计划利用现状的节制工程引新城河水实现自流活水。五是沙施河水系沟通。计划将沙施河北端的泵站改建为双向泵站，抽引古运河上游水，并利用现有的曲江泵站抽引大运河水，在南段地势高低分界处建闸控制，形成北引南排格局。六是七里河水系沟通。七里河通过通运闸抽引大运河水向西排至古运河实现活水。

2）河道清淤：2014年至2016年12月底，在实施8条黑臭河道清淤整治的同时，再清淤疏浚6条河道。其中：2014年计划对邗沟河、漕河进行清淤整治，并完成古运河束窄段清淤整治项目的拆迁工作；2015年计划对古运河束窄段、瘦西湖进行清淤整治；2016年计划对宝带河、安墩河进行清淤整治。

8.2　扬州市生态调查与连通性分析

8.2.1　调查布点与分析方法

扬州城区河网布设18个采样点（图8.2.1），分别于2017年1月、4月、7月、10月分4次采集浮游动植物、底栖动物、着生藻类等生物样品（图8.2.2），并现场测度高锰酸盐指数、氨氮、总氮、总磷等水质指标，同时采集水样带回室内检测。

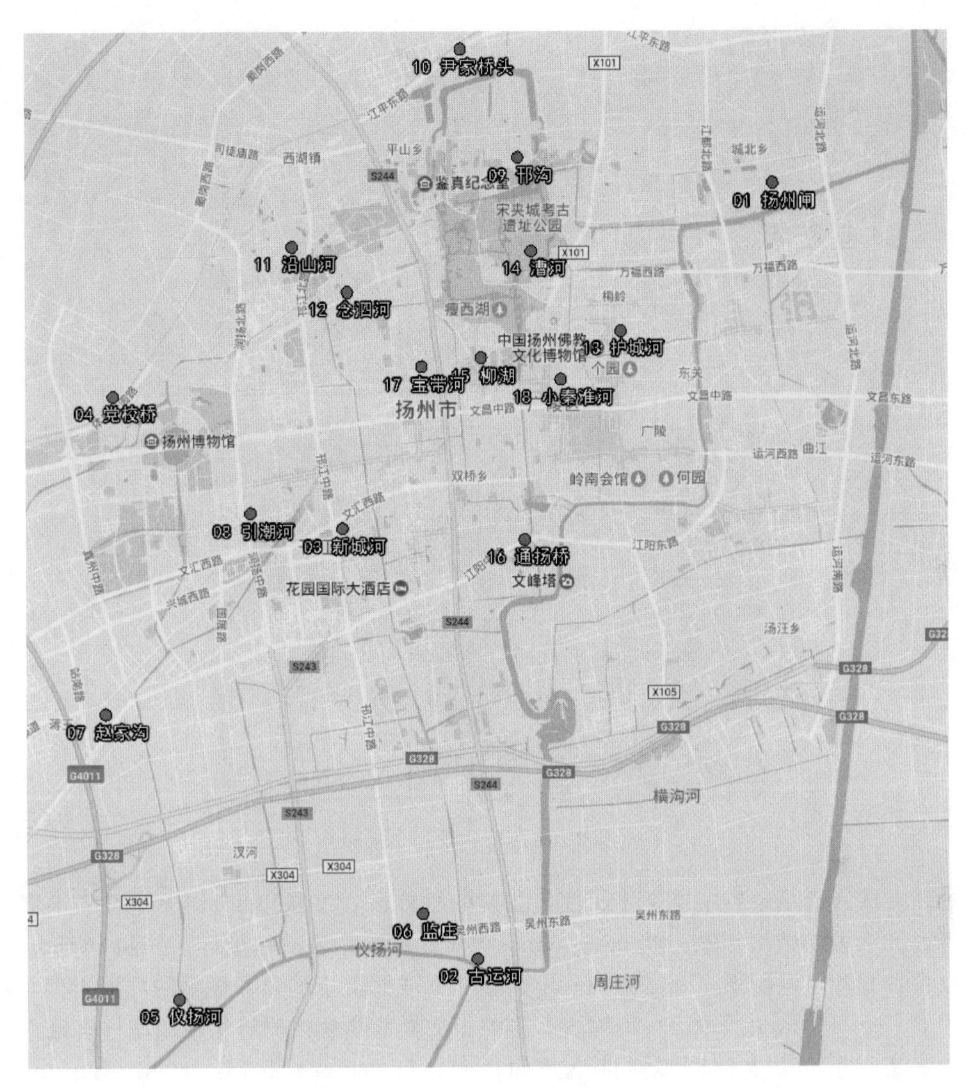

图 8.2.1　扬州示范点采样点分布图

利用调查所获取的水环境数据矩阵、着生硅藻群落矩阵、底栖动物群落矩阵开展分析，分析主要包括多元分析、基于相关性分析得到的网络图及随后利用图论原理的网络分析。具体采用 R 软件包 Vegan、Igraph、Statnet 等完成相关计算。

Igraph 是一款免费的开源软件，用于创建和操纵有向图与无向图。它包含的工具可以用来解决经典图论的问题，比如最低的生成树和网络流，也有关于最近的一些网络分析方法的算法，比如社区结构的搜索。有效的执行机制允许它处理图形可以包含百万的顶点和边。Igraph 能处理的图仅受物理内存限制。Igraph 提供了 C 函数库，可作为 Python 语言的扩展模型，也可作为 Ruby 语言的扩展模型。各种形式的 Igraph 都含有相同的用 ANSI C 写的核心代码。

Igraph 的特点：①Igraph 包含许多产生规则图和随机图的函数，它们的算法和模型都来自复杂网络的理论文献；②提供了修改图的途径，可以添加和删除边和顶点；③可以

图 8.2.2　底栖动物现场采集照片

对图的顶点或边缘指定数字或文字属性，如边的权重或文本顶点 ids；④一整套丰富的功能，可以计算各种结构特性，如 betweenness、Page Rank、K 核度等；⑤和 Python 的模块可以各种方式显示图形——二维和三维的、交互或非交互的；⑥提供的数据类型可被移植进用 C、R、Python 或 Ruby 编写的算法中；⑦群落结构检测算法使用了许多最近开发的启发式法；⑧可以支持许多文件格式的读写，例如，Graph ML、GML（geographic markup language，地理标记语言）或 Pajek；⑨Igraph 包含有高效率的函数用于决定同构图和同构子图；⑩为用户和开发人员提供了良好的说明文档；⑪Igraph 是 GNU GPL 允许下的开放源代码软件，可以自由传播。

8.2.2　结果分析

8.2.2.1　聚类分析

依据水质数据，结合聚类和 PCA（principal components analysis，主成分分析），样点分四组（附图 3）：

Group1：扬州闸（yzz）、仪扬河（yyh）、漕河（ch）、古运河（gyh）、通扬桥（tyq）、尹家桥头（yjqt）、沿山河（ysh）、邗沟（hg）。

Group2：柳湖（lh）、新城河（xch）、念泗河（nsh）、监庄（jz）。

Group3：宝带河（bdh）、护城河（hch）、小秦淮河（xqhh）、党校桥（dxq）。

Group4：引漕河（ych）、赵家沟（zjg）。

理论上讲，在水体流动情况下，由于研究区域较小，水质数据反映的时间尺度较小、连通性越好的样点水质越接近，分组结果也证实了这一点。

根据物种分析，结合聚类和 NMDS（non－metric multidimensional scaling，非度量多维尺度）分析结果，可以将样点分为4类（附图4），具体为：

Group1：扬州闸（yzz）、仪扬河（yyh）、漕河（ch）、柳湖（lh）、小秦淮河（xqhh）、赵家支沟（zjg）、党校桥（dxq）、新城河（xch）。

Group2：护城河（hch）、邗沟（hg）、古运河（gyh）。

Group3：引漕河（ych）、监庄（jz）、宝带河（bdh）、念泗河（nsh）。

Group4：沿山河（ysh）、尹家桥头（yjqt）、通扬桥（tyq）。

与水质数据相比，影响着生硅藻生长的因子较多，着生藻类数据能反映物理环境、水体理化因子等的影响，能反映的时间尺度略长于水质数据，表征连通性的能力较差。

此外，城区河流几乎都受闸坝调节，连通状况与闸坝调度方式密切相关。

8.2.2.2 连通性分析

（1）以水质数据为基础的物质流连通性分析

从河流三流四维概念模型出发，采用调查获得的水质数据矩阵进行网络分析，获得物质流连通性分析结果（附图5）。从接近中心性（closeness）、度中心性（degree）和介数中心性（betweenness）结果来看，各样点连通性接近，没有显著性差异。

（2）以生物数据为基础的物种流连通性分析

从河流三流四维概念模型出发，采用调查获得的着生硅藻（periphyton）群落数据矩阵进行网络分析，获得物种流连通性分析结果（附图6）。从接近中心性（closeness）、度中心性（degree）和介数中心性（betweenness）结果来看，各样点连通性存在梯度，有显著性差异。

采用调查获得的浮游植物（phytoplankton）群落数据矩阵进行网络分析，获得物种流连通性分析结果（附图7）。从接近中心性（closeness）、度中心性（degree）和介数中心性（betweenness）结果来看，各样点连通性存在梯度，有显著性差异。

采用调查获得的底栖动物群落数据矩阵进行网络分析，获得物种流连通性分析结果（附图8）。从接近中心性（closeness）、度中心性（degree）和介数中心性（betweenness）结果来看，各样点连通性存在梯度，有显著性差异。

（3）各种连通性指标比较

基于水质数据矩阵分析的物质流连通性结果与基于着生硅藻、浮游植物和底栖动物等生物群落数据矩阵分析的物种流连通性结果比较（附图9），可以看出基于水质数据计算的物质流连通性除介数中心性外，接近度中心性、度中心性、特征向量中心性和点权测度的连通性均高于以生物群落数据测度的物种流连通性。

对于物种流连通性而言，基于底栖动物、着生硅藻和浮游植物群落数据计算的连通性依次呈显著升高趋势。这基本符合各类生物的特性，由于浮游植物随水流自由移动，扩散能力较强；底栖动物固着在水底生活，同时个体较大，迁移扩散能力最弱；着生藻类固着在岸边基质上，个体较小，迁移扩散能力居中。因此评价的连通性与其迁移扩散能力正相关。

对分别以水质数据和生物群落建立的网络特性进行比较。从节点强度进行分析，发现物质流连通强度较高，且样点间差异较小（附图 10）；而物种流连通强度较弱，除 4 月浮游植物建立的网络外，主要在 0～10 间变动，各样点间物种流连通性差异显著。

（4）物质流网络和物种流网络特性分析

扬州示范点物质流网络和物种流网络特性如附图 11 所示。无论是从网络边的数量还是网络密度而言，物质流连通性显著高于物种流连通性，且基于浮游植物建立的物种流网络连通性最高，以底栖动物建立的网络连通性最低，基于着生硅藻建立的网络连通性居中，与前面通过各项连通性指标得到的结果一致。

8.3　扬州市水网连通布局分析

8.3.1　扬州市水系边连通度的计算

扬州市地处平原地带，地势平坦，水流缓慢，主城区水系皆为人工河流，河道较浅，且周围建筑物稠密，如果用遥感影像的方法提取水系，会掺杂许多的干扰信息，影响水系的判别。基于 DEM 的水系提取方法，更加适用于较大尺度的山区河流或其他自然河流的提取，扬州市主城区规模较小，利用免费的 DEM 数据提取难以保证精度，而专门制作的 DEM 数据，成本太高。由于本案例只考虑河湖水系的物理连通性，注重河湖水系之间连接关系，不考虑水系的高程、面积等参数，基于此，选用 Google Earth 工具，这里选取的影像成像日期为 2016 年 8 月 28 日，分辨率为 1m，可以清晰分辨扬州城区的主要河流。

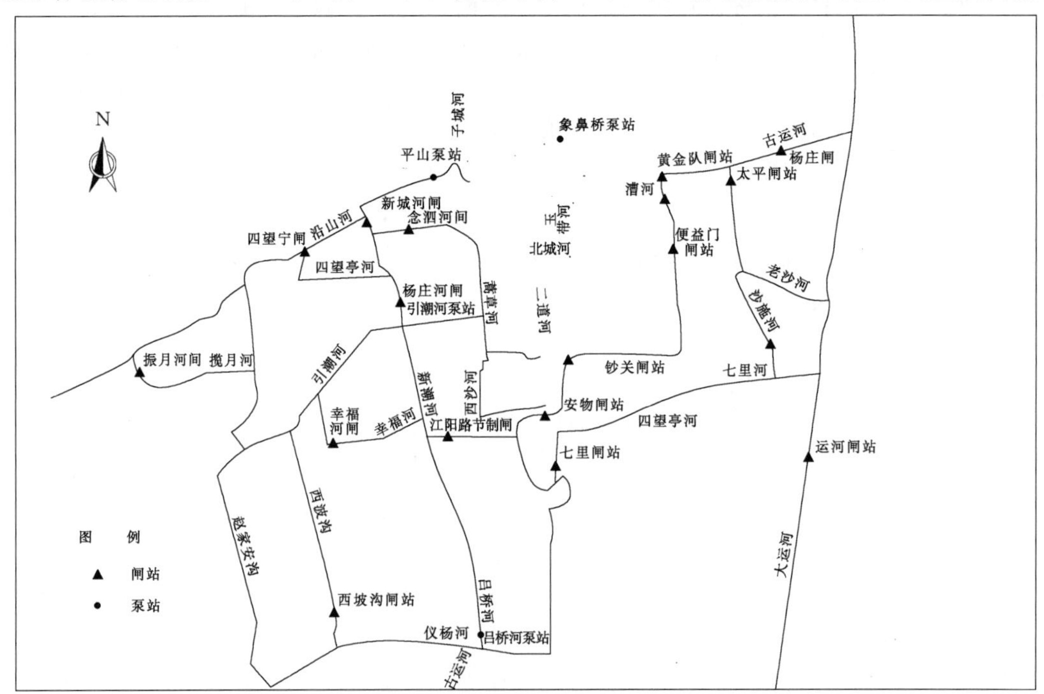

图 8.3.1　经 ArcGIS 处理后的水系图

该影像使用了 WGS 84 坐标系统，虽然略有偏移，但是并不影响河流之间的连接关系，因此计算边连通度时，并不需要对影像进行校正。根据 Google Earth 影像手动描绘扬州市主城区水系，并根据收集的资料和实地调查结果，对所获得的水系 kml 数据在 ArcGIS 中转换为 shp 数据，并做了部分修正（图 8.3.1）。

根据水系图建立水系图模型。用线条表示河网，由于瘦西湖宽度较窄，这里也用线条表示；河流的交汇处及城区内的湖泊设置节点，并用空心圆表示。

该图模型共计 50 个节点 72 条边，如图 8.3.2 所示。模型对应的邻接矩阵在软件中的界面图，如图 8.3.3 所示。

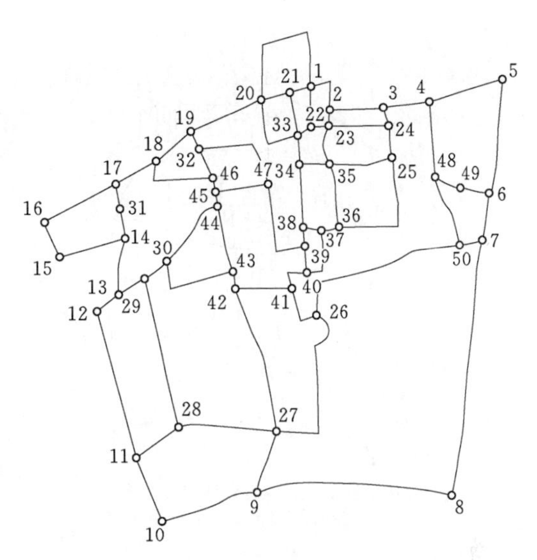

图 8.3.2 扬州市主城区水系图模型

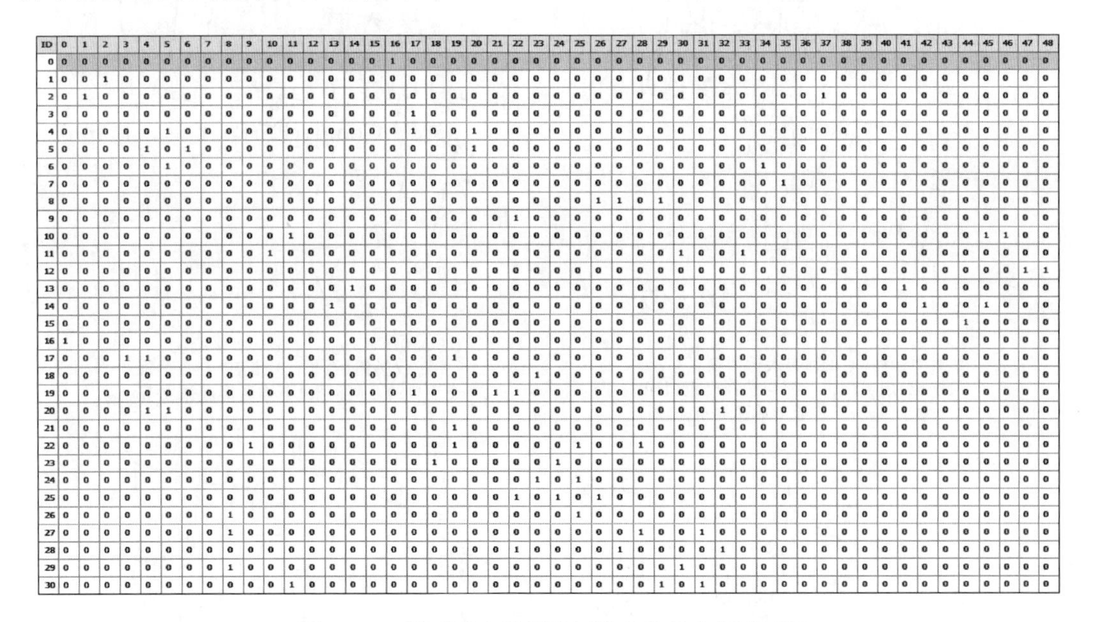

ID	0	1	2	3	4	5	6	7	8	9	10	11	12	13	14	15	16	17	18	19	20	21	22	23	24	25	26	27	28	29	30	31	32	33	34	35	36	37	38	39	40	41	42	43	44	45	46	47	48
0	0	0	0	0	0	0	0	0	0	0	0	0	0	0	0	0	1	0	0	0	0	0	0	0	0	0	0	0	0	0	0	0	0	0	0	0	0	0	0	0	0	0	0	0	0	0	0	0	0
1	0	0	1	0	0	0	0	0	0	0	0	0	0	0	0	0	0	0	0	0	0	0	0	0	0	0	0	0	0	0	0	0	0	0	0	0	0	0	0	0	0	0	0	0	0	0	0	0	0
2	0	1	0	0	0	0	0	0	0	0	0	0	0	0	0	0	0	0	0	0	0	0	0	0	0	0	0	0	0	0	0	0	0	0	0	0	0	1	0	0	0	0	0	0	0	0	0	0	0
3	0	0	0	0	0	0	0	0	0	0	0	0	0	0	0	0	0	1	0	0	0	0	0	0	0	0	0	0	0	0	0	0	0	0	0	0	0	0	0	0	0	0	0	0	0	0	0	0	0
4	0	0	0	0	0	1	0	0	0	0	0	0	0	0	0	0	0	1	0	0	1	0	0	0	0	0	0	0	0	0	0	0	0	0	0	0	0	0	0	0	0	0	0	0	0	0	0	0	0
5	0	0	0	0	1	0	1	0	0	0	0	0	0	0	0	0	0	0	0	0	1	0	0	0	0	0	0	0	0	0	0	0	0	0	0	0	0	0	0	0	0	0	0	0	0	0	0	0	0
6	0	0	0	0	0	1	0	0	0	0	0	0	0	0	0	0	0	0	0	0	0	0	0	0	0	0	0	0	0	0	0	0	0	0	1	0	0	0	0	0	0	0	0	0	0	0	0	0	0
7	0	0	0	0	0	0	0	0	0	0	0	0	0	0	0	0	0	0	0	0	0	0	0	0	0	0	0	0	0	0	0	0	0	0	0	1	0	0	0	0	0	0	0	0	0	0	0	0	0
8	0	0	0	0	0	0	0	0	0	0	0	0	0	0	0	0	0	0	0	0	0	0	0	0	0	0	1	1	0	1	0	0	0	0	0	0	0	0	0	0	0	0	0	0	0	0	0	0	0
9	0	0	0	0	0	0	0	0	0	0	0	0	0	0	0	0	0	0	0	0	0	0	1	0	0	0	0	0	0	0	0	0	0	0	0	0	0	0	0	0	0	0	0	0	0	0	0	0	0
10	0	0	0	0	0	0	0	0	0	0	0	1	0	0	0	0	0	0	0	0	0	0	0	0	0	0	0	0	0	0	0	0	0	0	0	0	0	0	0	0	0	0	0	0	0	1	1	0	0
11	0	0	0	0	0	0	0	0	0	0	1	0	0	0	0	0	0	0	0	0	0	0	0	0	0	0	0	0	0	0	1	0	0	1	0	0	0	0	0	0	0	0	0	0	0	0	0	0	0
12	0	0	0	0	0	0	0	0	0	0	0	0	0	0	0	0	0	0	0	0	0	0	0	0	0	0	0	0	0	0	0	0	0	0	0	0	0	0	0	0	0	0	0	0	0	0	0	1	1
13	0	0	0	0	0	0	0	0	0	0	0	0	0	0	1	0	0	0	0	0	0	0	0	0	0	0	0	0	0	0	0	0	0	0	0	0	0	0	0	0	0	1	0	0	0	0	0	0	0
14	0	0	0	0	0	0	0	0	0	0	0	0	0	1	0	0	0	0	0	0	0	0	0	0	0	0	0	0	0	0	0	0	0	0	0	0	0	0	0	0	0	0	1	0	0	1	0	0	0
15	0	0	0	0	0	0	0	0	0	0	0	0	0	0	0	0	0	0	0	0	0	0	0	0	0	0	0	0	0	0	0	0	0	0	0	0	0	0	0	0	0	0	0	0	1	0	0	0	0
16	1	0	0	0	0	0	0	0	0	0	0	0	0	0	0	0	0	0	0	0	0	0	0	0	0	0	0	0	0	0	0	0	0	0	0	0	0	0	0	0	0	0	0	0	0	0	0	0	0
17	0	0	0	1	1	0	0	0	0	0	0	0	0	0	0	0	0	0	0	1	0	0	0	0	0	0	0	0	0	0	0	0	0	0	0	0	0	0	0	0	0	0	0	0	0	0	0	0	0
18	0	0	0	0	0	0	0	0	0	0	0	0	0	0	0	0	0	0	0	0	0	0	0	1	0	0	0	0	0	0	0	0	0	0	0	0	0	0	0	0	0	0	0	0	0	0	0	0	0
19	0	0	0	0	0	0	0	0	0	0	0	0	0	0	0	0	0	1	0	0	0	1	1	0	0	0	0	0	0	0	0	0	0	0	0	0	0	0	0	0	0	0	0	0	0	0	0	0	0
20	0	0	0	0	1	1	0	0	0	0	0	0	0	0	0	0	0	0	0	0	0	0	0	0	0	0	0	0	0	0	0	0	1	0	0	0	0	0	0	0	0	0	0	0	0	0	0	0	0
21	0	0	0	0	0	0	0	0	0	0	0	0	0	0	0	0	0	0	0	1	0	0	0	0	0	0	0	0	0	0	0	0	0	0	0	0	0	0	0	0	0	0	0	0	0	0	0	0	0
22	0	0	0	0	0	0	0	0	0	1	0	0	0	0	0	0	0	0	0	1	0	0	0	0	0	1	0	0	1	0	0	0	0	0	0	0	0	0	0	0	0	0	0	0	0	0	0	0	0
23	0	0	0	0	0	0	0	0	0	0	0	0	0	0	0	0	0	0	1	0	0	0	0	0	1	0	0	0	0	0	0	0	0	0	0	0	0	0	0	0	0	0	0	0	0	0	0	0	0
24	0	0	0	0	0	0	0	0	0	0	0	0	0	0	0	0	0	0	0	0	0	0	0	1	0	1	0	0	0	0	0	0	0	0	0	0	0	0	0	0	0	0	0	0	0	0	0	0	0
25	0	0	0	0	0	0	0	0	0	0	0	0	0	0	0	0	0	0	0	0	0	0	1	0	1	0	1	0	0	0	0	0	0	0	0	0	0	0	0	0	0	0	0	0	0	0	0	0	0
26	0	0	0	0	0	0	0	0	1	0	0	0	0	0	0	0	0	0	0	0	0	0	0	0	0	1	0	0	0	0	0	0	0	0	0	0	0	0	0	0	0	0	0	0	0	0	0	0	0
27	0	0	0	0	0	0	0	0	1	0	0	0	0	0	0	0	0	0	0	0	0	0	0	0	0	0	0	0	1	0	0	1	0	0	0	0	0	0	0	0	0	0	0	0	0	0	0	0	0
28	0	0	0	0	0	0	0	0	0	0	0	0	0	0	0	0	0	0	0	0	0	0	1	0	0	0	0	1	0	0	0	0	1	0	0	0	0	0	0	0	0	0	0	0	0	0	0	0	0
29	0	0	0	0	0	0	0	0	1	0	0	0	0	0	0	0	0	0	0	0	0	0	0	0	0	0	0	0	0	0	1	0	0	0	0	0	0	0	0	0	0	0	0	0	0	0	0	0	0
30	0	0	0	0	0	0	0	0	0	0	0	1	0	0	0	0	0	0	0	0	0	0	0	0	0	0	0	0	0	1	0	1	0	0	0	0	0	0	0	0	0	0	0	0	0	0	0	0	0

图 8.3.3 模型对应的邻接矩阵在软件中的界面图

8.3.2 边连通度计算结果分析

根据矩阵运算得，扬州市主城区水系边连通度为 2，即至少删除两条边时，水系不连通。

根据算法运行结果，有 7 种删除边的组合，形成了孤立节点［图 8.3.4（a）～（g）］，从而使连通图变为不连通图；另外有 5 种删除边的组合，形成了悬挂节点［图 8.3.4（h）～（l）］，根据当地东高西低、北高南低的水流特点，水系无法连通。

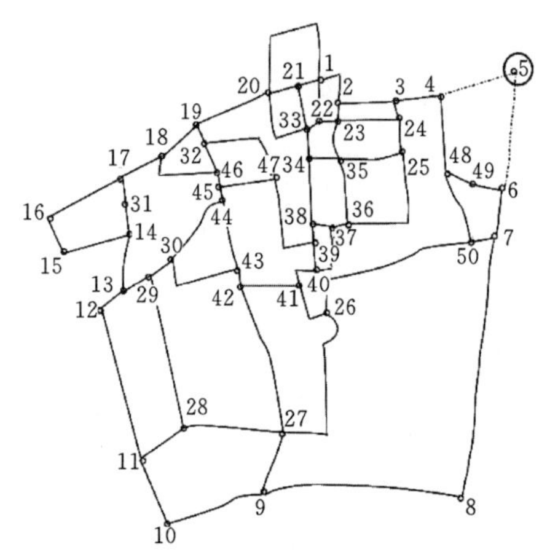

(a) 古运河(大运河至沙施河段)、大运河(至老沙河段)不连通形成孤立节点

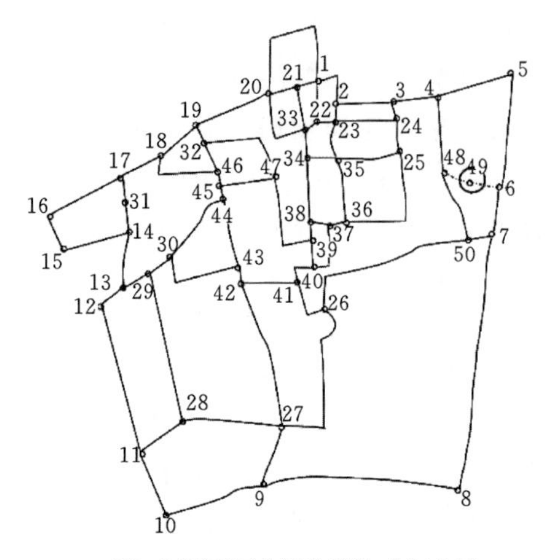

(b) 老沙河(至曲江公园段、曲江公园至大运河段)不连通形成孤立节点

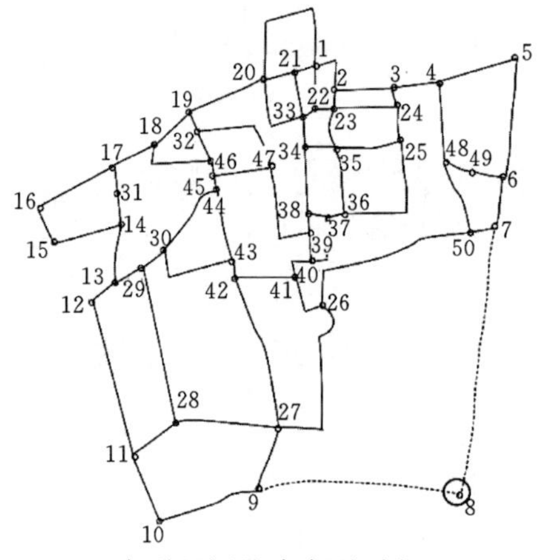

(c) 大运河(七里河与大运河交汇口至长江段)、长江(古运河与长江交汇口至大运河段)不连通形成孤立节点

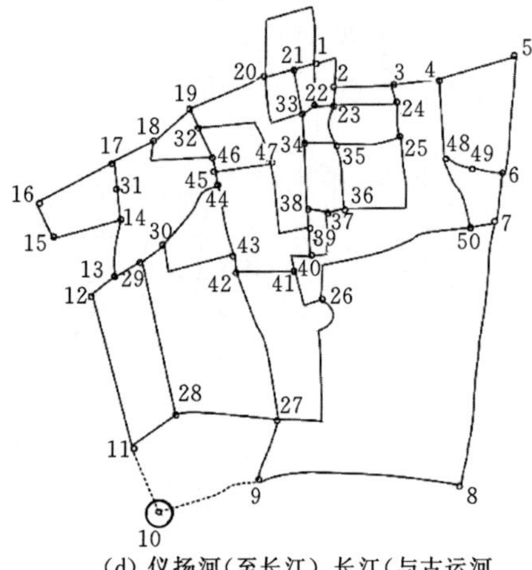

(d) 仪扬河(至长江)、长江(与古运河交汇口的西侧河段)不连通形成孤立节点

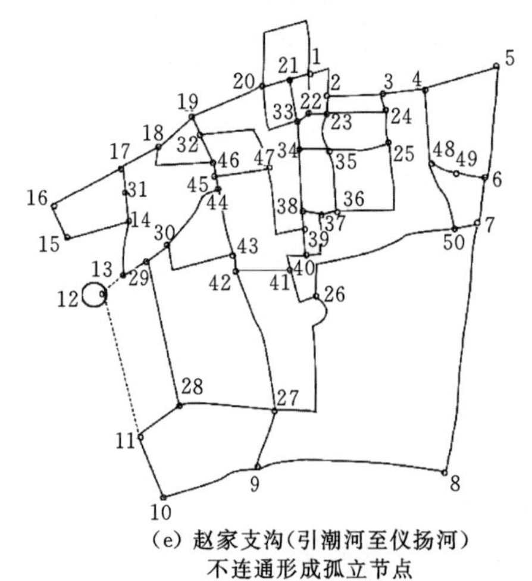

(e) 赵家支沟(引潮河至仪扬河)不连通形成孤立节点

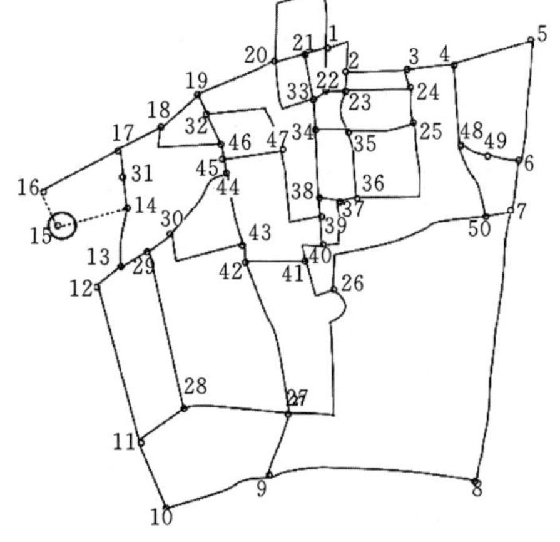

(f) 真州河、揽月河不连通形成孤立节点

图 8.3.4 (一)　12 种不连通情形

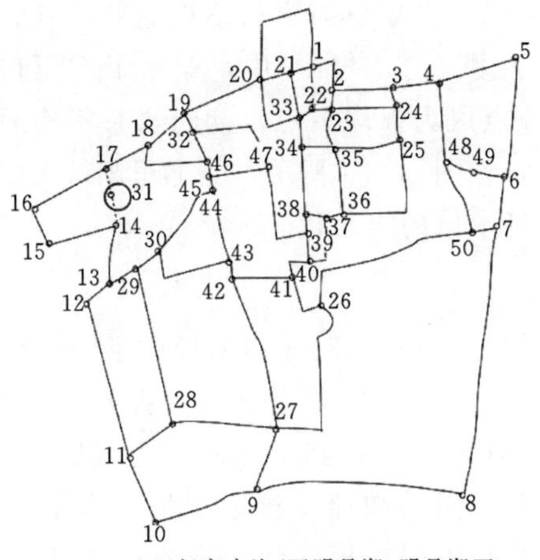

(g) 赵家支沟(至明月湖、明月湖至揽月河)不连通

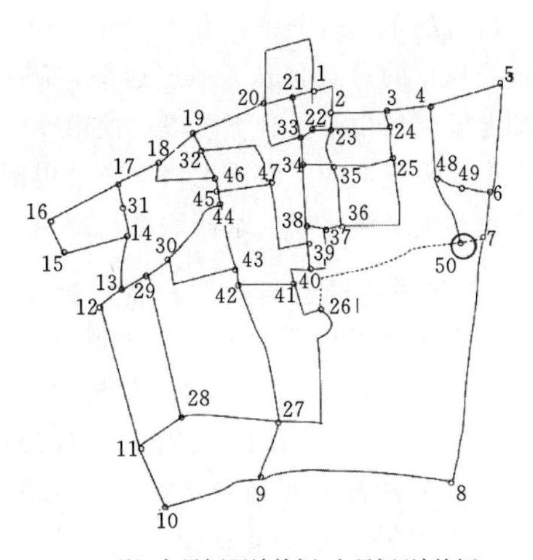

(h) 七里河至沙施河、七里河(沙施河交汇口至大运河)不连通

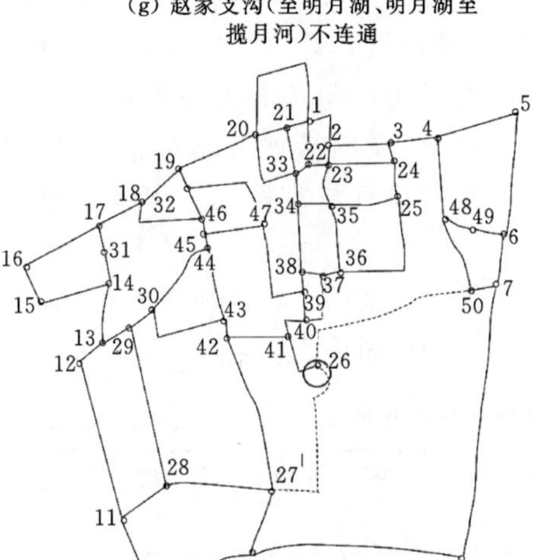

(i) 七里河(沙施河交汇口至古运河)、七里河(古运河交汇口至仪扬河)不连通

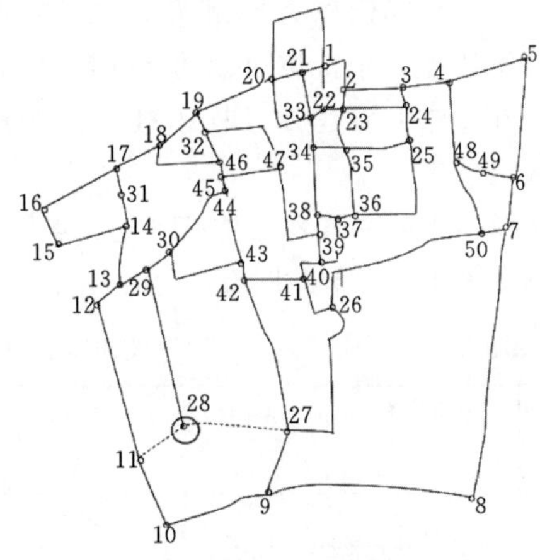

(j)仪扬河(赵家支沟至西银沟段)、仪扬河(西银沟至吕桥河)不连通

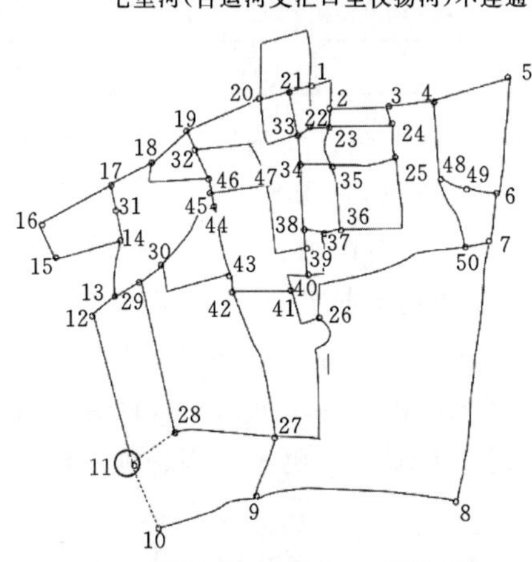

(k)仪扬河(赵家支沟至西银沟段)、仪扬河(赵家支沟至长江段)不连通

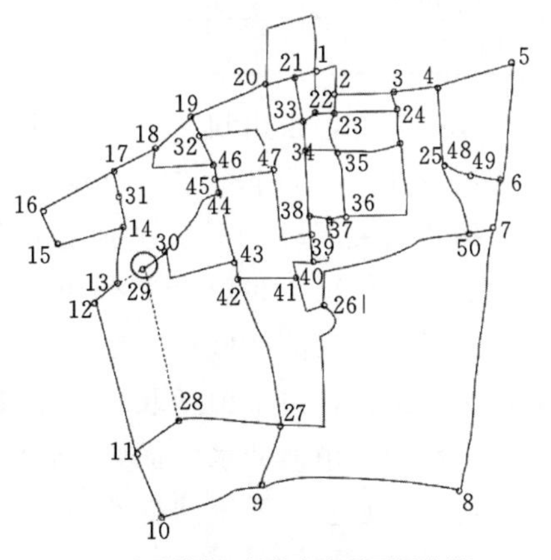

(l)运潮河(赵家支沟至西银沟段)、西银沟不连通

图 8.3.4(二) 12 种不连通情形

在所有的不连通图中，有 18 个图是因为形成了孤立点而变为不连通图，有 2 个图因为形成了孤立的边而变成了不连通图。例如，在图 8.3.4（a）中，删除了 63 和 70 两条边，即七里河的中游段和下游段，使第 30 个节点成为孤立节点，此时水系不连通。在实际情况中，七里河的下游段上修建了七里闸站，如图 8.3.4 所示。当七里闸站关闭时，阻碍了七里河上下游之间的水流联系，影响了局部水域的连通状况。

8.3.3　连通关键通道与关键节点分析

通过对不连通情形的分析，发现东部水系和西部水系对连通格局的影响比较大，主要是大运河、古运河、七里河、仪扬河、赵家支沟，其次是老沙河、揽月河、西银沟、运潮河。大运河、古运河、七里河、仪扬河、赵家支沟起到了河网中主要脉络的作用，其中，大运河和古运河是来水的主要通道。七里河是沟通京杭大运河、古运河的重要河流，人口密集、工业企业较多，生态环境较为脆弱，现状河道存在过水不畅、行洪能力不足、汛期排水受阻、水质不达标发黑发臭等问题，严重影响沿河的环境和景观，亟待整治。仪扬河作为扬州西部城区的重要防洪通道，担负着疏解洪水、排解城市内涝的关键职能，维持该河段的水流畅通对于防御洪涝及内涝灾害起着非常重要的作用。老沙河在城市开发建设过程中被侵占严重，存在卡口且与京杭大运河不连通，现已成为断头河道。

选择扬州市主城区“九闸同开”涉及的扬州闸、通运闸、黄金坝闸等 9 个闸站，建立不同闸站关闭情景下的图模型，计算这 9 种情景下的连通度，如表 8.3.1 所示。

表 8.3.1　　关闭不同闸站时的水系连通度

序号	关闭的闸站	连通度	连通度变化情况	序号	关闭的闸站	连通度	连通度变化情况
1	扬州闸	1	降低	6	新城河闸	2	不变
2	通运闸	2	不变	7	四望亭闸	2	不变
3	黄金坝闸	1	降低	8	江阳路节制闸	2	不变
4	象鼻桥泵站	2	不变	9	明月湖闸	1	降低
5	平山堂泵站	1	降低				

从表 8.3.1 来看，扬州闸、黄金坝闸、平山堂泵站、明月湖闸等 4 个闸站的关闭分别使整体的连通度降低了 50%。位于古运河上的扬州闸是扬州市生产、生态用水的主要引水口门，当扬州闸关闭时，不仅连通度下降，还会造成城区河道水量大幅减少，流速变缓，容易形成淤积状况。2014 年扬州市实施了黄金坝闸站扩建工程，使邗沟与古运河得以连通，为古运河以西的区域特别是瘦西湖水系补充生态水源、改善水动力条件；实施了平山堂取水泵站工程，由平山堂取水站抽取瘦西湖水体进入沿山河后，同时在明月湖闸开启的情况下，利用沿山河的水位优势，自流补充进入新城河、赵家支沟、揽月河等主城区西部水系，促进了水生态系统的良性循环。

8.3.4　高邮湖湿地水文连通性分析

高邮湖（32°42′～33°10′N，119°06′～119°25′E）位于江苏中部苏皖交界处，蓄水量 $9.72\times10^8\,m^3$，总面积 $760.67km^2$，其中水域面积 $674.70km^2$；湖长 9.0km，平均宽

17.3km，平均水深1.44 m，是典型的浅水湖。高邮湖北通洪泽湖、连淮河，东与京杭大运河相邻，南经新民滩与邵伯湖连通，最后通过京杭大运河与廖家沟入长江。高邮湖湖水主要由地表径流补给，主要入湖水系有三河、白塔河、铜龙河等，其中三河入湖水量占总入湖水量的95%以上。高邮湖包含若干小湖，其中较大的有珠湖、甓社湖、平阿湖等36个湖泊，且湖底平坦，湖湖贯通。高邮湖水位表现出周期变化，周期为1.5年；年内变化一般是4月最低，6月开始起涨，8月达最高值，至翌年1月进入枯水期，全年水位变化过程呈单峰型。高邮湖水系概况如图8.3.5所示。由于一系列闸坝的建造、上游带来的泥沙淤积，加之湖边圈圩及大量的围网养殖等扰动，高邮湖湿地内部、湖泊与江河水力联系阻隔，鳗鲡、青、草、鲢等洄游性和半洄游鱼类的入湖通道被阻断，湿地生态功能退化。

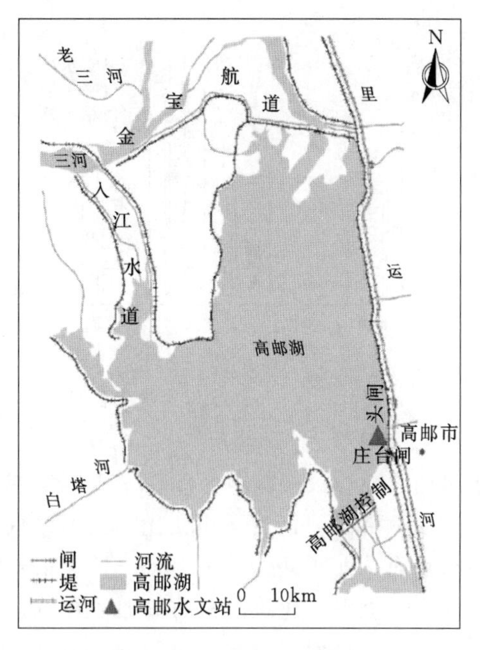

图8.3.5 高邮湖水系概况

8.3.4.1 景观类型分析

通过对高邮湖东南部入江控制闸附近的高邮水文站多年水位数据的分析，同时尽量排除云、雪覆盖的影响，避开洪水和干旱的年份，最终选取2013—2017年Landsat8遥感影像作为数据源（表8.3.2）。应用ENVI 5.1软件，以野外调查为辅助进行数据对照，分析各种景观类型的影像特征，建立研究区域的解译标志。采用监督分类的方法将研究区域景观类型划分为6类：湖泊、河流、水稻、农田、建筑、道路，并利用ArcGIS 10.2软件对分类结果进行修正和统计。这些影像可代表高水位、常水位和低水位条件下高邮湖湿地景观类型的空间分布特点。基于湿地湖泊与河流不同的几何形态、平面分布及水位响应关系特点，主要对高邮湖湿地的湖泊与河流两种景观类型分别进行生态水文连通性分析与对比。

表8.3.2 遥感影像数据选择

时间/年	水位/m	影像类别	影像日期	分辨率/m
2013	6.49	Landsat8	10月14日	30
2014	8.24	Landsat8	11月18日	30
2016	5.77	Landsat8	7月18日	30
2017	6.47	Landsat8	10月25日	30

8.3.4.2 景观类型特征变化

（1）不同水位景观类型特征变化

高邮湖湿地不同水位景观分布情况及面积分别如附图12和图8.3.6所示。研究区各

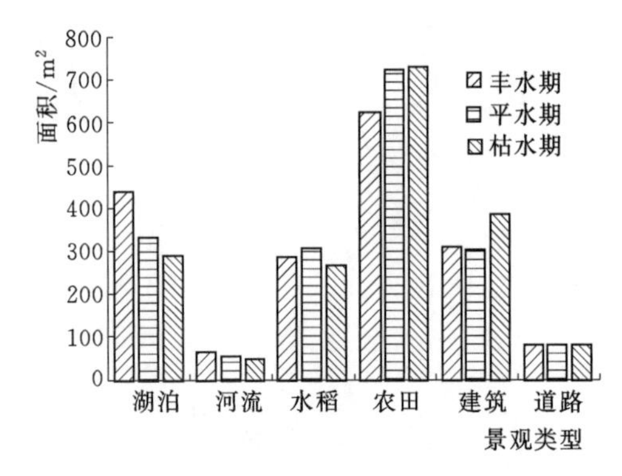

图 8.3.6　不同水位景观面积

景观类型中农田面积最大，其次为建筑、湖泊、水稻，面积最小的是道路和河流。水位由高至低变化的过程中，农田面积由 624.76km^2 增加至 731.59km^2；建筑面积由 312.68km^2 下降后大幅上升至 389.34km^2；湖泊面积从 440.97km^2 减少至 290.65km^2；水稻面积由 287.65km^2 增加至 307.47km^2 后缩减至 269.88km^2；河流面积由 66.82km^2 减少至 51.27km^2；道路面积变化较小，由 82.14km^2 增加至 83.33km^2。

与高水位相比，常水位下高邮湖湿地明水水面总面积大幅减少了 117.27km^2，减少的面积主要转化为农田。其中，湖泊面积减少 106.72km^2，河流面积变化不大，仅减少 10.55km^2。与常水位相比，低水位下该湿地明水水面总面积减少了 48.6km^2，包括湖泊 43.6km^2 和河流 5km^2，减少的面积主要转化为农田，但由于建筑面积的增加，农田总面积增加不明显。与常水位相比，高水位下该湿地明水水面总面积增加了 30.0%，湖泊和河流面积分别增加了 32.0%、18.7%；低水位下明水水面总面积减少了 12.4%，湖泊和河流面积分别减少了 13.0%、8.9%。可以看出，水位变化引起的湖泊面积的消长比河流更加剧烈。

对比附图 13 (a)、(b)、(c)，不同水位条件下高邮湖湿地中上游湖泊与河流的面积及分布变化较下游明显，说明该湿地中上游的湖泊与河流景观分布对水位变化更加敏感。除地形和地势的影响外，高邮湖作为重要的调蓄通道，下游水位受制于控制闸的人工调节，因此该区域下游湖泊与河流分布及水文连通性变化较上游缓和。而湿地中上游受人工调控影响较小，水文过程对湿地水文连通性的影响更加显著。

(2) 不同年份景观类型特征变化

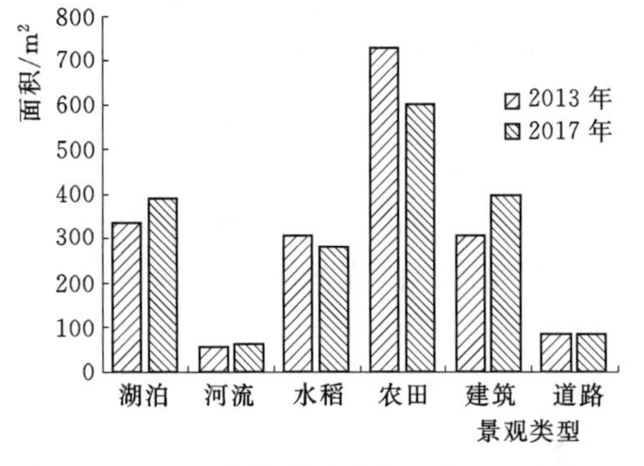

图 8.3.7　不同年份常水位下景观面积的变化情况

不同年份常水位下景观面积的变化情况如图 8.3.7 所示。与 2013 年相比，2017 年研究区农田面积由 726.47km^2 下降至 600.26km^2，占比由 40.05%下降至 33.09%；建筑面积由 306.66km^2 增加至 395.53km^2，占比由 16.91%增加至 21.80%；湖泊面积由 334.25km^2 增加至 390.83km^2，占比由 18.43%增加至 21.55%；水稻面积由 307.47km^2 下降至 280.27km^2，占比由 16.95%下降至 15.45%；河流面积由 56.27km^2 增加至 63.60km^2，占比由 3.10%小幅增加至 3.51%；道路面积由 82.97km^2 增加至 83.52km^2，占比由 4.57%小幅增加至 4.60%。

在相同的水位条件下，2017 年该湿地明水水面总面积比 2013 年增加了 63.91km^2，增加面积大部分由农田转化而成，主要集中在核心区西侧和东北侧。其中，湖泊面积增加了16.93%，约56.58km²；河流面积增加了13.03%，约7.33km²。分析其原因，可能是近年扬州市和高邮市政府开展了退渔还湿、退耕还湿、退圩还湖等工程，恢复了部分被侵占的水域面积，使湖泊和河流面积有所增加。

8.3.4.3 湿地生态水文连通性指标变化趋势

（1）不同水位湿地生态水文连通性指标变化

不同水位湿地生态水文连通性指标变化情况如图8.3.8所示。水位由高至低变化的过程中，高邮湖湿地湖泊与河流景观的连接度指数和斑块内聚力指数都随水位下降而明显减小，破碎化指数和分离度随水位下降而增大，说明湿地的破碎化程度随水位下降而加重，水文连通性逐渐下降。与高水位相比，低水位下湖泊和河流的连接度指数从99.96、97.06降低至95.49、91.27，分别减小了4.5%、6.2%；斑块内聚力指数从99.57、98.37降低至97.37、96.98，分别减小了2.2%、1.4%；破碎化指数从0.0006、0.0038升高至0.0078、0.0088，分别增加了12倍、1.3倍；分离度从0.9247、0.7415升高至0.9884、0.9953，分别增加了7%、35%。这说明，水位下降对湖泊与河流的破碎化程度和水文连通的影响程度不同，河流的连接度指数和分离度的变化率大于湖泊，而斑块内聚力指数和破碎化指数的变化率则小于湖泊。特别是由于水位下降时湖泊景观的斑块数量和

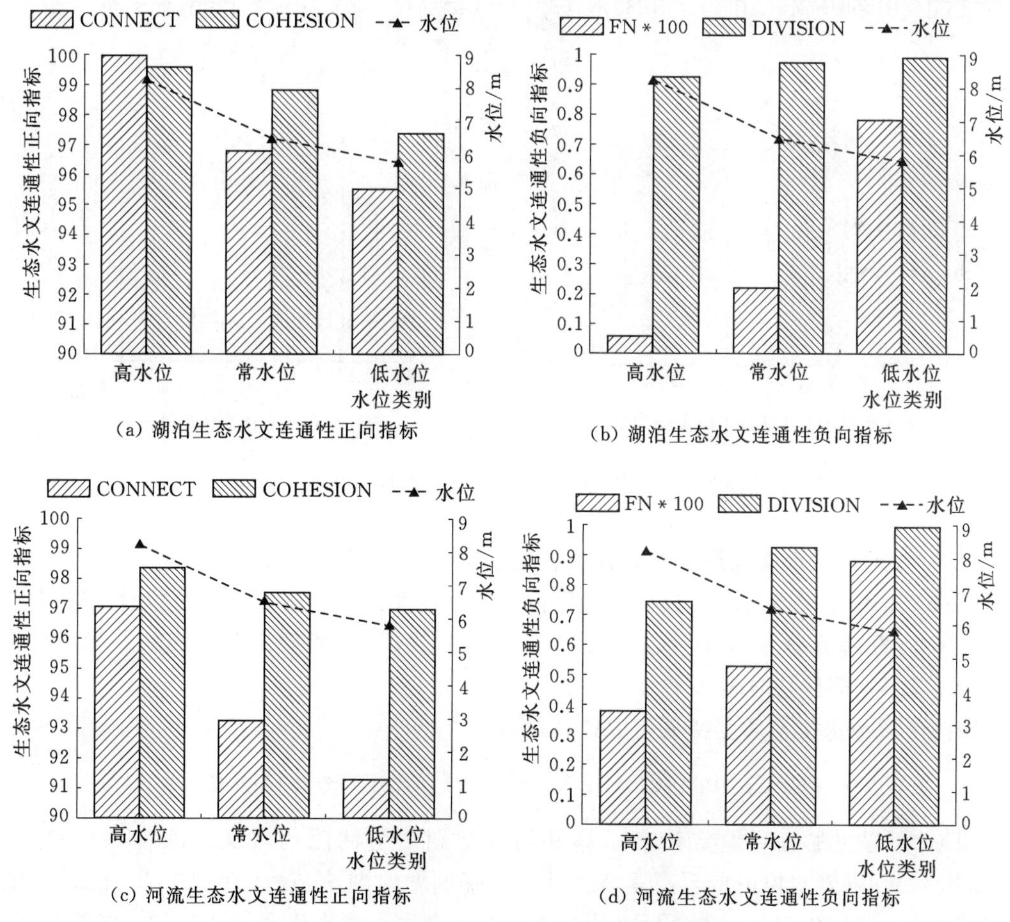

(a) 湖泊生态水文连通性正向指标

(b) 湖泊生态水文连通性负向指标

(c) 河流生态水文连通性正向指标

(d) 河流生态水文连通性负向指标

图8.3.8 不同水位湿地生态水文连通性指标变化

最小斑块大小较河流景观变化更快，因此湖泊与河流景观的破碎化指数和分离度变化率相差较大。

（2）不同年份湿地生态水文连通性指标变化

不同年份湿地生态水文连通性指标变化情况如图 8.3.9 所示。在相同的水位条件下，与 2013 年相比，2017 年湖泊的连接度指数由 96.78 升高至 98.20，增加了 1.5%；斑块内聚力指数由 98.84 升高至 99.10，增加了 0.3%；破碎化指数从 0.0022 降低至 0.0013，减少了 40.9%；分离度从 0.97 降低至 0.96，减少了 0.8%。河流的连接度指数由 93.23 升高至 95.56，增加了 2.5%，斑块内聚力指数由 97.51 升高至 98.00，增加了 0.5%，破碎化指数从 0.0053 降低至 0.0047，减少了 11.3%，分离度从 0.9276 降低至 0.8825，减少了 4.9%。可见，2017 年高邮湖湿地生态水文连通性有所提高。近年开展的高邮湖退圩还湖工程，一方面通过清除历史圩区的圩堤恢复了孤立死水区与河流、湖泊的连通性，另一方面通过圩区内清淤拓深使退圩后区域与主湖区连通形成更大的自由水面，提高了高邮湖湿地的生态水文连通性。

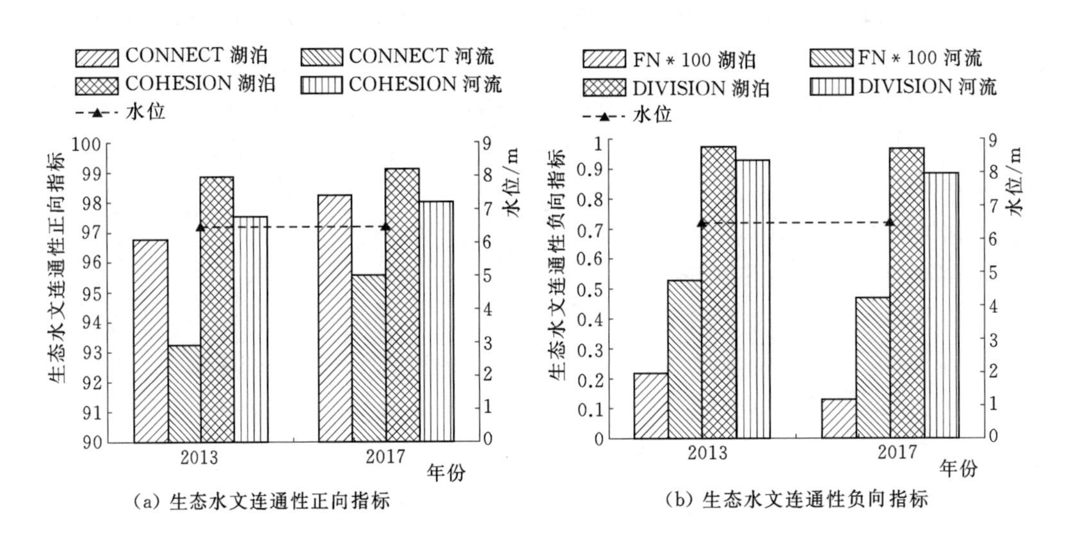

图 8.3.9　不同年份湿地生态水文连通性指标变化情况

8.3.4.4　湿地生态水文连通度综合指数变化趋势

据式（3.4.1），通过层次分析法确定模型中连接度指数、斑块内聚力指数、破碎化指数、分离度的权重分别为 0.44、0.28、0.17、0.11，其判断矩阵的随机一致性比率 C. R. =0.026，即保持显著水平。

因此，湿地水文连通度特征指数计算式为

$$CECI=0.44CON+0.28COH+0.16FN+0.11DIV$$

CECI 可以更加直观地定量表示高邮湖湿地湖泊与河流的水文连通性的变化情况（图 8.3.10）。随着水位由低至高逐渐上升，高邮湖湿地湖泊与河流的 CECI 由 2.79 和 0 分别增加至 9.21 和 6.57。由于低水位下河流的 4 个生态水文连通性指标均为各指标序列的最值，因此标准化并相加后出现了 0 值，表明低水位下河流的生态水文连通性最低。当水位增加到一定程度后，CECI 增加趋势变缓。同时期湖泊的 CECI 大于河流，说明湖泊的水文连通性优于河流。

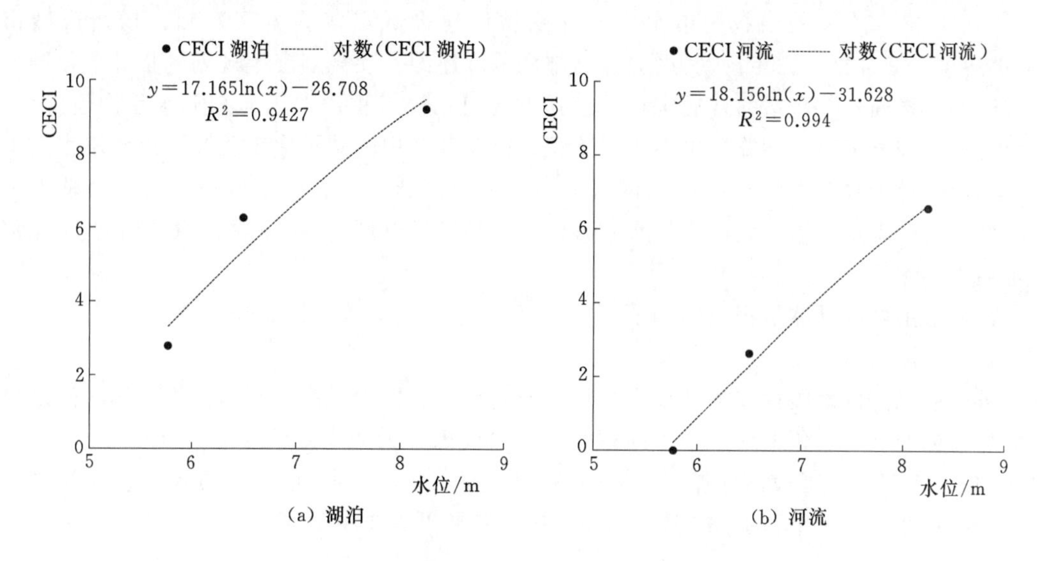

图 8.3.10 高邮湖湿地生态水文连通度综合指数与水位关系

近年来高邮市先后发布并通过了《高邮湖生态环境保护规划》《高邮湖（高邮市）退圩还湖专项规划》等相关文件。由于高邮湖退圩还湖、退圩还湿等工程的不断推进，与 2013 年相比，2017 年常水位下河流与湖泊的 CECI 都有较明显的增长（表 8.3.3），水文连通性提高。实施湖泊湿地滩地综合治理，严格控制沿湖沿河的养殖、旅游及房地产开发等人为活动干扰，可使高邮湖湿地内河湖连通布局得到优化，连通性逐步提升。

表 8.3.3 不同年份常水位下湿地生态水文连通度综合指数表

景 观	年 份	
	2013	2017
湖泊	6.27	7.48
河流	2.62	4.61

通过将河流与湖泊的 CECI 变化进行分析，能发现同时期湖泊与河流的 CECI 具有显著的线性相关性（相关系数 $r=0.99$），如图 8.3.11 所示。即湖泊与河流的水文连通性变化具有很强的相关关系，反映出高邮湖湿地河湖连通的特征。今后还需在扩充长时间序列的遥感和水位数据的基础上，进一步分析水文条件对湿地生态连通性的影响。

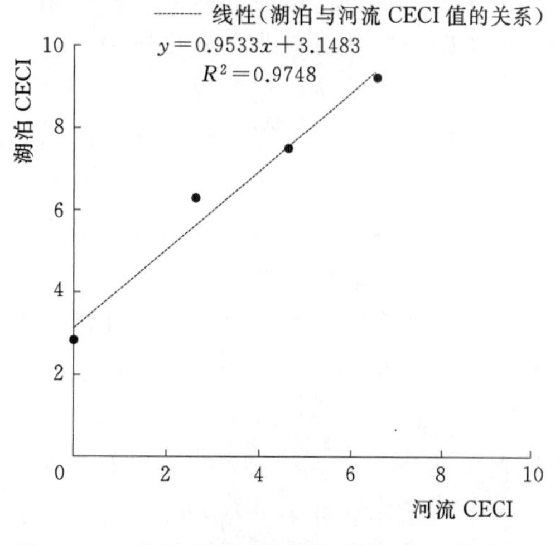

图 8.3.11 高邮湖湿地湖泊与河流 CECI 值的关系

8.4　扬州市连通规划实施与连通工程技术分析

2014—2016 年，在《扬州市水生态文明城市建设试点实施方案》和《扬州市城市“清水活水”综合整治三年行动方案》《高邮湖退圩还湖专项规划》等规划的指导下，扬州市实施了一系列骨干水系的连通工程，包括古运河拓浚工程、古运河东部水系沟通工程、七里河水系沟通工程、沙施河水系沟通工程，以及黄金坝闸站扩建工程和平山堂取水站工程。其他非骨干水系工程包括冷却河（官河）拓浚西延工程、唐子城护城河综合整治工程、城区西片水系整治、城区东片水系整治等。高邮湖退圩还湖工程包括圈圩清退、北部行水通道拓深等。

扬州市主城区具体工程内容如下。

（1）古运河拓浚工程

古运河三湾以南段存在河道束窄、行洪能力不足、挡洪标准不足、河坡坍塌、沿线建筑物建设标准低、老化损坏严重等问题。工程建设内容为河道疏浚 13.665km，两岸险工段防护 20.005km，堤段达标加固 65m，填塘固基 3.87km，拆建涵洞 19 座，拆建排涝泵站 2 座，新建堤顶泥结石道路 21.961km，拆除简易码头 3 座等。

（2）古运河东部水系沟通工程

新建曲江双向闸站，闸站西侧新开河道以顶管过运河北路沟通京杭大运河与曲江公园；新建文昌国际广场箱涵，整治丁家河，新建箱涵与节制闸沟通京杭大运河；对曲江公园湖、沙施河鸿泰家园支流等水体实施水质改善工程。

（3）七里河和沙施河水系沟通工程

七里河通过通运闸抽引大运河水向西排至古运河实现活水。将沙施河北端的泵站改建为双向泵站，抽引古运河上游水，并利用现有的曲江泵站抽引大运河水，在南段地势高低分界处建闸控制，形成北引南排格局。

（4）黄金坝闸站扩建工程

黄金坝闸站扩建工程主要是连通邵伯湖与扬州城区内部河道，为古运河以西区域水系补充生态水源，促进水体流动，改善水环境。工程建设内容为拆除原有闸站，新建抽排双向泵站及自排船闸、官河节制闸各一座，建设夫差广场等。

（5）平山堂取水泵站工程

平山堂取水泵站工程主要是连通邵伯湖与扬州城区内部河道，为沿山河及其南侧的平原区水系补充生态水源，促进水体流动，改善水环境。工程建设内容为新建设计流量 $10m^3/s$ 泵站一座，疏浚河道 380m，新开输水通道 1190m，其中双排直径 2.6m 钢筋混凝土地下顶管 562m，箱涵 120m，开挖河道 508m，新建泵房及管理用房 $752m^2$，河道及施工影响区域绿化恢复 1.7 万 m^2。

河湖水系连通各类工程措施在扬州市的应用如表 8.4.1 所示。

扬州市河湖水系生态连通规划关键技术示范应用中也充分使用了河湖水系连通的各类非工程措施（表 8.4.2），如生态红线范围划定、应用系统建设、监测站网建设、推行河长制等。

表 8.4.1 河湖水系连通各类工程措施在扬州市的应用

工程措施	是否应用	应用工程
连接通道的开挖和疏浚	是	唐子城护城河综合整治工程 沙施河（干河）综合整治工程 冷却河（官河）拓浚西延工程 新城河（干流）综合整治工程 高邮湖北部行水通道拓深工程
拆除控制闸坝	是	冷却河（官河）拓浚西延工程
拆除岸线内非法建筑物	是	唐子城护城河综合整治工程
清除河道行洪障碍	是	黄金坝闸站扩建工程
生态工程措施	是	唐子城护城河综合整治工程 "清水活水"综合整治工程
采用生态型护岸结构	是	唐子城护城河综合整治工程 古运河大王庙以东段北岸风光带综合整治工程
恢复河流蜿蜒性	是	城区东片骨干河道整治工程 古运河东部水系沟通工程
污染源整治、治理	是	冷却河（官河）拓浚西延工程 "清水活水"综合整治工程
活水、补水泵站建设	新增	黄金坝闸站扩建工程 平山堂取水站工程

表 8.4.2 河湖水系连通各类非工程措施在扬州市的应用

非工程措施	是否应用	应用
改进已建闸坝的调度运行方式	是	扬州市区闸站远程视频监控系统
划定环湖岸带生态保护区和缓冲区范围	是	已划定
实施流域水资源综合管理	是	水资源管理系统二期工程
建设生态监测网	是	水生态文明城市建设
推行河长制	新增	已成立河长制办公室
纳污能力和限排量核定	新增	已核定
生态红线区管控	新增	已划定

1）生态红线范围划定。扬州市重要生态功能保护区或生态敏感区较多，共有重要生态功能保护区 84 个，且均已划定为生态红线范围，主要包括三大区域——自然保护区核心区、饮用水源一级保护区和重要湿地（湖区）核心区。总面积为 1477km^2，占市域面积的 22.41%。其中，禁止开发区面积 154km^2，占市域面积的 2.34%；限制开发区面积 1323km^2，占市域面积的 20.07%。重要生态功能保护区保护目标涉及湿地生态、森林生态、野生动植物、历史文化景观、历史遗迹、名胜古迹等多个方面。

2）应用系统建设。建成了集水文信息发布、防汛抗旱智能预报、预警信息实时发布、防洪抗旱预案管理与防洪形势分析、应急响应处置与应急状态实时调度、智能排涝泵站联动联控等于一体的信息化应用系统，实施了水资源管理系统二期工程，建设了水土保持监测与管理信息系统，推进水土保持工作，完善了水文信息服务系统，提高水文服务能力与水平。

3）监测站网建设。在重点防洪区、重要水源地、水功能区、主要排污口、市界主要河段、省管湖泊与水库、大运河调水供水干线和地下水超采漏斗区等缺少测站控制的地区补充和完善监测站网，基本建成水情、水资源配置、水资源保护、水生态环境、城市水文等五大监测网络，形成布局合理、功能齐全的监测站网体系，机动灵活、现代化程度较高的信息采集体系，畅通快捷、技术先进的信息服务传输服务体系，综合配套、保障有力的运行管理体系。

4）推行河长制。在全市范围内全面推行河长制，设立扬州市河长制办公室，负责组织制定和落实河长制各项制度，全面掌握了辖区内的河湖管理状况，开发建设河长制工作信息平台，开展河湖保护宣传，逐步实现全市范围内的河道、湖泊、水库等各类水域河长制管理全覆盖。

8.5 基于平原河网一维水动力模型的连通性改善效果分析

8.5.1 计算区域概化

扬州水系一维水动力模型建模区域为扬州主城区河流，根据该区域现状河道情况，对其概化，整个河网模型共 107 个断面、20 个河段、12 个汊点、3 个边界水闸、6 个节制闸，各边界水闸、主要河流对应断面情况如表 8.5.1、表 8.5.2 所示。

表 8.5.1 扬州河网外江水闸统计表

边界水闸序号	边界水闸	所在断面序号	边界水闸序号	边界水闸	所在断面序号
1	扬州闸	1	3	泗源沟闸	107
2	瓜洲闸	25			

表 8.5.2 扬州河网节制水闸统计表

节制闸序号	节制闸名称	所在上游断面序号	所在下游断面序号
1	小海水闸	27	28
2	大华水闸	50	51
3	永宁水闸	54	55
4	古镇新闸	69	70
5	古镇东闸	84	85
6	排涝西闸	95	96

8.5.2 初始条件和边界条件

（1）初始条件

模型计算模拟前，要在模型 Setting 文件中设置模型计算的初始值，本次模型的水动力模拟，需设置分级解法，断面初始水深、水位、流量，是否热启动、计算时间步长，计算起始时间，模拟总时长，模型输出时间步长，断面的全局最小过水面积等。模型初始条件为分级解法、断面初始水位、计算时间步长，计算起始时间，模拟总时长，模型输出时间步长、实时监测采样时间步长。模拟的分级解法为四级联解+压缩矩阵，无热启动，初始水位采用所有边界闸门第 0 小时的最低水位，初始流量为 $1m^3/s$，计算时间步长为 300s，计算起始时间为 0hr，模拟总时长为 30h，模型输出时间步长为 3600s，实时监测采样时间步长为 300s。

（2）边界条件

模型边界条件主要包括河网边界的边界类型；边界的水位（m）、流量（m^3/s）时间序列过程；污染物 C1 物质组分的边界时间序列；水闸调度规则和水闸状态。模型河网边界条件采用各边界水闸外的水位边界，边界水闸和节制水闸调度规则按照设计工况形式进行设置，水闸状态按照各水闸的实际状态进行设置。

8.5.3 模型控制参数

（1）水动力参数

水动力主要参数包括差分系数、重力加速度值、曼宁系数。

（2）水质参数

水质参数主要为污染物降解系数，本次仅模拟 COD（chemical oxygen demand，化学需氧量）污染物，根据查阅相关文件研究成果，最终确定降解系数取 0.1（l/d）。

8.5.4 连通前后水动力改善效果分析

目前扬州城区实行“九闸同开，活水润城”工程，将扬州市主城区分东部水系、中部水系、西部水系三大区域，通过节点控制工程进行活水调度，工程实施后，主城区 $90km^2$ 范围内，全长 140km 的 35 条河流将实现活水全覆盖主要采取的水系连通措施见 8.1.3.1 节。

本节通过建立的扬州平原河网一维水动力模型来模拟河网在进行水系连通工程前后工况的水动力特性，主要为水量、水体滞留时间，通过对比分析连通前后的水动力特性，最终验证该河网水系连通前后效果。

根据现场实地调查以及查阅相关资料，扬州连通前的工况为未进行疏浚拓宽冷却河、七里沟、中沟河等河道，未拆除四联闸站的河道。在此基础上，其他外江闸门，进水时，达到控制水位时关闸，退水时，则开闸。因此连通前的现状工况可概括如下：未疏浚河道、边界水闸及节制水闸均开，进水时，达到控制水位即关闸；退水时，开闸。

根据扬州河网水系连通方案，连通后工况为清淤河道+扬州闸定向引水、瓜洲闸、泗源沟闸定向排水，其他节制水闸开，进水时，达到控制水位即关闸；退水时，开闸。

通过模型模拟，连通前后整个河网累计流入与流出水量随着时间的增加而增加，在最终时刻第 30 个小时，累计流入水量、累计流出水量均达到峰值，其中连通前分别为 3782.79 万 m^3、3593.65 万 m^3，连通后分别为 5901.1563 万 m^3、5606.10 万 m^3。采取河道清淤拓宽等连通措施后，河道的整体进水能力增加了 56.0%（图 8.5.1 和图 8.5.2）。

如表 8.5.3 所示，对 3 个边界闸门进行引水流量统计可知，扬州闸连通前引水量达到 $10.84m^3/s$，连通后达到 $15.53m^3/s$，瓜洲闸及泗源沟闸连通前排水量合计为 $10.4m^3/s$，连通后排水量合计为 12.08m^3/s。河网连通前的总进水量达到 117 万 m^3，连通后的总进水量为 167.7 万 m^3，连通后较连通前引水量增加了 43.3%。

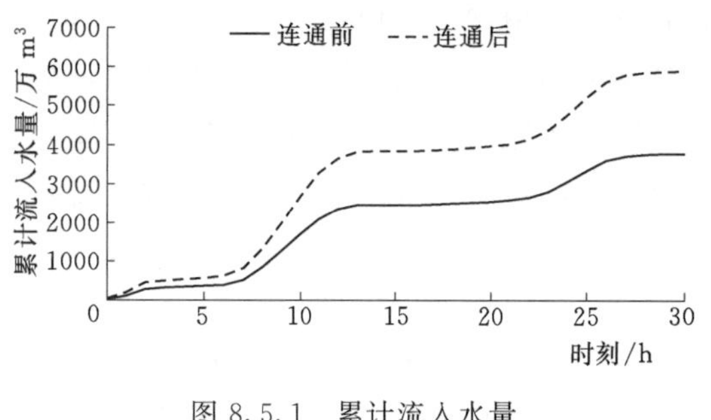

图 8.5.1　累计流入水量

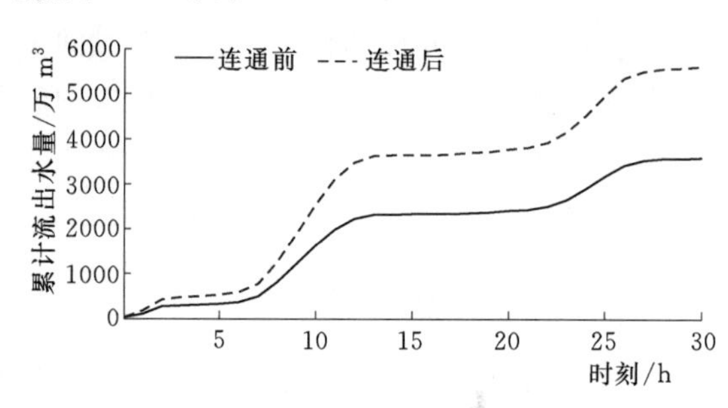

图 8.5.2　累计流出水量

表 8.5.3　　边界闸门引排水量　　单位：m^3/s

边界闸门	连通前	连通后	边界闸门	连通前	连通后
扬州闸	10.84	15.53	泗源沟闸	−4.06	−5.02
瓜洲闸	−6.34	−7.06			

注　水流从闸外流向闸内为正，反之为负。

表 8.5.4　　连通前后水体滞留时间对比

指　标	连通前	连通后
水体滞留时间/(天/次)	6.54	3.47

对整个河网进行水体滞留时间统计，具体如表 8.5.4 所示，连通前河网水体更新速率为 6.54 天/次，连通后水体更新速率增快到 3.47 天/次，水体更新速率加快了 88.5%。

由以上分析可知，扬州河网采取连通措施后，整个河网的水体流动更加畅通，进出水能力增大，河道水体水动力能力增加，进而河网水体的自净能力提高，改善整个河网的水质污染状况。

8.6　扬州市河湖水系连通效果评价

将 2013 年、2014 年视为河湖水系连通前；将 2015 年及以后的时间段视为河湖水系连通后。通过对比连通前后扬州市河湖水系的状况对连通的影响进行评价。

鉴于“活水润城”所影响的主要范围为扬州市城区的河网，本书将扬州市河湖水系连通效果评价的范围设定为扬州市城区河网。考虑扬州市城区河网的具体情况以及资料的可获得性，基于前文所建立的后评价指标体系并考虑扬州的特点，建立了扬州市河湖水系生态连通修复效果后评价指标体系，如表 8.6.1 所示。

(1) 换水周期 C_2 指标评价

上文建立了扬州水系一维水动力模型（见 8.5 节），模拟的区域为扬州城区内的古运河、仪扬河、沿山河、新城河、赵家支沟等，由若干外江水闸所界定。这些水闸为扬州闸、瓜洲闸、泗源沟闸。河网内的节制水闸包括小海水闸、大华水闸、永宁水闸、古镇水闸、古镇东闸、排涝西闸等。在通过水动力学模型计算换水周期时，对水系连通情景分别设置如下。

表 8.6.1 扬州市河湖水系生态连通修复效果后评价指标体系

要素层	指标层		要素权重	指标权重
水文水动力	C_2	换水周期	20%	20%
水环境	C_7	水功能区水质达标率	40%	20%
	C_9	富营养化指数		20%
生物生境	C_{14}	鱼类及两栖类生境状况	20%	20%
社会环境	C_{17}	涉水疾病传播风险	20%	10%
	C_{18}	景观舒适度		10%

1）连通前的情景。根据现场实地调查以及查阅相关资料，扬州水系连通前的工况为未进行疏浚拓宽冷却河、七里沟、中河沟等河道，未拆除四联闸站的河道。在此基础上，其他外江闸门在进水时，达到控制水位时关闸；退水时，开闸。因此可认为连通前（或者说河湖水系连通规划实施前）的工况可概括为：未疏浚河道＋边界及节制水闸均开，进水时达到控制水位即关闸，退水时开闸。

2）连通后的情景。根据扬州河网水系连通方案，连通后工况为清淤河道＋扬州闸定向引水、瓜洲闸、泗源沟闸定向排水，其他节制闸开，进水时达到控制水位即关闸；退水时开闸。

3）评价结果。通过模型计算得到的连通前后水体滞留时间如表 8.6.2 所示。

表 8.6.2 连通前后水体滞留时间

指标	连通前	连通后
水体滞留时间/(天/次)	6.54	3.47

$R_{C_2}=C_{2\text{连通后}}/C_{2\text{连通前}}=3.47/6.54=0.53$，按照表 7.3.2，连通对换水周期（水体滞留时间）的影响评价得分为 0.94。

（2）水功能区水质达标率 C_7 指标评价

从水功能区的分布来看，扬州市水功能区分别分布在扬州市区、邗江区、仪征市、江都区、高邮市、宝应县。扬州市水功能区分布如表 8.6.3 所示。

表 8.6.3 扬州市水功能区分布

行政区域	扬州市区	邗江区	仪征市	江都区	高邮市	宝应县	扬州市
功能区数/个	13	5	9	18	14	14	68
备注	因部分水功能区跨行政区域，故各县（市、区）水功能区总和大于全市水功能区总个数						

结合扬州市城市区划，可知扬州市河湖水系连通（“九闸同开，活水润城”）所影响的水系基本位于扬州市区、邗江区以及仪征市。经分析，扬州市河湖水系连通影响评价范围内水功能区分别为：

1）古运河扬州景观娱乐、工业用水区。

2）瘦西湖扬州景观娱乐用水区。

3）内、外城河扬州景观娱乐用水区。

4）仪扬运河仪征排污控制区。

5）邗江河扬州排污控制区。

6）龙河仪征农业、工业用水区。

7）仪扬运河仪征农业、工业用水区。

8）乌塔沟扬州农业、工业用水区。

相应的水质监测断面共 12 个，分别为扬州闸下、三湾、瓜洲闸上、大虹桥、赏月桥、三里桥、大东门桥、泗源沟闸上、邗江河桥、龙河大桥、朴席大桥、蒋王西。

对扬州市水功能区水质监测断面结果的评价结果进行统计，2013—2015 年扬州市河湖水系连通影响区内水功能区达标情况如表 8.6.4 所示。

表 8.6.4　2013—2015 年扬州市河湖水系连通影响区内水功能区达标情况

水功能区名称	河名	序号	站名	2013 年	2014 年	2015 年
古运河扬州景观娱乐、工业用水区	古运河	1	扬州闸下	100.0	83.3	83.3
		2	三湾	50.0	41.7	33.3
		3	瓜洲闸上	33.3	33.3	33.3
瘦西湖扬州景观娱乐用水区	瘦西湖	4	大虹桥	91.7	91.7	75.0
内、外城河扬州景观娱乐用水区	新城河	5	赏月桥	0.0	0.0	0.0
	七里河	6	三里桥	41.7	41.7	16.7
	小秦淮河	7	大东门桥	58.3	66.7	66.7
仪扬运河仪征排污控制区	仪扬运河	8	泗源沟闸上	16.7	16.7	33.3
邗江河扬州排污控制区	邗江河	9	邗江河桥	66.7	83.3	58.3
龙河仪征农业、工业用水区	龙河	10	龙河大桥	58.3	41.7	83.3
仪扬运河仪征农业、工业用水区	仪扬运河	11	朴席大桥	16.7	0.0	33.3
乌塔沟扬州农业、工业用水区	乌塔沟	12	蒋王西	0.0	16.7	66.7
平均值				44.4	43.1	48.6

2013 年及 2014 年连通区内水功能区达标率均值为 43.8%，可视为连通前的值；2015 年相应的值为 48.6%，可视为连通后的值。可见，连通后连通区内水功能区水质达标率提升了 4.8%。根据表 7.3.8～表 7.3.10 所示的评价标准，连通对扬州市城市河湖水系水功能区水质达标率 C_7 的影响评价得分为 0.48。

（3）富营养化指数 C_9 指标评价

依据水质监测结果，使用《地表水资源质量评价技术规程》（SL 395—2007）中的指数法计算得到了扬州市连通影响区内各水质监测断面在连通前（2013—2014 年）、连通后（2015 年）的富营养化指数，如表 8.6.5 所示。

由表 8.6.5 可知，连通前后扬州市连通影响区内富营养化指数均值均介于 50～60 之间，为轻度富营养化状态。连通对富营养化指数的影响很小，略偏负面。依据评价准则，可认为连通对富营养化指数的影响为零。

（4）鱼类及两栖类生境状况 C_{14} 指标评价

由 8.2 节可知，连通后由底栖生物和着生藻类表征的连通性显著增加，其中基于硅藻评价的连通性又高于基于底栖动物评价的连通性。从底栖生物状况来看，连通后扬州河网地区生境质量有明显的改善，可将对生境状况指标 C_{14} 的影响评价为 0.6 分。

表 8.6.5　扬州市河湖水系连通影响区内各断面富营养化指数

水功能区名称	河名	序号	站名	2013 年	2014 年	2015 年
古运河扬州景观娱乐、工业用水区	古运河	1	扬州闸下	58.6	63.2	58.8
		2	三湾	56.0	46.5	59.2
		3	瓜洲闸上	51.5	57.4	59.3
瘦西湖扬州景观娱乐用水区	瘦西湖	4	大虹桥	57.9	46.6	57.0
内、外城河扬州景观娱乐用水区	新城河	5	赏月桥	55.7	57.4	56.8
	七里河	6	三里桥	59.2	46.7	61.2
	小秦淮河	7	大东门桥	62.9	58.6	59.8
仪扬运河仪征排污控制区	仪扬运河	8	泗源沟闸上	61.0	57.4	58.6
邗江河扬州排污控制区	邗江河	9	邗江河桥	57.5	50.4	60.0
龙河仪征农业、工业用水区	龙河	10	龙河大桥	47.5	48.8	59.8
仪扬运河仪征农业、工业用水区	仪扬运河	11	朴席大桥	58.1	58.4	60.6
乌塔沟扬州农业、工业用水区	乌塔沟	12	蒋王西	58.4	46.4	61.4
平均值				57.0	53.1	58.7

(5) 涉水疾病传播风险 C_{17} 指标评价

扬州市城市河网在“九闸同开、活水润城”行动之前就与大运河、古运河、长江等外部河流处于连通状态，因此可认为连通对涉水疾病传播风险 C_{17} 指标的影响为 0。

(6) 景观舒适度 C_{18} 指标评价

“九闸同开、活水润城”这一连通行为的目的之一即为实现对景观的提升，在这一行动中，进行了河道水域沿岸带及水域范围内的景观建设，做到防洪排涝与河道景观相结合，河道清淤与环境保护相结合，河道整治与人居环境、旅游文化相结合，打造人和自然和谐的水环境。从现场调查来看，连通对景观提升的效果明显。因此，连通对景观舒适度 C_{18} 指标的影响可评价为 1 分。

综上所述，对扬州市河湖水系连通效果的评价得分如表 8.6.6 所示。可见，对扬州市河湖水系连通修复的效果可评价为正面、中等。

表 8.6.6　扬州市河湖水系生态连通修复效果评价结果

	要素层	指标层		指标权重	指标分值	总评价得分
河湖水系生态连通修复效果	水文水动力	C_2	换水周期	20%	0.94	0.504
	水环境	C_7	水功能区水质达标率	20%	0.48	
		C_9	富营养化指数	20%	0	
	生物生境	C_{14}	鱼类及两栖类生境状况	20%	0.6	
	社会环境	C_{17}	涉水疾病传播风险	10%	0	
		C_{18}	景观舒适度	10%	1	

8.7 小结

1）生态调查与物质流、物种流连通性分析结果表明，水质对连通性响应比生物对连通性响应灵敏。基于硅藻评价的连通性高于底栖动物；这可能与硅藻个体小、迁移扩散能力强有关。同时也说明连通性评价需要根据不同的对象来分别评价。就不同季节而言，1月、4 月、7 月和 10 月，基于底栖动物评价的连通性依次增强。这可能是 1 月枯水期水体稳定性最强，从而连通性最弱。随季节变化，4 月起渐入雨季，7 月降雨最强，水体紊动逐步加强，同时由于底栖动物对环境变化的响应有一定的滞后，所以 10 月评价结果最高。

2）基于图论边连通度理论，运用 GIS 技术，对扬州市主城区进行连通格局分析。针对扬州市主城区水网现状，计算得扬州市主城区水系连通度为 2。发现东部水系和西部水系对连通格局的影响比较大，主要是大运河、古运河、七里河、仪扬河、赵家支沟，其次是老沙河、揽月河、西银沟、运潮河。大运河、古运河、七里河、仪扬河、赵家支沟等 5 条河流起到了骨干河道的作用。关键闸坝为扬州闸、黄金坝闸、平山堂泵站、明月湖闸，这 4 个闸站关闭后分别使整体的连通度降低了 50%，其他闸站不影响整体连通度。

通过扬州市水系连通规划及相关措施剖析，可知扬州市水系连通措施大大改善了 5 条骨干河道和 4 个关键闸站的连通格局，也加强了局部东部水系和西部水系的连通。

3）建立扬州平原河网一维水动力模型，以累积流入和流出水量、水体滞留时间作为模拟指标，模拟河网在进行水系连通工程前后工况的水动力特性。连通前工况可概括如下：未疏浚河道＋边界及节制水闸均开，进水时，达到控制水位即关闸；退水时，开闸。连通后工况为清淤河道＋扬州闸定向引水，瓜洲闸、泗源沟闸定向排水，其他节制水闸开，进水时，达到控制水位即关闸；退水时，开闸。模拟结果表明，扬州河网采取连通措施后，整个河网的水体流动更加畅通，进出水能力增大，河道水体水动力能力增加，具体表现为：累积流入、累积流出水量峰值连通前分别为 3782.79 万 m^3、3593.65 万 m^3，连通后分别为 5901.1563 万 m^3、5606.10 万 m^3，采取河道清淤拓宽等连通措施后，河道的整体进水能力增加了 56.0%；扬州闸连通前引水量达到 10.84m^3/s，连通后达到 12.53m^3/s，瓜洲闸及泗源沟闸连通前排水量合计为 10.43m^3/s，连通后排水量合计为 15.08m^3/s，河网连通前 3 个边界闸门的总引水量达到 117 万 m^3，连通后的总进水量为 167.7 万 m^3，连通后较连通前引水量增加了 43.3%；河网水体更新速率连通前为 6.54 天/次，连通后加快到 3.47 天/次，加快了 88.5%。

4）建立了包含换水周期、水功能区水质达标率、富营养化指数、指示性物种生境状况、涉水疾病传播风险、景观舒适度等 6 项指标的扬州市水系连通后评估体系，6 项指标分别得分为 0.94、0.48、0、0.6、0、1，总评分为 0.504，对扬州市河湖水系连通修复的效果评价为正面、中等。

第9章　山丘区垂向连通性调查与评价——以济南玉符河流域为例

9.1　示范点概况

济南市位于山东省的中部，地跨北纬36°02′至37°31′，东经116°11′至116°44′，是山东省省会，为全省政治、经济、文化中心和交通枢纽，历史文化名城，因泉水众多，被誉为“泉城”。济南市境内河流分属黄河、小清河、海河流域。受地形地势影响，河流呈单侧树枝状，干流为东西向，支流为南北向，支流一般从右侧南岸汇入。济南市河流水系示意图如图9.1.1所示。

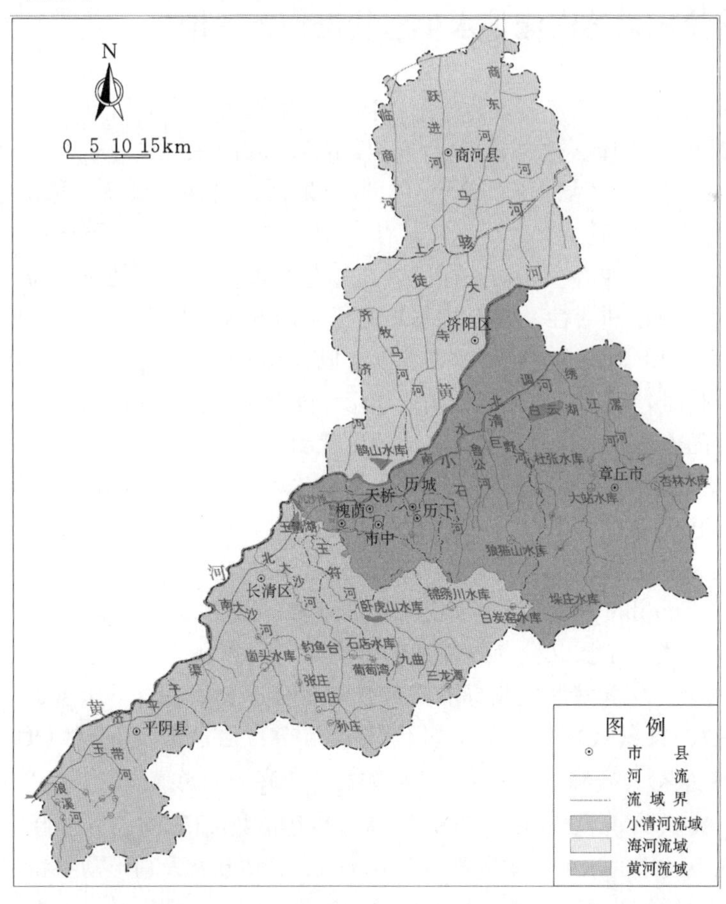

图9.1.1　济南市河流水系示意图

济南市位于鲁中山地和华北平原的交接地带，地下水以第四系冲积、洪积层的孔隙潜水和奥陶系灰岩、大理岩溶裂隙水为主，其中奥陶系灰岩为该区主要含水层，也是深层水移动的主要介质，灰岩主要隐伏在第四系下，仅在南部地下水补给区有少量出露。第四系岩性主要可分为两层：上层以渗透系数较高的黄褐色亚黏土、砂砾石亚黏土为主，为浅层地下水主要赋存地带；下层则以渗透系数较低的含铁、锰结核的紫红色黏土层为主，为浅层地下水的隔水层。济南市除南部有少量基岩出露外，向北绝大部分为第四系所覆盖，且厚度由南向北逐渐增厚。受地势、土壤构造影响，地下水流向主要为由南向北流。

根据地下水的赋存条件和运动特征分为第四系孔隙水为主的黄河冲积平原水文地质区，包括黄河以北及章丘区、历城区小清河以北地区，以及以裂隙岩溶水为主的单斜构造水文地质区。地下水类型主要有两大类型：一类是岩溶水，储量最大，水质优良，一般埋深为 60～300m，是城市主要水源；另一类是埋存在第四系亚黏土层和砾石层的浅层水，一般埋深为 7～30m，主要靠大气降水和沟渠渗水以及深层水顶托补给，是农村生活用水和农灌用水的主要水源。市区以大明湖以南地下水赋存条件好，泉水出露地表多，为泉群主要分布区。济南市水文地质图如附图 13 所示。

9.2　玉符河流域岩溶潜流带水生态状况调查评价

玉符河又称玉水，发源于历城的南部山区，汇流锦绣川、锦阳川、锦云川之水，在仲宫镇西汇流入卧虎山水库。这一段河长 85.4km，流域面积 827.3km^2。卧虎山水库以下的玉符河，长 40.8km，流域面积 302km^2。流经朱家、渴马、崔马等村，过津浦铁路桥，经周王庄至北店子入黄河。

岩溶潜流带内部存在着一些动态梯度效应，包括温度、氧化还原电位、pH 值、有机物质含量、微生物数量和活性、营养盐和光的可利用性等。地表水、地下水的交互作用是一个渐进的过程，加上地表水、地下水在温度、成分以及微生物的含量上存在着差别，当水流进入岩溶潜流带时，氨化、硝化和反硝化作用伴随发生。在两者的水文交互过程中，岩溶潜流带内部会伴随着地表水、地下水混合比例出现动态梯度效应，并随时间发生变化。

在济南泉域补给区、排泄区分别于 2016 年 5 月、7 月进行潜流带及岩溶区水生动物调查，在平阴县洪范镇的自流井、书院泉、扈泉、墨池泉、龙池泉以及玉符河流域潜流带进行取样。玉符河流域岩溶潜流带调查取样点分布图如图 9.2.1 所示。

采样点位用 Trimble R4 测量系统记录经纬度和海拔高度。采集样品主要包括水质及水生动物样品两大类。水质又分为野外和实验室测定两大环节，野外所测指标有水温、电导率（Cond）、pH。实验室测定指标有溶解性总固体（total dissolved solids，TDS）、硝酸盐氮（NO_3—N）、氨氮（NH_3—N）、氯化物（Cl^-）、化学需氧量（COD_{Cr}）、生化需氧量（BOD_5）、钙（Ca）、硫酸盐（SO_4^{2-}）、碳酸盐（CO_3^{2-}）、总氮（TN）、总磷（TP）、亚硝酸盐（NO_2^-）、碱度（Alk）、硬度（TD）和高锰酸盐指数（COD_{Mn}）。经鉴定，本次调查的地下水支撑生态系统中的水生动物主要为环节动物、软体动物及扁形动物和节肢动物，常见的有中华新米虾、摇蚊幼虫、龙虱、粗腹摇蚊、狭萝卜螺、旋螺以及小土蜗螺等。

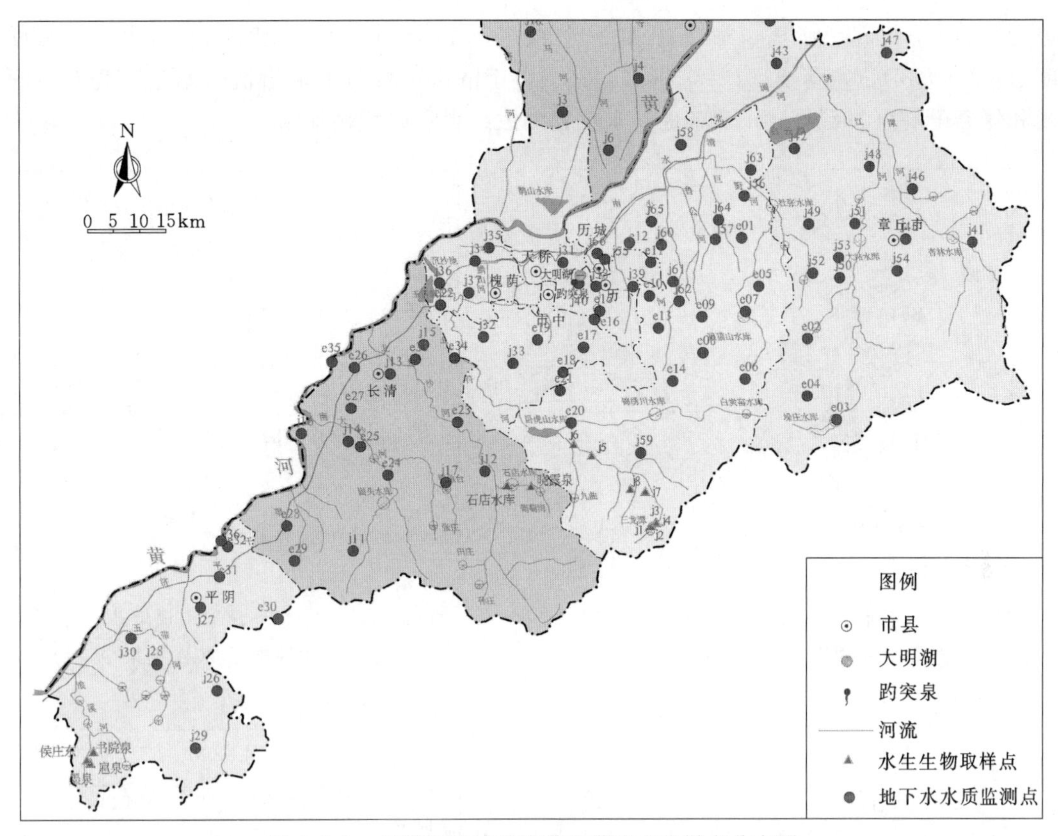

图 9.2.1 玉符河流域岩溶潜流带调查取样点分布图

本次采用典范对应分析（canonical correspondence analysis，CCA）分析南部山区地下水理化因子与水生动物的相关性。典范对应分析采用国际标准通用软件 Canoco 进行，先用软件包中的 WcanoImp 程序将水生生物采样数据和地下水物理化学指标数据分别生成 spe. dta 和 env. dta 的文件，应用 Canoco for Windows 4.5 进行运算，将生成的数据文件 spe－env. cdw 在 CanoDraw for Windows 中作图，排序结果用双序图表示。

（1）地下水物理因子与水生动物相关分析

图 9.2.2、图 9.2.3 分别为济南汛期、非汛期地下水水生动物与地下水物理指标的 CCA 结果，以 $p<0.05$ 差异显著的标准进行 Monte－Carlo 筛选，筛选结果显示，对应岩溶区地下水水生动物的地下水物理指标因子差异性不显著，相对显著的地下水物理指标因子为水温和 pH（$p=0.356$）。其中位于玉符河流域潜流带的地下水水生动物对于水温、电导率的响应关系明显，摇蚊科动物对水温具有响应性。

（2）地下水化学因子与水生动物相关分析

图 9.2.4 为非汛期地下水水生动物与化学因子 CCA 结果，以 $p<0.05$ 差异显著的标准进行 Monte－Carlo 筛选，筛选出地下水水生动物分布差异显著的化学因子为硬度（$p=0.003$）、NO_3—N（$p=0.0035$）。泉域排泄区水生动物物种对硬度响应关系明显，其中敏感地下水动物有蜉蝣科、摇蚊科动物。

图 9.2.5 为汛期地下水水生动物与化学因子 CCA 结果，以 $p<0.05$ 差异显著的标准

进行 Monte - Carlo 筛选，筛选出对下水水生动物分布差异显著的化学因子为总硬度（$p=0.037$）、氯离子（$p=0.005$）。其中位于济南玉符河流域潜流带水生动物对总硬度和氯离子响应关系明显，敏感地下水动物为医蛭科和线蚓科动物。

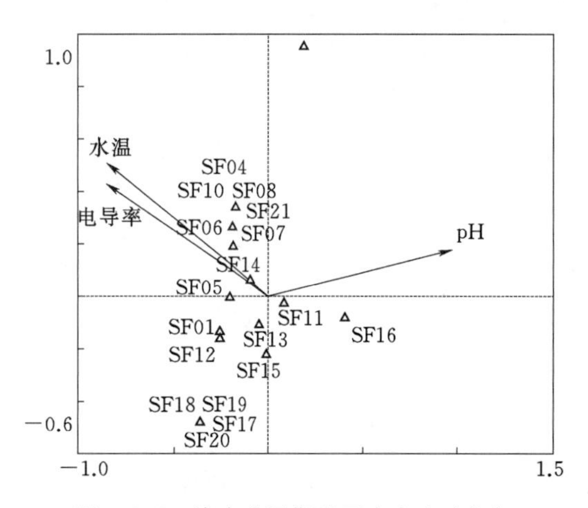

图 9.2.2　济南非汛期地下水水生动物与地下水物理指标 CCA 结果

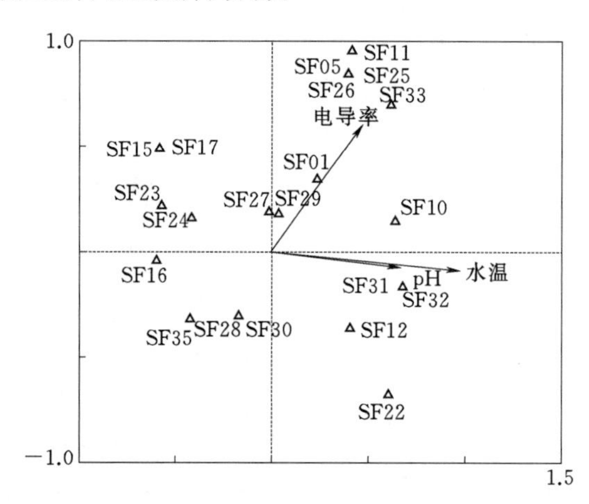

图 9.2.3　济南汛期地下水水生动物与地下水物理指标 CCA 结果

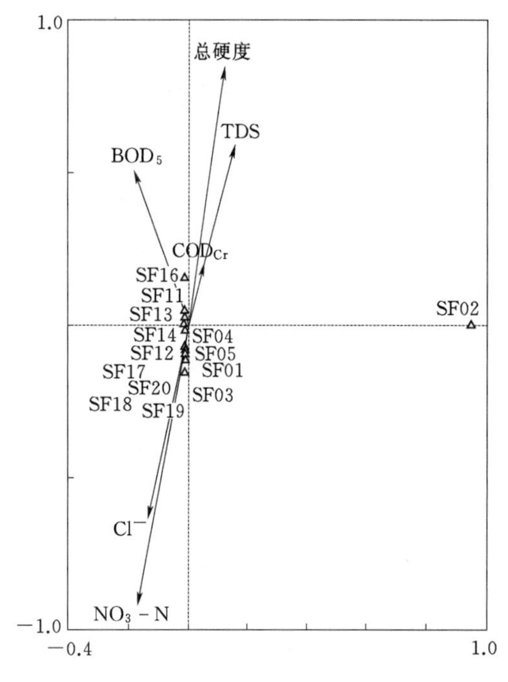

图 9.2.4　非汛期地下水水生动物与化学因子 CCA 结果

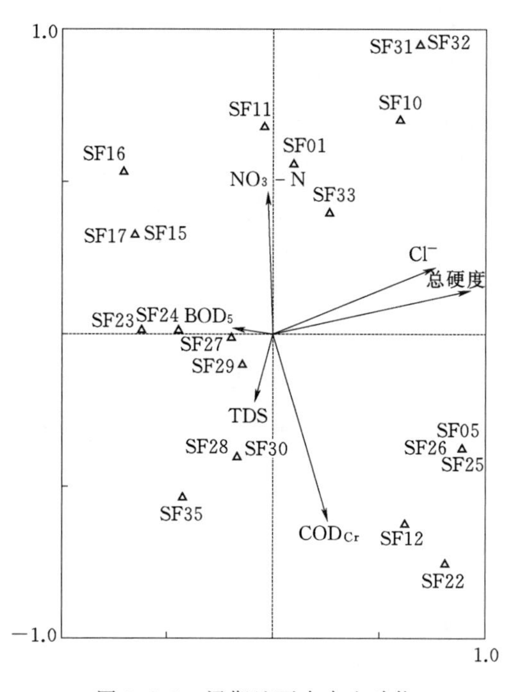

图 9.2.5　汛期地下水水生动物与化学因子 CCA 结果

应用潜流带动物密度数据与环境因子进行 CCA，结果表明，影响流域潜流带动物群落的主要环境因子有流速、流量、水温、溶解氧、浊度、硝酸盐、亚硝酸盐、COD_{Mn}。流速流量的改变，会使水体对河床的剪应力随之改变，因而对水生生物特别是自由活动能力较差的潜流生物具有重要影响。在众多研究中，溶解性总固体均是影响水生生物的重要环境因子，本研究表明，溶解性总固体对潜流带水生生物也具有显著影响。

9.3 玉符河流域地表水-地下水相互作用

随着用水量的不断增长，水资源的开发利用和修复保护工程在水资源转化过程中的影响愈加显著，主要表现在：①改变了下垫面条件，影响流域产、汇流的过程以及地表水补给地下水的下垫面条件；②地下水开采造成的地下水系统格局演变规律；③持续开发利用水资源，导致河道径流量减少，严重影响地下水的补给和区域生态环境；④调水工程的修建、湖泊的开垦以及跨流域调水工程的实施，改变了地下水的分配；⑤城市化进程的加快，地下包气带由于地面表层硬化人为沉积等原因发生变化，改变自然状态下的地下水系统。

本次主要分析下垫面条件和水文气象条件均一致的情况下，分析有无调水工程时不同降水条件下地表水-地下水的相互作用及地下水对生态系统的补给量。利用济南玉符河流域水文地质勘察、水文地质试验及气象水文监测和水力联系试验成果，采用流域内1985—2015年水文资料及地下水位资料，构建地表水-地下水耦合模拟模型GSFLOW，分析河湖水系生态连通工程对于地表水-地下水相互作用的影响。共设以下两种方案情景。

1）S1：不考虑腊山分洪工程和卧虎山调水工程，地下水开采。

2）S2：①玉符河流域腊山分洪工程，考虑到卧虎山水库的调蓄作用，因此调度时不考虑玉符河水对腊山分洪道分洪的影响，即认为腊山分洪道的分洪水量可以全部进入玉符河。②玉符河卧虎山调水工程（按照10万m^3/d），自济平干渠贾庄分水闸引水，沿北大沙河、济菏高速、玉符河经三级泵站提水至卧虎山水库。铺设30km输水管道，新建贾庄、罗而庄和寨而头三级泵站，输水规模为3.47m^3/s，设计输水能力为30万m^3/d。③地下水开采情景同方案S1。

模拟两种情景下河道基流（q）、地下水侧向补给量（q_g）以及地下水位的变化。模拟计算结果详见图9.3.1～图9.3.3。

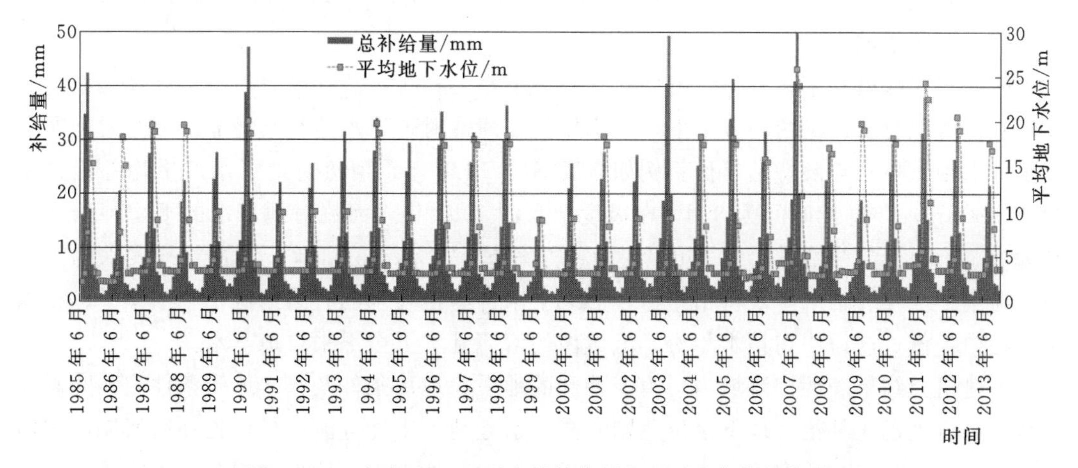

图9.3.1　方案S1：地下水总补给量与地下水位模拟结果

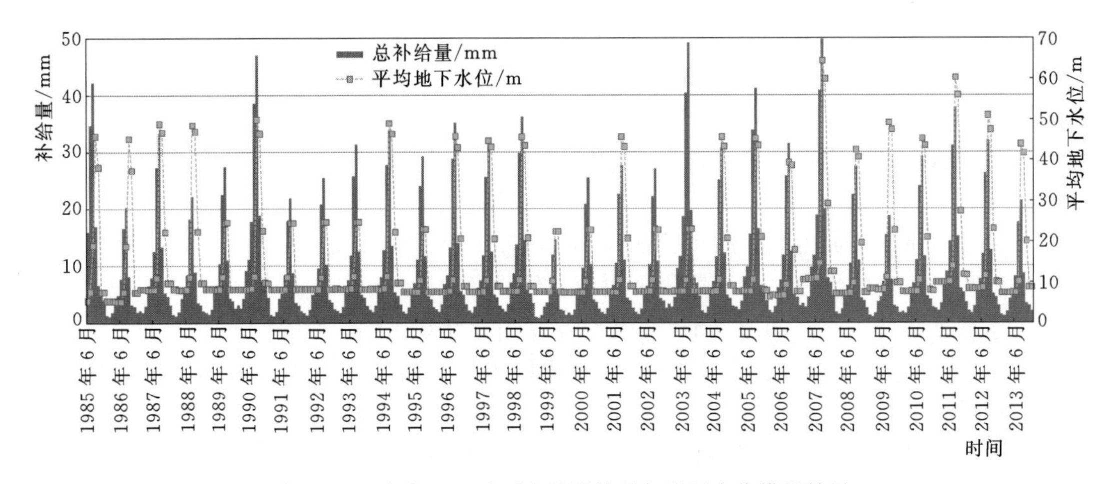

图 9.3.2 方案 S2：地下水总补给量与地下水位模拟结果

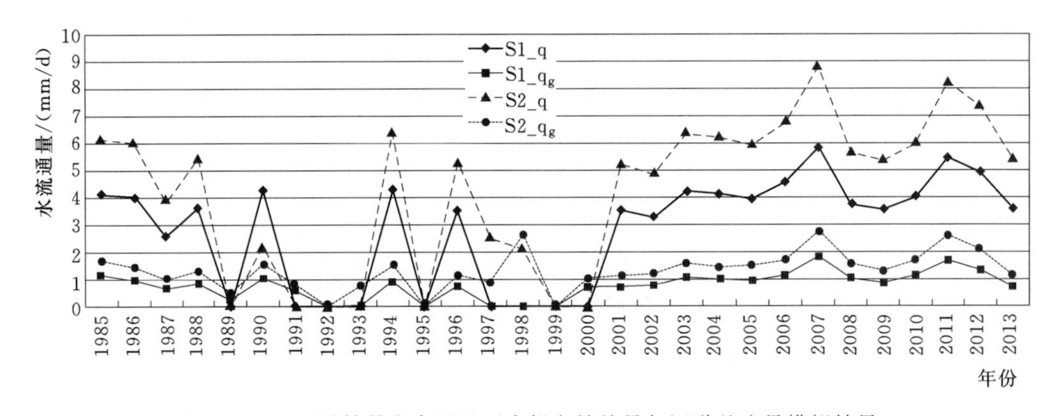

图 9.3.3 两种情景方案下地下水侧向补给量与河道基流量模拟结果

受调水工程影响，地下水位多年动态特征呈现明显的地下水位升高趋势。在不考虑玉符河生态调水工程情景下，1991—1993 年、1999—2000 年河道基流量为 0，随着河湖水系生态连通工程的实施，1997 年、1998 年等平水年份能够恢复河道基流量，且地下水侧向补给量有所增加。

根据不同降雨频率下玉符河流域河水与地下水的补排量及补给时间模拟计算结果（表 9.3.1），可以看出：①两种方案下，丰水年份，河流对地下水的补给增加，补给时间明显高于平水年、枯水年及特枯年份。例如方案 S1：1978 年，河流对地下水的平均补给速率为 20.24mm/d，补给时间为 86d；在极度枯水的 1991 年，河流对地下水的平均补给速率则为 7.31mm/d，补给时间为 46d。②两种方案下，丰水年份，地下水补给地表水的平均速率高于平水年、枯水年及特枯年份，而地下水补给地表水的时间则低于平水年份、枯水年及特枯年份。这说明在枯水年份，流域内的潜流基本上全部来自地下水。

上述研究结果表明：流域内，由于特殊的地质、地形条件及水文地质条件，强降雨使得地下水得到迅速补给、地下水位急剧升高，引起地下水优势流，且优先补给河流，进而导致低渗透性含水介质中地下水储存时间相对较短，地表水、地下水相互作用明显。且受调水工程影响，地下水位与河道基流量呈明显正相关关系。

表 9.3.1　　不同降雨频率下研究区河流与地下水的补排量和补排时间

方案	降雨频率	典型年份	地下水向河流的平均排泄量/(mm/d)	地下水向河流排泄的天数/d	河流对地下水的平均补给量/(mm/d)	河流对地下水的补给天数/d
S1	20%	1978	4.35	279	20.24	86
	50%	2004	3.14	287	17.91	79
	75%	1988	2.61	303	14.91	63
	95%	1991	0.11	319	7.31	46
S2	20%	1978	5.9	286	21.6	79
	50%	2004	5.01	300	18.91	65
	75%	1988	4.24	309	16.34	56
	95%	1991	0.55	324	6.85	41

9.4 小结

（1）在济南泉域补给区、排泄区，进行玉符河流域潜流带及岩溶区水生动物调查，采用典范对应分析（CCA）分析地下水理化因子与水生动物的相关性：

1）影响流域潜流带动物群落的主要环境因子有：流速、流量、水温、溶解氧、浊度、硝酸盐、亚硝酸盐、COD_{Mn}。其中，潜流带地下水水生动物对于水温、电导率的响应关系明显，摇蚊科动物对水温具有响应性。

2）非汛期地下水水生动物分布差异显著的化学因子为硬度（$p=0.03$）、NO_3-N（$p=0.0035$）。其中，泉域排泄区水生动物物种对硬度响应关系明显，敏感的地下水水生动物有蜉科、摇蚊科动物。

3）汛期地下水水生动物分布差异显著的化学因子为总硬度（$p=0.037$）、氯离子（$p=0005$）。其中，潜流带地下水水生动物对总硬度和氯离子响应关系明显，敏感的地下水水生动物为医蛭科和线蚓科动物。

（2）利用地表水-地下水耦合模拟模型 GSFLOW，分析河湖水系连通工程对于地表水-地下水相互作用的影响，可知：

1）在同样的地下水开采强度下，河流对地下水的补给在丰水年份有所增加，补给时间明显高于平水年、枯水年及特枯年份；地下水补给地表水的时间丰水年份低于平水年份、枯水年及特枯年份，地下水补给地表水的平均速率丰水年份高于平水年、枯水年及特枯年份。

2）受调水工程影响，地下水位多年动态特征呈现明显的升高趋势。在不考虑调水工程的情景下，1991—1993 年、1999—2000 年河道基流量为 0，随着工程实施，1997 年、1998 年等平水年份能够恢复河道基流量，且地下水侧向补给量有所增加。

第10章 感潮河网区水系连通模拟与连通方案优选——以中顺大围为例

水流作为物质流的主要载体，也是物质、物种、能量、信息流传递的最基本载体，在河湖水系连通过程中发挥了重要作用。本研究基于 HydroMPM 一维模型，建立中顺大围一维感潮河网水量水质模型，选取水体吞吐能力、流速、污染物浓度作为反映物质流连通的指标，通过设置不同的连通方案，模拟计算不同情况下河网的水流吞吐能力、流速流向、污染物浓度指标，并对连通前后各指标进行对比评价，最终得到中顺大围最优物质流连通方案。

10.1 示范点概况

10.1.1 区域概况

中顺大围位于珠江三角洲河网区下游、西江支流出海处，因地跨中山、顺德两市，故名中顺大围，主要包括中山境内的古镇、小榄、东升、横栏、沙溪、大涌、坦背、板芙、港口、沙朗、张家边和石岐城区，顺德的均安，是中山市的政治、文化和经济中心。区域地势西北高，东南低。境内河道纵横交错，围内有横贯中部的骨干河涌（岐江河和凫洲河-横琴海-中部排渠-狮滘河段），两河全长共约 80km，交汇在中山市石岐城区，加上河涌支流及平原排水沟渠等共有河流 298 条，围外西临古镇水道、西海水道、磨刀门水道，北面为东海水道，小榄水道顺东面接横门水道入海。

中顺大围内主干河道有横贯联围中部的石岐河和与之相交的凫洲河、横琴海、中部排灌渠至狮滘河段以及东南部连接磨刀门水道和小榄水道的石岐河，河网水系密布，除少数地处五桂山区的溪流是单向流外，其余绝大多数河流均受潮汐影响。围外沿堤有 47 座水闸，其中大型水闸 2 座、中型水闸 4 座、小型水闸 41 座，围内各镇区建设的不少节制水闸，形成了各个连通节点，阻断了围内水流的连通通道。

进入 20 世纪 80 年代以来，随着该区域的经济、工业和城镇化的发展，河网水环境逐年下降。根据中山市环境监测站及广东省水环境监测中心中山市实验室的水质监测结果，市内 73%河涌水质超标，流经城镇中心区河涌 90%出现超标，部分发黑发臭。市内主要内河岐江河水质达到Ⅳ类标准，中山城区段的水质则为超Ⅴ类，超标项目以有机物为主；横琴河、西部和中部排水渠以及其他内河涌水质不容乐观，水质为Ⅴ类或超Ⅴ类的河涌约占 50%，有的内河涌甚至发黑发臭，如麻子涌等。近几年来，经过内河涌水环境整治工作，内河涌水环境虽有所改善，但内河涌整体水环境仍堪忧。根据对中顺大围内各镇开展的实地调研，各镇区水环境现状如下。

横栏镇：地势在中顺大围内最低，镇区内河涌整体水位较低，河涌蓄水能力有限，引水能力亦受限，因此水流动力不足，加之生活污水压力较大，部分河涌水质差，如图 10.1.1、图 10.1.2 所示。

图 10.1.1 赤州河图

图 10.1.2 拱北水闸内

板芙镇：产业以服装业为主，城镇化水平较高，内河涌水流速度慢，水质较差，如图 10.1.3、图 10.1.4 所示，目前雨污分流已实施 80%，计划城区实现雨污分流，河西农村考虑通过建湿地来改善环境问题。

图 10.1.3 四顷涌图

图 10.1.4 十三顷闸内

南区：地势较高，南面主要是山区，主要污染源是生活污水，工业区影响小，中心城区目前仍在实施雨污分流，尚未完工，雨水管网尚未发挥实际作用。因城区内河涌无水源供给，无法更新水体，部分河涌水环境较差，比如马恒河和秤钩湾，河涌水体黑臭，且流速极为缓慢，如图 10.1.5、图 10.1.6 所示。

小榄镇：镇区面积较大，城镇化水平高，农业面积少；防洪排涝体系配套完善，分片独立管理，雨污分流基本完成，污水处理能力满足目前需求，通过水闸的定向引排水，水质良好，清澈见底（图 10.1.7、图 10.1.8），并在老城市形成环形旅游线路，经济与生态和谐发展，其治水思想和经验值得各镇区借鉴。

图 10.1.5　马恒河

图 10.1.6　秤钩湾

图 10.1.7　沙口涌

图 10.1.8　北村涌

沙溪镇：地势平坦，中部较高，水环境问题较为严重，河涌独立，无水源供给，几乎处于不循环状态，加之过境污水下排，镇内河涌水质较差。镇内狮滘河段和中部排水渠段在涨潮时水质尚可，如图 10.1.9、图 10.1.10 所示。

大涌镇：地势中间高、四周低，与沙溪相似，河涌独立，无水源供给。作为牛仔基地，一日 3 万 t 的排水量，有洗水厂 22 家，共 200 个车间（2012 年），洗水成为最主要的污染源，在汛期及涨潮期间，在外江持续高水位的情况下，东、西河水闸需长时间关闸。岐江河水不能流动直接导致大涌镇境内的西部排水渠内水体难以流动，从而间接导致大涌镇内各条河涌的生活及工业污水积聚于河涌内无法排走，若持续数天，河水变黑发臭，严重影响河涌水环境。枯水月，区域降水少，外江水位低，涨潮时段进水量少，内河不能形成良好的循环流态，生活污水和工业污水在内河涌内回荡，污水长时间聚集在内河涌内，导致河涌水体变黑发臭（图 10.1.11、图 10.1.12）。

图 10.1.9 狮滘河

图 10.1.10 中部排水渠

图 10.1.11 叠石涌

图 10.1.12 岚田涌

古镇镇：位于中顺大围西北部，地势较高，北高西低，水体整体由北向南、由东向西流，河涌自成体系，西江边企业基本清理完毕，工业总量减排，生活污水进污水处理厂，主要产业为印刷、喷漆，150 多家产生污水的工厂进行转移，河涌污染主要是生活污水，新区实施雨污分流，旧区实施截污，市区河涌水质较差（图 10.1.13、图 10.1.14）。

图 10.1.13 古一三公庙河与江头滘河交汇处

图 10.1.14 市区

港口镇：港口镇位于中顺大围东南部，地接中山市城区，是珠江三角洲著名的工业卫星和三高农业基地。近年来，随着社会经济的发展，工业化进程和人口的迅速增长，城区的雨污合流体系使得生活污水与地面雨水皆就近排入各河涌水体，大部分工业废水的不达标排放以及污水处理厂及配套设施的建设滞后，以及生活垃圾的随意排放，造成水环境逐渐恶化，部分河涌水环境差，现状如图 10.1.15 所示。

图 10.1.15　内河涌现状

总体而言，中顺大围内各镇区水环境状况不容乐观，仅小榄镇河涌水环境较好，各镇仍存在偷排、漏排现象，部分河涌无水源供给，水体更新慢，水体黑臭，如马恒河、秤钩湾、叠石涌、岚田涌等。各镇污染物最终汇入岐江河，导致岐江河水质差，未达到水功能区划要求的Ⅵ类的目标，因此岐江河水质达标及中顺大围内各河涌水质好转这一任务亟待解决。

珠江水利科学研究院在中顺大围内开展了多次闸泵群调度实践。2005 年 1 月对中顺大围闸泵群引水调度进行了同步的水质监测数据。2011 年 10 月、2012 年 3 月开展了中顺大围闸泵群水质置换调度，利用外江涨落潮水位过程，根据模型计算确定的各闸门泵站启闭时间，形成内河涌有规则的可控流路，将内河涌污水进行置换，改善了中顺大围内河涌水环境。2012 年 3 月中旬，在 3 月初中顺大围内河涌水质改善调度的基础上，再一次开展了中顺大围闸泵群联合调度试验，进行了蓄水和补充调度，并同步进行原型观测。

10.1.2　存在问题

珠江三角洲地区水系发达、河网贯通，凭借地理环境优势，近年来该区域社会经济飞速发展，工业化程度普遍较高，是广东省经济发展的龙头和主体区域之一。然而随着近 30 多年来区域工业化、城市化的急剧发展，人口迅速膨胀、工企业数量不断增加，造成了污染物排放量增加、环境污染问题日益突出的现状。特别是在高经济密度区域，水处理基础设施建设跟不上经济发展速度、工业发展挤占河滩河道、污染物排放量逐年增加、种类层出不穷等现象爆发，水资源供需矛盾日益突出，生态环境岌岌可危，区域经济发展受到限制的同时，居民的安全健康也受到了威胁。

结合现状调查，珠江三角洲河网水系及中顺大围存在以下典型问题。

(1) 城镇化发展带来的水环境问题

临水而居，择水而憩，自古就是人类亲近自然的本性。珠江三角洲水系发达，也成就了城市的发展。自 1978 年的探索起飞阶段开始，经过 30 多年的发展，珠江三角洲突飞猛进、到现在一直保持着高速发展的趋势，近年来珠江三角洲的 GDP (gross domestic product，国内生产总值) 占广东省的 80%以上。随着城市的发展，城市水环境恶化状况也相当严重，城市水资源短缺和水污染问题将成为我国城市在 21 世纪面临的最紧迫的环境问题。由于城市人口的急剧增长和工业的飞速发展，大量的污水没有得到妥善的处理而直接排入水体，致使水环境遭到严重的破坏。根据《2016 年广东省水资源公报》，2016 年珠江三角洲废污水排放总量 65.78 亿 t，入河废污水量达到 49.99 亿 t。其中工业废水占 47.3%，生活废水占 52.7%。入河废污水量大于 5 亿 t 的地区包括广州市、深圳市、东莞市和佛山市，其中中山市入河废污水量为 4.78 亿 t，与上年基本持平。同年珠江三角洲评价河长 2915.5km，达标 1544.7km，达标率 53.0%，超标项目主要为氨氮、高锰酸钾指数、五日生化需氧量、溶解氧和总磷（图 10.1.16）。

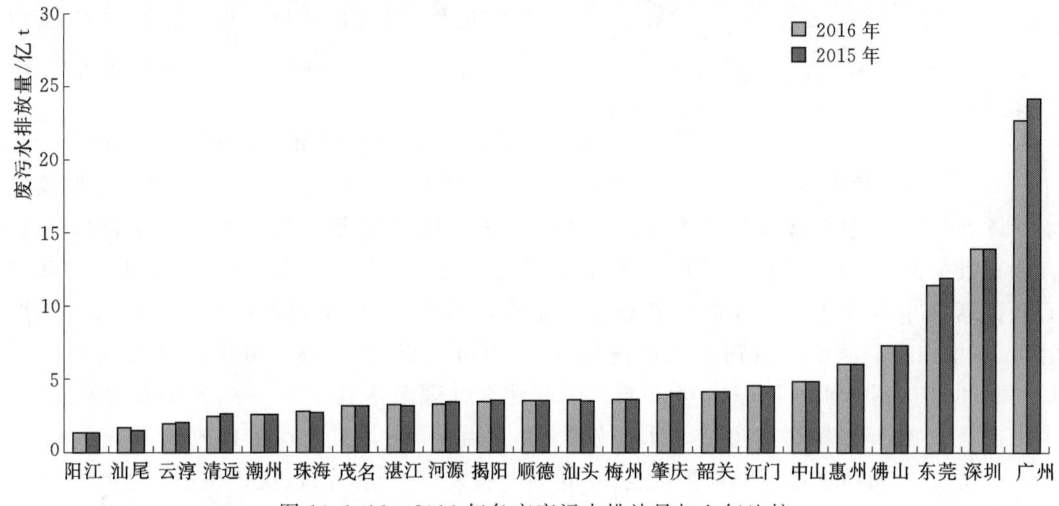

图 10.1.16 2016 年各市废污水排放量与上年比较

众多研究表明，随着 GDP 的增长，经济规模变得越来越大。对于处于发展起步阶段的国家或地区（如珠江三角洲的发展前期），经济增长需要更多的资源投入。而产出的提高意味着废弃物的增加和经济活动副产品——污染物排放量的增长，从而使得环境的质量水平下降。另外人口增长增大了污水排放，越来越成为影响水环境质量的重要因素，城市居民消费水平显著提高，特别是商业、医院和游乐场所的排水更是增长较快，从而导致生活污水排放量迅速增加，特别是大量生活污水不经处理直接排入河涌，使得河涌水环境质量降低。

中顺大围位于珠江三角洲南部、西江支流出海处，总集水面积 709.36km²。围内主要河流有岐江河（又名石岐河）、凫洲河、横琴海等 140 条，长度 878.2km。中顺大围集水面积与岐山河流域范围相吻合，流域内涉及佛山及中山市两个地级行政区域，包括 15 个镇的行政区域，围内农业以稻谷、蚕桑、塘鱼、甘蔗为主，工业种类颇多，有机械制造、纺织、化工、建材等 20 多个行业，拥有五金家电、灯饰、红木家具、电子产品、休闲服饰、游艺游戏、电梯等一批国家或省级特色产业基地。随着中顺大围城镇化建设进程的加快，用水量迅速增长，同时，大量的生活、工业污水未经达标处理直接排入岐江河、凫洲河、横琴海等围内水体，使其水环境日趋恶化。

目前中山市大部分水系污染较严重，地表水资源虽比较丰富，却面临水质型缺水的威胁。据《2014 年度中山市水资源公报》：2014 年全市废污水排放总量为 6.63 亿 m³，其中工业和建筑废污水排放量为 4.7 亿 m³，城镇居民生活污水排放量 1.26 亿 m³，第三产业废污水排放量 0.68 亿 m³（图 10.1.17）。

中山市平均污水量约 180.2 万 m³/d，其中城镇居民生活污水排放量 35 万 m³/d，全市生活污水处理率约为 9%，中心城区约为 35%。中山市工业污水排放量为 128.76 万

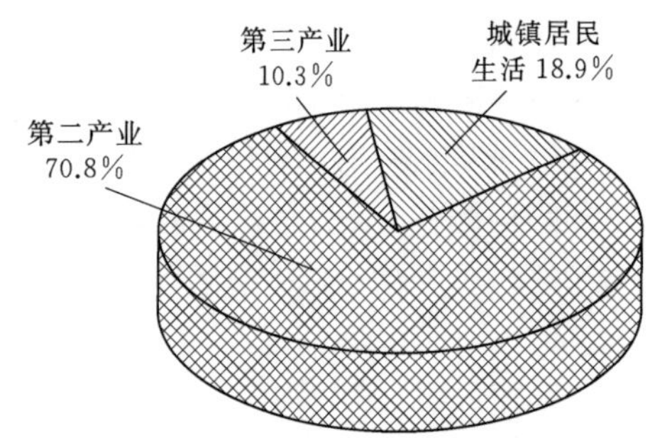

图 10.1.17 2014 年中山市污水排放量组成

m^3/d，排放达标率为 86.77%。根据现状调查，各镇现状排水体制为合流制，生活污水就近排入围内河涌。经统计，直接排入河涌的生活污水量 22.75 万 m^3/d，工业未达标排放污水量约 17 万 m^3/d，其中排放入中顺大围流域内河涌生活污水量约 11.83 万 m^3/d，工业污水量约 $8.84m^3/d$，水体受纳污水总量为 20.67 万 m^3/d。

根据《中山市城市总体规划（2010—2020 年）》，至 2020 年市域常住人口约 420 万人，其中城市（镇）人口约为 403 万人，城镇化水平约为 96%。中心城区常住人口约为 167 万人，其中城市（镇）人口约为 164 万人。其中市级主中心和市级副中心均位于中顺大围内，成为中山市政治、经济、文化、科教中心及高新技术及现代制造业的创新型产业基地，至 2020 年规划人口约 218 万人。根据《广东省中山市编制给水及污水工程规划》，中山市规划 21 个污水分区、21 座污水处理厂，2020 年生活污水处理率达到 80%，工业污水处理率达到 90%。结合城市发展战略，中山市至 2020 年城镇居民生活污水排放量 45.5 万 m^3/d，工业污水排放量为 167.39 万 m^3/d，按照规划污水达标率计算，至 2020 年中顺大围流域内河涌受纳生活、生产污水总量达到 27.63 万 m^3/d。

随着中山市经济的迅速发展，中顺大围区内人口在不断增加，城镇居民生活污水和工业废水就近排入水体，造成水体污染负荷急剧增长，水环境质量不断恶化，部分出现了变黑发臭现象，超过Ⅴ类水体指标，使人民的物质文化生活和身心健康受到严重影响，进一步影响了中山塑造适宜居住、适宜创业的城市形象。

（2）水利工程缺乏统一调度管理问题

中顺大围位于珠江三角洲下游，东临东海水道和小榄水道，西临磨刀门水道，因跨越中山市和佛山市顺德区，故称中顺大围。中顺大围内主干河道有横贯联围中部的石岐河和与之相交的凫洲河、横琴海、中部排灌渠至狮滘河段以及东南部连接磨刀门水道和小榄水道的石岐河。围内有其他河涌 140 余条，总长约 870km。岐江河是其中一条主要河流，位于中顺大围南部，西接磨刀门水道，东连横门水道，总长 39.15km，平均宽度 100m，是一条人工运河，穿越中山市主城区，被誉为中山市“母亲河”。

1953 年中顺大围联围以前，中顺大围范围内有两条主要水系，一条是始于北部东海大道，从顺德均安流入的凫洲河-横琴海-拱北河水系，归于西边磨刀门水道；另一条是始于小榄水道的百花头-港口沥-岐山河水系，归于磨刀门水道。几十条主要河涌分别汇入两条水系，各流域形成了自北向南的扇形水系形态，水体流态受不规则半日潮动力影响，涨潮进水，退潮排水，往复循环。

1953—1974 年，中山、顺德两地人民将小榄水道、西江水道之间的大小 400 多个小围通过修筑东、西两条干堤围在一起，先后经过联围筑堤、堵塞河口、修筑水闸、开挖人工渠、闭口成围等工程措施，通过东西两条干堤和南部五桂山，形成了一个封闭的流域范围，形成了中顺大围。在沿堤近 50 座水闸控制下，将原来三角洲自然的感潮河流流态改变为水闸控制的复杂流态，水系格局也发生了重大的变化，新开北部、西部、中部、十六顷、大寨河等排水渠，使河网更加复杂，堵塞拱北河南部出口，解中部排水渠经狮滘河入岐江河，并且堵塞了百花头入口，将联围以前的两个水系流域变为一个水系——岐江河流域。

从1994年开始，东河、西河水闸承担改善石岐河水环境任务，为中山创建国家卫生城市做出了贡献。中顺大围内主干河道有横贯联围中部的石岐河和与之相交的凫洲河、横琴海、中部排灌渠至狮滘河段以及东南部连接磨刀门水道和小榄水道的石岐河。围内有其他河涌140余条，总长约870km，除少数地处五桂山区的溪流是单向流外，其余绝大多数河流均受潮汐影响，是双向流。其他众多大小河涌、排水沟渠与主干河道相互交联，构成水系发达、结构复杂的联围内河网。

由于围内城镇发展需要，生活、灌溉、工业等各方面需水增大，为了充分利用水资源，中山市大规模地筑闸设泵，据统计外江水闸达到28个，内涌12个节制闸，闸门的修建人为地改变了城市内河与外河的天然联系，阻断了围外主要河道和围内河涌水体的自然交换，导致原本自然状态下连通的水网被阻。加上围内各镇区修建节制闸门，进一步造成围内河涌间水力连通受阻。

根据调研情况，中顺大围现状参与调度的水闸和泵站仅4个，分别是横门水闸、东河水闸、西河水闸和东河泵站，调度的目的主要是防洪、排涝、灌溉和航运。根据《2016年中山市环境质量公报》，石岐河、前山河水道和兰溪河达到Ⅳ类水质标准，属轻度污染级别。泮沙排洪渠和中心河水质达到劣Ⅴ类水质标准，属于重度污染级别，主要污染指标均为氨氮和总磷。

流域是一个以水资源为核心的统一完整的生态社会经济系统，流域内的生态环境、自然环境和社会经济相互作用、相互依存和相互制约。目前中顺大围流域是按照条块分割式管理，导致条块管理者以自身利益优先考虑，公共利益滞后安排的管理思路。在现行管理体制下结合现状分析，中顺大围流域由于现行管理体制导致流域管理存在以下问题。

1）流域内镇区经济发展和管理者重视程度的不平衡导致建设、管理和运行维护的不平衡。同样规划标准的堤防，管理维护不一样，堤防寿命的安全保障能力也会不一样。而流域内目前存在的排涝能力有差距，水环境质量有区别，水资源调配能力不平衡等，无不与各自发展、自行管理有关。

2）公共骨干河涌和跨镇区河涌管理不到位，导致河道被挤占、阻塞、水流不畅、堤岸高度不一等。真正能体现流域公共利益、维持流域生命健康状态的核心骨干工程反而导致管理缺位、维护标准不一、运行管理乏力的现状。也正是因为镇区发展和重视的不平衡，一些镇区为自身利益，在跨镇区河涌上修筑节制闸，阻断跨镇区河涌，导致大量的水事纠纷和不同利益群体之间的矛盾隐患，有工程调度能力的镇区在满足自身区域内的水资源保障的同时，也会导致下游镇区或无工程调度能力镇区水患不断，或因水质差而担忧，或因水满为患而发愁，或因水量不足而焦虑。

3）流域管理体制不健全，通过条块管理分割后，处于夹缝中的流域管理机构——中顺大围工程管理处，呈现有职无能的尴尬境况，主要是因为未赋予流域管理的行政职能而不能发挥流域管理作用，尽管现行“三定”方案中赋予了部分涉及流域管理的职责，但在市和镇两层行政机构的夹缝中运行，有责无权，管理缺位，不能有效履行流域管理的职责。

中顺大围围内闸泵受中顺大围管理处以及闸泵所在各镇区分别管控。由于围内镇区较多（小榄镇、东升镇、古镇镇、大涌镇、板芙镇、沙溪镇等），各镇区、中顺大围管理处间日常行政互不干涉，各自为政。各镇区根据自身需水调水要求，各自调控所管辖的闸门，造成围内外江闸泵及围内河涌节制闸泵无法形成统一调度。

（3）水系引水连通方式问题

中顺大围横贯中山市中部，西与西江干流磨刀门水道连接，东与横门水道连通，为典型的感潮河网水系，具有流态复杂、流动性小等特点。由于潮汐的影响，围内河涌水流形态呈双向流。当外江潮位涨潮大于某一高水位时，为满足防洪挡潮要求，东、西河闸门需要关闭，在此期间，围内河涌水流缓慢甚至滞留，其余时间东西河水闸开启，外江水按其水位及潮位变化同时从两端进入或退出，一般汇潮点在大冲附近，石岐河受纳的污染物受双向流的影响而回荡在石岐河中段及城区河段，无法顺畅排出。河道两端的部分污染物可通过潮汐作用向两边河口方向逐渐推移，局部改善河涌水环境，而河道中段同时也是人口工业密集、污染物排放量大的城区河段，水污染问题最严重而水质改善效果最差。

中顺大围围内河涌及围外河道是西北江三角洲网河区的主体部分，整个河网受上游来水和河口潮流的共同作用，其水流及污染物在各汊河中贯流并交互影响，导致污水在河网内部回荡而无法及时排出，尤其是主要河道岐江河中部，水体交换能力差。围内部分河涌为断头涌，无活水来源，无法跟周边河网相连，导致水体流动缓慢，污染物长期集聚，水体变黑臭。

结合中顺大围调度改善水环境存在的问题，目前水利学者及工作者已经开展了大量的相关研究。2005 年武汉大学郭薪蕾、陈大宏等结合岐江河及相关水系实际情况，建立了相应水动力模型和水质模型相耦合，形成了水动力和水质量模型，通过计算西河口引水、东河口排水工况，可以看出通过一定的工程措施和闸门的运行调度能够改善岐江河水质。2006 年中山市水利局郑浩芝针对中顺大围石岐河现状情况进行分析并拟定改善水质方案，提出了西河闸、白濠头闸、凫洲河闸、石龙水闸等联合引水，可达到石岐河引水冲污的目的。2005 年武汉大学赵英林、刘画眉为治理岐江河的水体污染和改善中山市水环境，提出了以引水冲污为主的工程措施，通过分析现状、拟订方案，最终选定多渠道联合引水方案，可使岐江河城区段 BOD_5 时间保证率提高 16%～28%。2013 年中顺大围工程管理处袁福怀通过对中山市岐江河水系形态分析，结合其特殊的流域特征和管理现状，对岐江河水环境综合整治和流域水资源管理进行了相应思考及分析。

水利学者通过大量的研究得出一致结论：通过多渠道单向引水可以改善岐江河城区河段水环境，实现引水冲污的目的，但是中顺大围流域内存在复杂的河网水系及部分断头盲肠河涌，通过多渠道联合同时单向引水，内部部分复杂的环状河网水系容易出现两端引水中部顶托的现象，中部河段污染物往复震荡蓄积沉积，不易排出，引起河涌水质进一步恶化，甚至出现污染物质向现状污染物排放量少、水质较好的河涌段二次转移的风险。

10.2　中顺大围水量-水质一维模型模拟

10.2.1　计算区域概化

河道最大深处 7m 左右，在断面的横向上，污染物浓度基本不变，不考虑污染物在横向和垂向的浓度。因此中顺大围示范点选用一维模型。建模区域为中顺大围主要河涌凫洲河、西部排水渠、岐江河相连接的大小河涌，根据中顺大围现状河道情况，对其进行概化，河网概化图如图 10.2.1 所示，整个河网模型共 1511 个断面、140 个河段、251 个汊点、28 个边界水闸、12 个节制闸，各边界水闸、主要河涌对应断面情况如表 10.2.1 所示。中顺大围内通节制水闸统计表如表 10.2.2 所示。

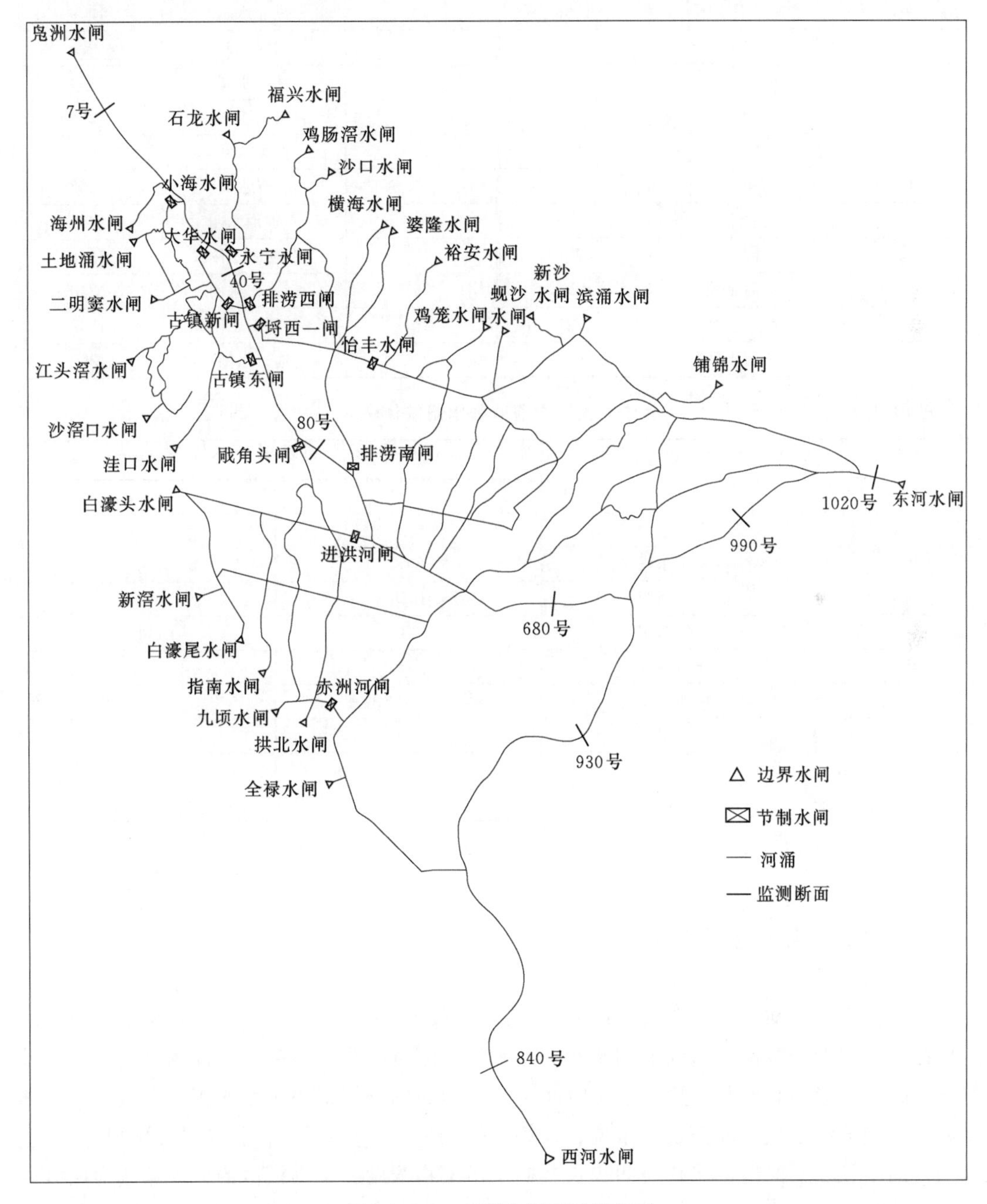

图 10.2.1　中顺大围河网概化图

表10.2.1 中顺大围外江边界水闸统计表

边界水闸序号	边界水闸	所在断面序号	边界水闸序号	边界水闸	所在断面序号
1	凫洲水闸	1	15	海州水闸	103
2	石龙水闸	116	16	白濠头水闸	1140
3	福兴水闸	1230	17	白濠尾水闸	1180
4	鸡肠滘水闸	1236	18	拱北水闸	1209
5	沙口水闸	145	19	西河水闸	820
6	横海水闸	209	20	新滘水闸	1265
7	婆隆水闸	1241	21	指南水闸	1268
8	裕安水闸	262	22	九顷水闸	1277
9	鸡笼水闸	287	23	全禄水闸	1282
10	蚬沙水闸	1252	24	土地涌水闸	1285
11	新沙水闸	1259	25	二明窦水闸	1342
12	滨涌水闸	426	26	江头滘水闸	1350
13	铺锦水闸	1221	27	沙滘口水闸	1392
14	东河水闸	1025	28	洼口水闸	1395

表10.2.2 中顺大围内通节制水闸统计表

节制闸序号	节制闸名称	所在上游断面序号	所在下游断面序号
1	小海水闸	1303	1304
2	大华水闸	1330	1331
3	永宁水闸	143	142
4	古镇新闸	1326	1327
5	古镇东闸	1441	1442
6	排涝西闸	179	178
7	埒西一闸	351	350
8	怡丰水闸	375	376
9	戙角头闸	1489	1490
10	排涝南闸	260	259
11	进洪河闸	1162	1163
12	赤洲河闸	696	697

10.2.2 初始条件和边界条件

（1）初始条件

模型计算模拟前，要在模型Setting文件中设置模型计算的初始值，本次模型的水动力模拟，需设置分级解法，断面初始水深、水位、流量，是否热启动、计算时间步长，计算起始时间，模拟总时长，模型输出时间步长，断面的全局最小过水面积等参数。涉及的初始条件为分级解法、断面初始水位、计算时间步长，计算起始时间，模拟总时长，模型输出时间步长、实时监测采样时间步长、初始污染物浓度。本书模拟的分级解法为四级联解+压缩矩阵，无热启动。模拟时间段为2014年1月1日8：00至2014年1月27日7：00，初始水位采用所有边界闸门第0小时的平均水位，初始流量为1m^3/s，初始污染物浓度为 40mg/L（具体设置依据见 3.1.2 小节），计算时间步长为 300s，为便于统计以开始时刻为 0h，模拟总时长为 623h，模型输出时间步长为 3600s，实时监测采样时间步长为 3600s。

（2）边界条件

本模型边界条件在 3.1.2 节已详细介绍，主要包括河网边界的边界类型；边界的水位（m）、流量（m^3/s）时间序列过程；污染物 C1 物质组分的边界时间序列；水闸调度规则和水闸状态。本次模型河网边界条件采用中顺大围管理处提供的各水闸外江潮水位边界，边界水闸和节制水闸调度规则按照设计工况形式进行设置，水闸状态按照各水闸的实际状态进行设置，根据后文污染物浓度设置方案，本次污染物浓度边界取 0mg/L。

10.2.3 模型控制参数

（1）水动力参数

水动力主要参数包括差分系数、重力加速度值、曼宁系数。

（2）水质参数

水质参数主要为污染物降解系数，由于中顺大围的污染为耗氧型有机污染，因此选择 COD 作为模拟因子，本次不考虑降解，仅考虑污染物的对流扩散。

10.3 模型参数率定及验证

模型参数率定是通过修改模型中敏感参数后得到的模型模拟计算结果数据与实测数据对比，直至模拟结果与实测数据的误差结果满足要求为止。

本次模型对水动力参数进行率定及验证，率定时间为 2014 年 5 月 2 日 16：00 至 5 月 4 日 4：00，以岐江河中段同步水位观测资料进行模型参数率定，模型各水闸水位边界条件采用同时间段实测的潮位过程，闸门调度规则按照同时间段外江闸门实际开关设置，率定结果见图 10.3.1（a）。模型的验证以 2014 年 5 月 5 日 19：00 至 5 月 7 日 7：00 的岐江河中段同步水位观测资料作为模型的验证资料，验证结果见图 10.3.1（b），可以看到计

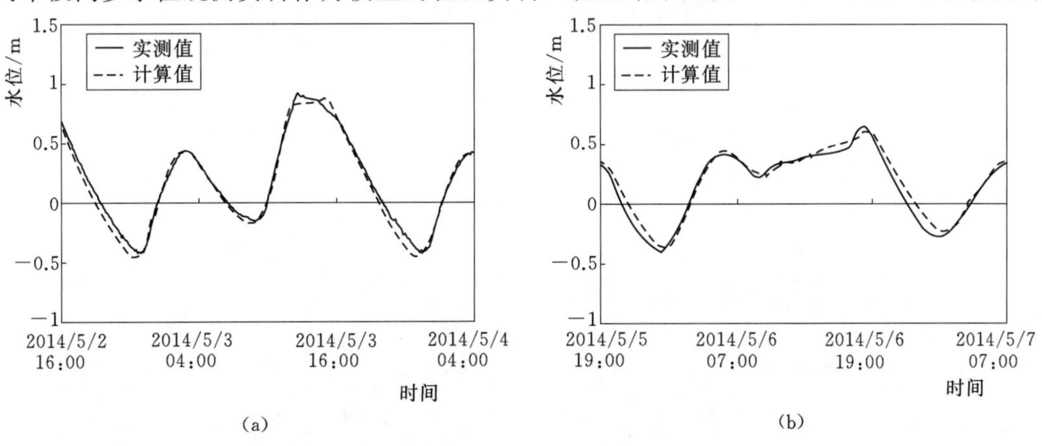

图 10.3.1 水位模拟与实测对比图

算值和实测值拟合较好。本模型最终确定的差分系数为gama取0.85，曼宁系数总体取值为0.02，部分取值在0.01～0.035之间。

10.4 不同连通模式下物质流特性分析

目前中顺大围围内的水环境情况逐年下降，根据相关监测资料，围内Ⅴ类或超Ⅴ类的河涌约占50%，未达到相应水功能区的水质要求，其主要因素是围内闸坝较多，导致河网水体水动力受阻，水体吞吐能力差，加上河网受上游来水和河口潮流的共同作用，其水流及污染物在各汊河中贯流并交互影响，物质流连通性差，导致河网水环境恶化。因此通过设置不同的连通方案对中顺大围感潮河网一维水量-水质模型模拟，通过对各方案下的物质流特性进行分析对比，最终得到最优的连通方案。

10.4.1 连通方案设置

（1）连通前

根据现场实地调查以及查阅相关资料，中顺大围河网由于涉及镇区较多，位于各镇区的所管辖范围内的边界及节制水闸在日常管理中并不受统一调度，各镇区为保证自身的水资源得以充分利用，避免水资源流失，将各自管辖的节制闸门全部关闭，造成各镇区的河涌与围内主要河道的水文水力连通通道长期关闭，同时外江闸门根据潮位变化而动态开关，主要开关原则为进水时，达到控制水位时关闸，退水时，则开闸。因此将此闸门运行方案作为连通前的现状方案，可概括如下：各镇区控制的节制闸门均关（1～12号节制闸均关）；其余外江水闸进水时，达到控制水位即关闸；退水时，开闸。各边界闸门控制水位如表10.4.1所示。

表10.4.1　　各边界闸门控制水位

序号	边界闸门	控制水位/m	序号	边界闸门	控制水位/m
1	凫洲水闸	1.2	15	海州水闸	1.2
2	石龙水闸	1.1	16	白濠头水闸	0.8
3	福兴水闸	1.1	17	白濠尾水闸	0.65
4	鸡肠滘水闸	1.1	18	拱北水闸	1.0
5	沙口水闸	1.1	19	西河水闸	1.0
6	横海水闸	1.0	20	新滘水闸	0.9
7	婆隆水闸	1.0	21	指南水闸	0.9
8	裕安水闸	1.2	22	九顷水闸	0.9
9	鸡笼水闸	1.2	23	全禄水闸	0.8
10	蚬沙水闸	1.2	24	土地涌水闸	1.2
11	新沙水闸	1.2	25	二明窦水闸	1.0
12	滨涌水闸	1.2	26	江头滘水闸	0.85
13	铺锦水闸	1.2	27	沙滘口水闸	0.85
14	东河水闸	0	28	洼口水闸	0.85

（2）连通后

针对现状情况，本次中顺大围的物质流连通总体目标是增加整个河网的水力连通性，加强河涌水动力能力，增加河网引入水量，提高河涌水的自净能力，将主要河道水流呈双向流变为单向流，从而缓解河涌水质污染状况，达到河网物质流通畅。

根据连通的总体目标，制订以下连通方案，具体如下。

方案一——各节制闸均开，其余水闸与现状相同。

方案二——各节制闸均开，东河水闸定向排水（只出不进：水闸外边界水位下降至控制水位后关闸），其余外江水闸定向引水（只进不出：水闸外边界水位上涨至控制水位后关闸）。

方案三——各节制闸定向引或排水，东河水闸定向排水，其余外江水闸定向引水，达到控制水位后关闸。

方案四——各节制闸定向引或排水，东河、铺锦水闸定向排水，其余外江水闸定向引水，达到控制水位后关闸。

10.4.2 水体吞吐能力分析

（1）连通前现状

根据模拟结果，现状工况下不同时刻河网累计流入、累计流出水量如图 10.4.1 所示，可以看到该工况下整个围内累计流入与流出水量随着时间的增加而增加，在最终时刻第 623h 后，累计流入、累计流出水量均达到峰值，分别为 78437.78 万 m^3、78101.71 万 m^3。

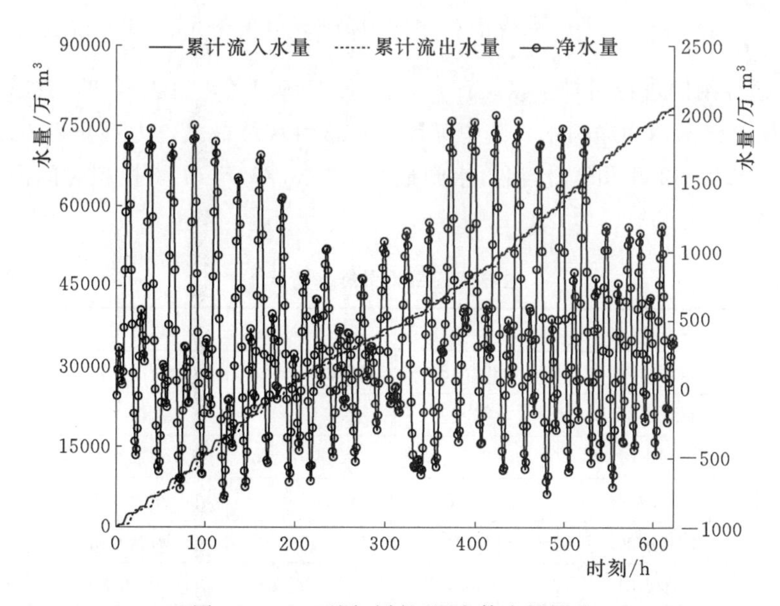

图 10.4.1 不同时刻河网水体水量情况

不同时刻净水量则随着时间的增加呈波浪形态，有正有负，在第 423h 时刻净水量达到峰值为 1992.19 万 m^3，第 121h 时刻净水量最小，为 −794.94 万 m^3，平均净水量为 351.52 万 m^3。

由此可以看到，在现状工况下，虽然围内累积流入及流出水量较大，但由于外江闸门采取进水时，达到控制水位即关闸，退水时，开闸这种控制状态，在外江潮位的变化影响下，围内净水量在某些时刻是负值。

对不同时刻河网的涌容进行统计，如图 10.4.2 所示，河网的涌容随着时间的增加呈波浪态起伏，其中在第 423h 时刻，涌容最大，为 5892.19 万 m^3，在第 481h 时刻，涌容最小，为 3144.44 万 m^3，平均涌容为 4264.364 万 m^3。

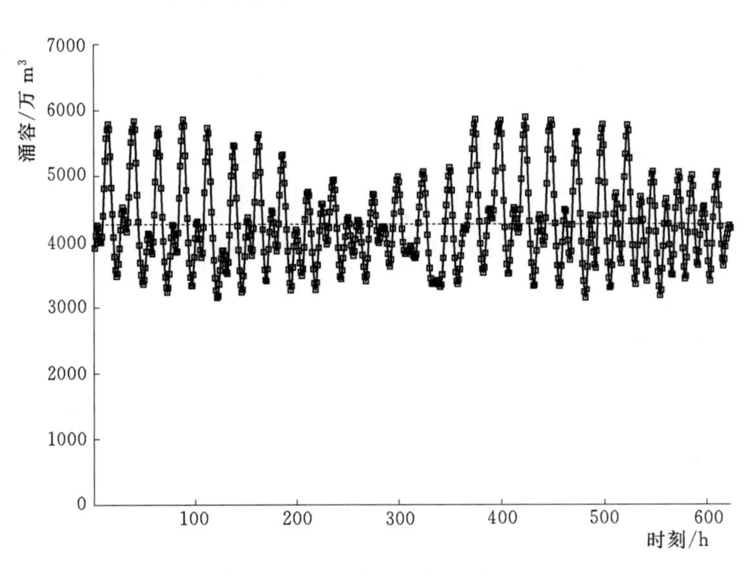

图 10.4.2　不同时刻河网涌容

对 28 个边界闸门进行引排水量统计，具体见表 10.4.2，由表可知，现状方案下，有 17 个水闸在模拟时间内为净引水，其中铺锦水闸总引水量最大，为 2666.93 万 m^3，西河水闸其次，为 2279.62 万 m^3，沙滘口水闸最小，为 3.27 万 m^3，模拟时间内整个水网总引水量为 10574.65 万 m^3。

表 10.4.2　　**边界闸门平均引排水情况**　　单位：万 m^3

序号	边界闸门	现状	序号	边界闸门	现状
1	凫洲水闸	1373.18	11	新沙水闸	178.46
2	石龙水闸	−80.90	12	滨涌水闸	2269.08
3	福兴水闸	82.78	13	铺锦水闸	2666.93
4	鸡肠滘水闸	106.93	14	东河水闸	−8378.30
5	沙口水闸	88.95	15	海州水闸	−418.61
6	横海水闸	−125.79	16	白濠头水闸	−446.85
7	婆隆水闸	−57.04	17	白濠尾水闸	50.80
8	裕安水闸	29.82	18	拱北水闸	493.16
9	鸡笼水闸	483.69	19	西河水闸	2279.62
10	蚬沙水闸	343.46	20	新滘水闸	−148.60

续表

序号	边界闸门	现状	序号	边界闸门	现状
21	指南水闸	−22.00	26	江头滘水闸	12.35
22	九顷水闸	−24.40	27	沙滘口水闸	3.27
23	全禄水闸	−423.51	28	洼口水闸	−116.49
24	土地涌水闸	40.05	引水合计		10574.65
25	二明窦水闸	72.13			

（2）连通后方案

1）方案一：根据模拟结果，方案一不同时刻河网累计流入、累计流出水量如图 10.4.3 所示，可以看到该方案下整个围内累计流入、流出水量随着时间的增加而增加，在最终时刻第 623h 后，累计流入、累计流出水量均达到峰值，分别为 80098.44 万 m^3、79766.82 万 m^3。

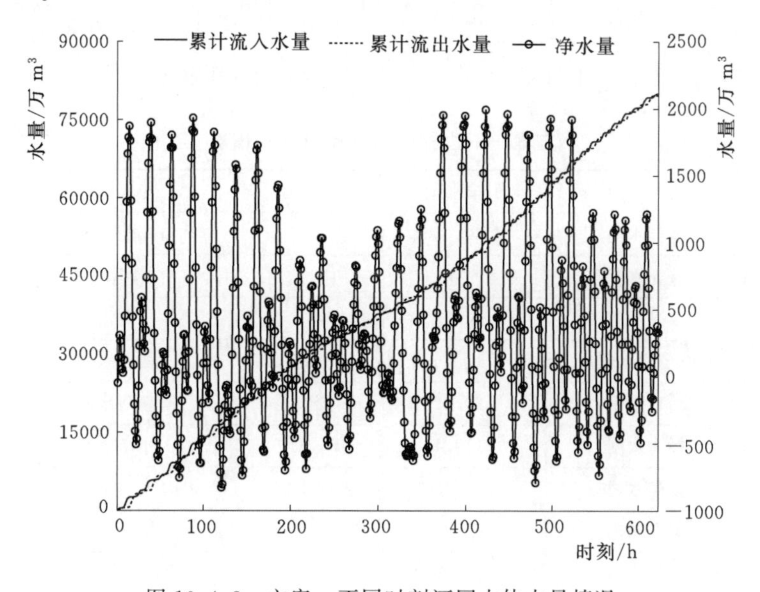

图 10.4.3　方案一不同时刻河网水体水量情况

不同时刻净水量随着时间的增加呈波浪形态，有正有负，在第 423h 时刻净水量达到峰值，为 1992.19 万 m^3，第 121h 时刻净水量最小，为−827.81 万 m^3，平均净水量为 343.90 万 m^3。

对不同时刻河网的涌容进行统计，如图 10.4.4 所示，河网的涌容随着时间的增加呈波浪态起伏，其中在第 423h 时刻，涌容最大，为 5887.71 万 m^3，在第 481h 时刻，涌容最小，为 3105.55 万 m^3，平均涌容为 4252.41 万 m^3。

对 28 个边界闸门进行引排水量统计，具体见表 10.4.3，由表可知，方案一下，有 14 个水闸在模拟时间内为净引水，其中铺锦水闸总引水量最大，为 2668.48 万 m^3，西河水闸其次，为 2473.44 万 m^3，白濠尾水闸最小，为 21.63 万 m^3，模拟时间内整个水网总引水量为 11260.75 万 m^3。

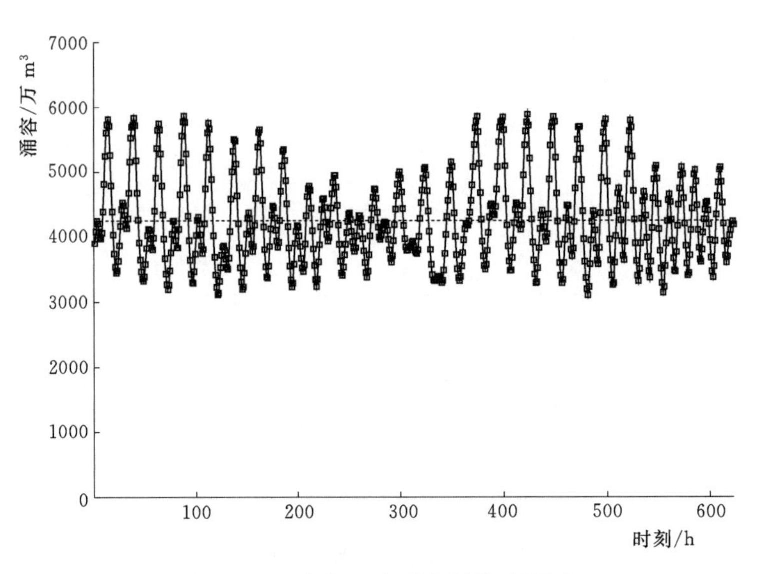

图 10.4.4　方案一下不同时刻河网涌容

表 10.4.3　　方案一下边界闸门平均引排水情况　　单位：万 m^3

序号	边界闸门	引排水量	序号	边界闸门	引排水量
1	凫洲水闸	1789.33	16	白濠头水闸	−500.11
2	石龙水闸	86.66	17	白濠尾水闸	21.63
3	福兴水闸	85.29	18	拱北水闸	73.09
4	鸡肠滘水闸	217.76	19	西河水闸	2473.44
5	沙口水闸	170.82	20	新滘水闸	−164.18
6	横海水闸	−119.11	21	指南水闸	−58.89
7	婆隆水闸	−44.01	22	九顷水闸	−55.91
8	裕安水闸	82.00	23	全禄水闸	−543.56
9	鸡笼水闸	581.39	24	土地涌水闸	−148.85
10	蚬沙水闸	388.52	25	二明窦水闸	−162.46
11	新沙水闸	180.59	26	江头滘水闸	−61.16
12	滨涌水闸	2441.75	27	沙滘口水闸	−53.36
13	铺锦水闸	2668.48	28	洼口水闸	−751.74
14	东河水闸	−7834.98	引水合计		11260.75
15	海州水闸	−430.25			

2）方案二：根据模拟结果，方案二不同时刻河网累计流入、累计流出水量如图 10.4.5 所示，可以看到该方案下整个围内累计流入、流出水量随着时间的增加而增加，在最终时刻第 623h 后，累计流入、累计流出水量均达到峰值，分别为 40330.39 万 m^3、39956.57 万 m^3。

河网不同时刻净水量与前两个方案不同，其值均大于 0，随着时间的增加呈波浪形

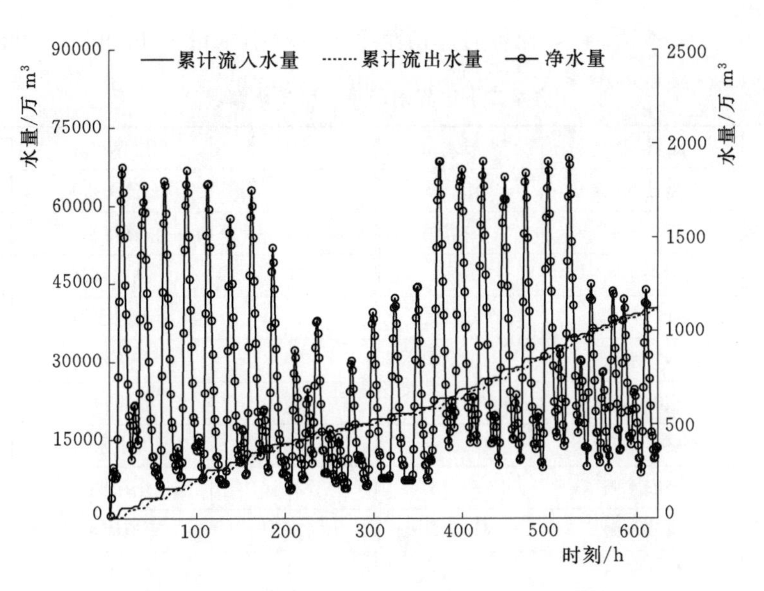

图 10.4.5　方案二下不同时刻河网水体水量情况

态，在第 522h 时刻净水量达到峰值，为 1920.25 万 m³，第 1h 时刻净水量最小，为 13.60 万 m³，平均净水量为 704.42 万 m³。

对不同时刻河网的涌容进行统计，如图 10.4.6 所示，河网的涌容随着时间的增加呈波浪态起伏，其中在第 15h 时刻，涌容最大，为 5817.43 万 m³，在第 1h 时刻，涌容最小，为 3964.00 万 m³，平均涌容为 4610.78 万 m³。

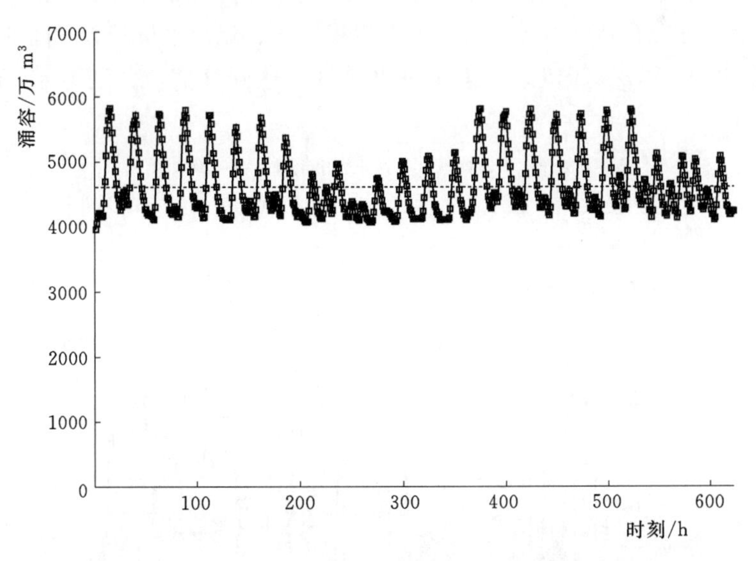

图 10.4.6　方案二下不同时刻河网涌容

对 28 个边界闸门进行引排水量统计，具体见表 10.4.4，由表可知，方案二下，由于本方案各边界水闸设置调控工况为东河水闸定向排水，其余外江水闸定向引水，因此有 27 个水闸在模拟时间内为净引水，其中西河水闸总引水量最大，为 18125.02 万 m³，新滘水闸最小，为18.80万m^3，模拟时间内整个水网总引水量为40297.07万m^3。

表10.4.4　　方案二下边界闸门平均引排水情况　　单位：万m^3

序号	边界闸门	引排水量	序号	边界闸门	引排水量
1	凫洲水闸	1013.45	16	白濠头水闸	123.46
2	石龙水闸	171.55	17	白濠尾水闸	188.30
3	福兴水闸	102.32	18	拱北水闸	4100.07
4	鸡肠滘水闸	240.90	19	西河水闸	18125.02
5	沙口水闸	207.40	20	新滘水闸	18.80
6	横海水闸	718.87	21	指南水闸	281.25
7	婆隆水闸	131.57	22	九顷水闸	277.77
8	裕安水闸	254.16	23	全禄水闸	756.27
9	鸡笼水闸	613.93	24	土地涌水闸	36.87
10	蚬沙水闸	255.44	25	二明窦水闸	443.22
11	新沙水闸	93.51	26	江头滘水闸	97.68
12	滨涌水闸	3681.37	27	沙滘口水闸	292.29
13	铺锦水闸	7005.57	28	洼口水闸	863.60
14	东河水闸	−39922.69	引水合计		40297.07
15	海州水闸	202.43			

3）方案三：根据模拟结果，方案三不同时刻河网累积流入、累积流出水量如图10.4.7所示，可以看到该方案下整个围内累积流入、流出水量随着时间的增加而增加，在最终时刻第623h后，累积流入、累积流出水量均达到峰值，分别为40355.81万m^3、39979.37万m^3。

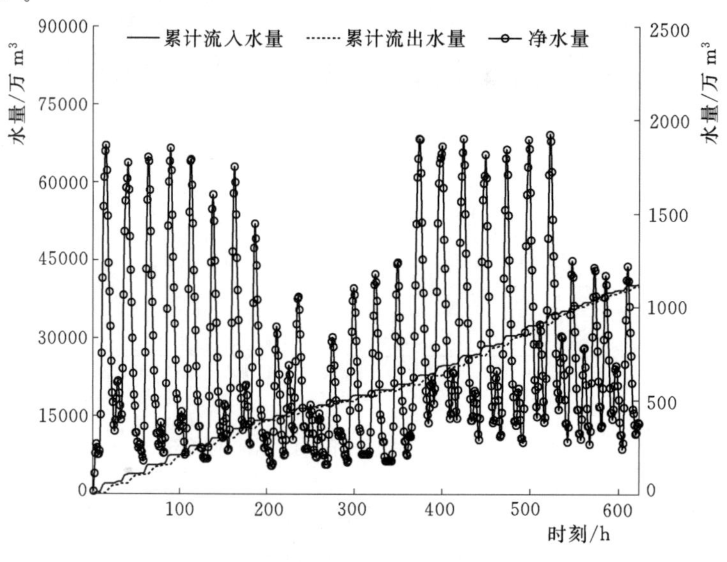

图10.4.7　方案三下不同时刻河网水体水量情况

不同时刻净水量均大于0，随着时间的增加呈波浪形态，在第522h时刻净水量达到峰值，为1921.27万m^3，第1小时时刻净水量最小，为13.66万m^3，平均净水量为703.23万m^3。

对不同时刻河网的涌容进行统计，如图10.4.8所示，河网的涌容随着时间的增加呈波浪态起伏，其中在第15h时刻，涌容最大，为5808.26万m^3，在第1h时刻，涌容最小，为3964.06万m^3，平均涌容为4609.71万m^3。

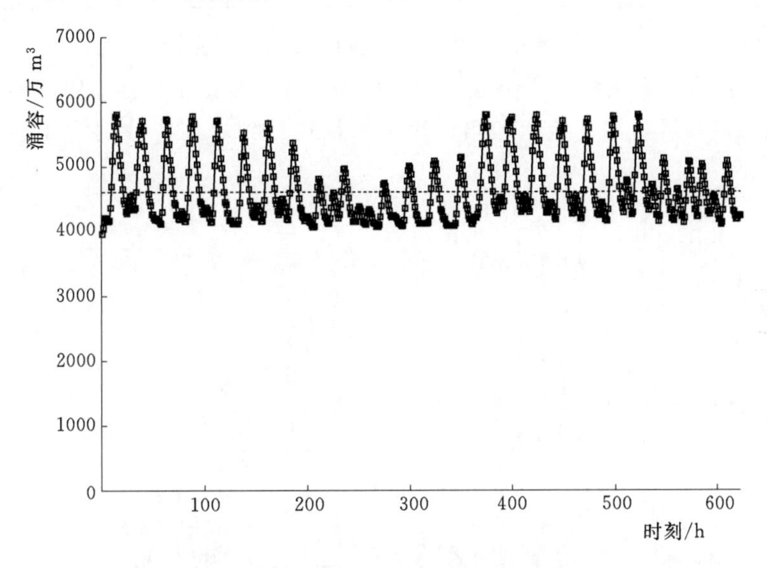

图10.4.8 方案三下不同时刻河网涌容

对28个边界闸门进行引排水量统计，具体见表10.4.5，由表可知，方案三与方案二相同，有27个水闸在模拟时间内为净引水，其中西河水闸总引水量最大，为18214.87万m^3，新滘水闸最小，为16.29万m^3，模拟时间内整个水网总引水量为40319.82万m^3。

表10.4.5　　方案三下边界闸门平均引排水情况　　单位：万m^3

序号	边界闸门	引排水量	序号	边界闸门	引排水量
1	凫洲水闸	1057.10	12	滨涌水闸	3627.47
2	石龙水闸	171.01	13	铺锦水闸	6984.04
3	福兴水闸	101.39	14	东河水闸	−39942.84
4	鸡肠滘水闸	240.79	15	海州水闸	219.93
5	沙口水闸	208.87	16	白濠头水闸	81.38
6	横海水闸	760.19	17	白濠尾水闸	184.52
7	婆隆水闸	139.35	18	拱北水闸	4096.60
8	裕安水闸	235.41	19	西河水闸	18214.87
9	鸡笼水闸	592.06	20	新滘水闸	16.29
10	蚬沙水闸	249.12	21	指南水闸	276.51
11	新沙水闸	92.05	22	九顷水闸	276.55

续表

序号	边界闸门	引排水量	序号	边界闸门	引排水量
23	全禄水闸	784.30	27	沙滘口水闸	289.77
24	土地涌水闸	40.50	28	洼口水闸	847.84
25	二明窦水闸	434.53	引水合计		40319.82
26	江头滘水闸	97.41			

4）方案四：根据模拟结果，方案四不同时刻河网累计流入、累计流出水量如图 10.4.9 所示，可以看到该方案下整个围内累计流入、流出水量随着时间的增加而增加，在最终时刻第 623h 后，累计流入、累计流出水量均达到峰值，分别为 37170.68 万 m^3、36801.60 万 m^3。

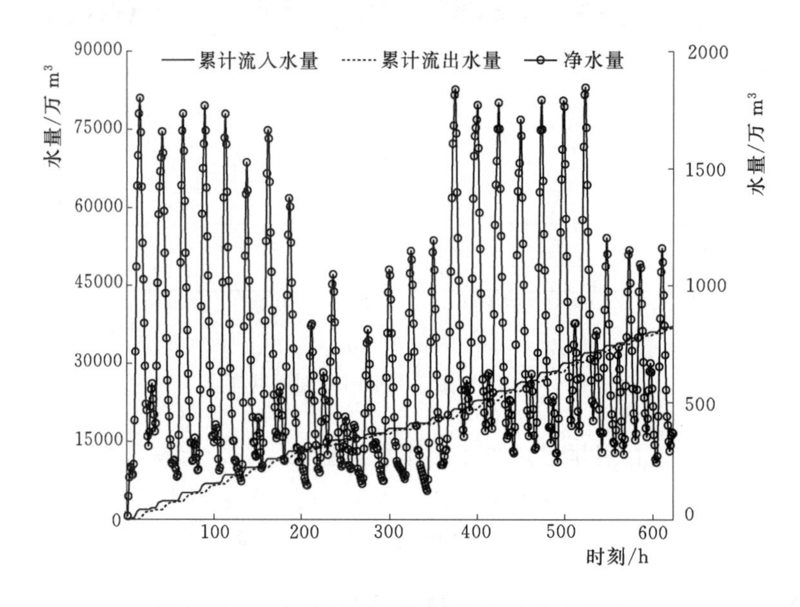

图 10.4.9 方案四下不同时刻河网水体水量情况

不同时刻净水量均大于 0，随着时间的增加呈波浪形态，在第 523h 时刻净水量达到峰值，为 1815.15 万 m^3，第 1h 时刻净水量最小，为 13.61 万 m^3，平均净水量为 667.04 万 m^3。

对不同时刻河网的涌容进行统计，如图 10.4.10 所示，河网的涌容随着时间的增加呈波浪态起伏，其中在第 15h 时刻，涌容最大，为 5744.80 万 m^3，在第 1h 时刻，涌容最小，为 3964.02 万 m^3，平均涌容为 4575.87 万 m^3。

对 28 个边界闸门进行引排水量统计，具体见表 10.4.6，由表可知，方案四下，由于将铺锦水闸和东河水闸设置为定向排水，其余水闸定向引水，因此有 26 个水闸在模拟时间内为净引水，其中西河水闸总引水量最大，为 19377.50 万 m^3，新滘水闸最小，为 17.40 万 m^3，模拟时间内整个水网总引水量为 37130.04 万 m^3，东河水闸排水量最大，为－34620.06 万 m^3。

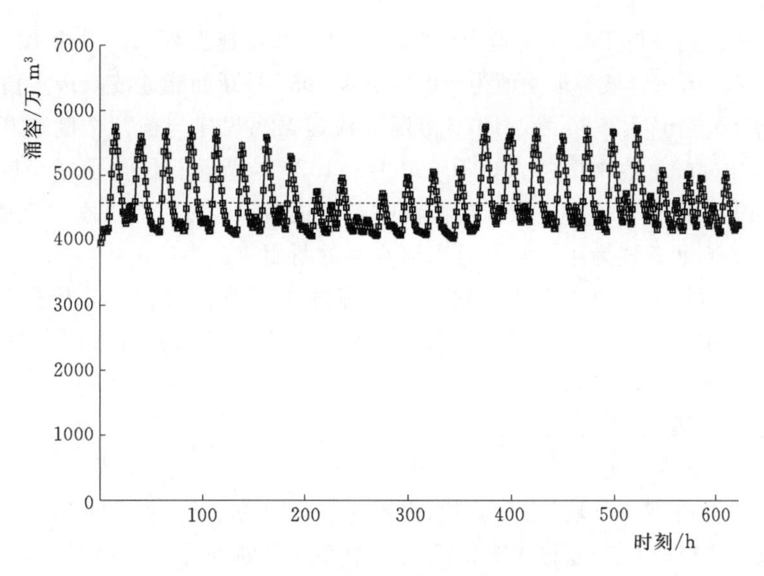

图 10.4.10　方案四下不同时刻河网涌容

表 10.4.6　　方案四下边界闸门平均引排水情况　　单位：万 m³

序号	边界闸门	引排水量	序号	边界闸门	引排水量
1	凫洲水闸	1244.51	16	白濠头水闸	87.52
2	石龙水闸	191.45	17	白濠尾水闸	191.15
3	福兴水闸	106.17	18	拱北水闸	4477.74
4	鸡肠滘水闸	256.26	19	西河水闸	19377.50
5	沙口水闸	223.93	20	新滘水闸	17.40
6	横海水闸	815.57	21	指南水闸	286.13
7	婆隆水闸	149.60	22	九顷水闸	289.75
8	裕安水闸	262.68	23	全禄水闸	847.17
9	鸡笼水闸	680.00	24	土地涌水闸	54.09
10	蚬沙水闸	289.60	25	二明窦水闸	458.68
11	新沙水闸	119.00	26	江头滘水闸	100.87
12	滨涌水闸	5114.11	27	沙滘口水闸	297.37
13	铺锦水闸	−2140.35	28	洼口水闸	904.21
14	东河水闸	−34620.06	引水合计		37130.04
15	海州水闸	287.56			

10.4.3　水体流速分析

（1）连通前现状

图 10.4.11 是现状下岐江河典型断面流速随时间（由于流速周期性变化，为便于分析取初始时刻至第 72h 时刻数据）变化图，由图可知，沿程 4 个断面流速均随时间呈波浪状周期性震荡。在该时间段内，840 号、930 号断面流速相位一致，且靠近西河水闸的

840 号断面流速振幅较位于岐江河道中部的 930 号断面流速振幅大，其中 840 号断面流速波峰最大值为 0.59m/s，波谷最小值为－0.74m/s，930 号断面流速波峰最大值为 0.41m/s，波谷最小值为－0.34m/s。990 号、1020 号断面流速振幅规律与前两个断面相同，即靠近闸门断面流速振幅较远离闸门的大，但 990 号、1020 号断面相位与前两个断面相反。这是由于外界潮位相位变化基本一致，当涨潮时，两边闸门同时打开进水，流速相向，此时靠近西河水闸的断面流速为正，则靠近东河水闸的断面流速为负。

根据最终模拟结果，对以上 4 个代表断面流速为正所占时长（总模拟时长为 623h）统计可知，840 号、930 号、990 号、1020 号断面流速为正向所占时间分别为 49.76%、52.81%、61.80%、56.02%。

（2）连通后方案

1）方案一：

图 10.4.12 是方案一下岐江河典型断面流速随时间变化图，由图可知，本方案下沿程 4 个断面流速变化规律与连通前方案相同，其中 840 号断面流速波峰最大值为 0.60m/s，波谷最小值为－0.77m/s，930 号断面流速波峰最大值为 0.42m/s，波谷最小值为－0.35m/s。990 号、1020 号断面流速振幅规律与前两个断面相同，即靠近闸门断面流速振幅较远离闸门的大，由于外界潮位相位变化基本一致，当涨潮时，两边闸门同时打开进水，此时靠近西河水闸的断面流速为正，靠近东河水闸的断面流速为负，990 号、1020 号断面相位与前两个断面相反。

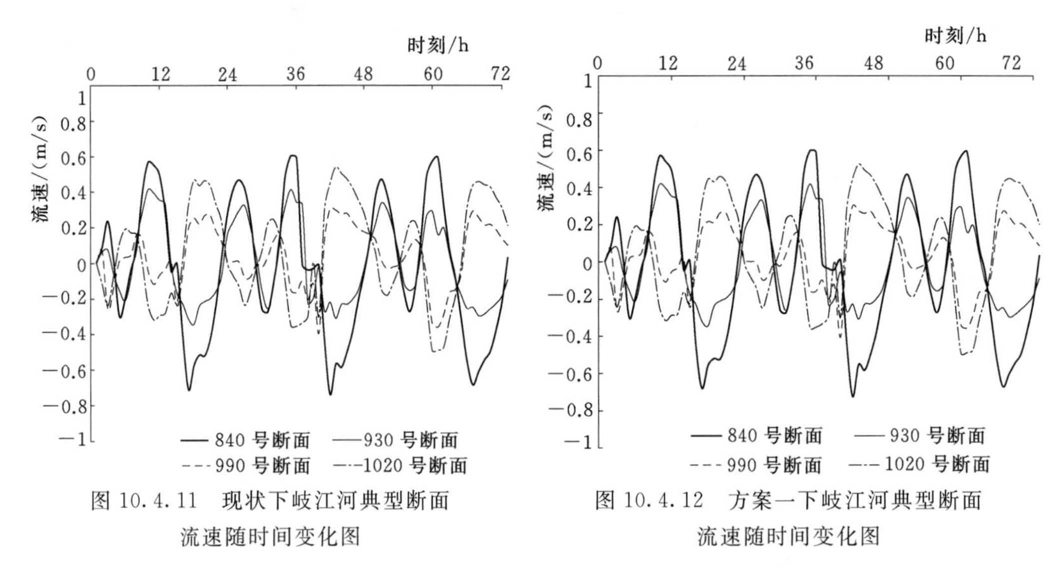

图 10.4.11　现状下岐江河典型断面流速随时间变化图

图 10.4.12　方案一下岐江河典型断面流速随时间变化图

根据最终模拟结果，对以上 4 个代表断面流速为正所占时长（总模拟时长为 623h）统计可知，840 号、930 号、990 号、1020 号断面流速为正向所占时间分别为 50.2%、52.81%、61.8%、55.5%。

2）方案二：图 10.4.13 是方案二下岐江河典型断面流速随时间变化图，由图可知，沿程 4 个断面流速变化规律与前两个方案不同，各断面相位基本一致，由于各边界闸门统一调控方案的设置，节制闸的开启，各断面流速由双向往复流转变为单向流。其中 840 号断面流速波峰最大值为0.69m/s，波谷最小值为－0.06m/s，930号断面流速波峰最大值为0.62m/s，波谷最小值为－0.31m/s，990号断面流速最大值为0.89 m/s、波谷最小值为－0.26 m/s，1020号断面流速波峰最大值为0.78m/s，波谷最小值为－0.02 m/s。

根据最终模拟结果，对以上4个代表断面流速为正所占时长（总模拟时长为623h）统计可知，840号、930号、990号、1020号断面流速为正向所占时间分别为81.06%、88.12%、93.42%、89.57%。

3）方案三：图10.4.14是方案三下岐江河典型断面流速随时间变化图，由图可知，沿程4个断面流速变化规律及最大最小值与方案二几乎一致，其中840号断面流速波峰最大值为0.69m/s，波谷最小值为－0.07m/s，930号断面流速波峰最大值为0.62m/s，波谷最小值为－0.31m/s，990号断面流速最大值为0.89m/s、波谷最小值为－0.26 m/s，1020号断面流速波峰最大值为0.78m/s，波谷最小值为－0.02m/s。

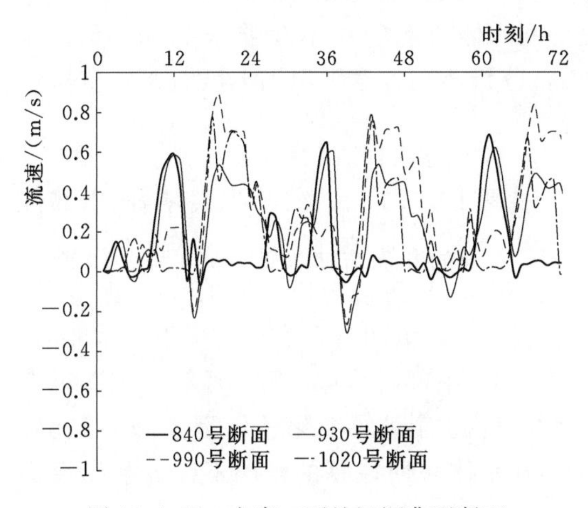

图10.4.13 方案二下岐江河典型断面流速随时间变化图

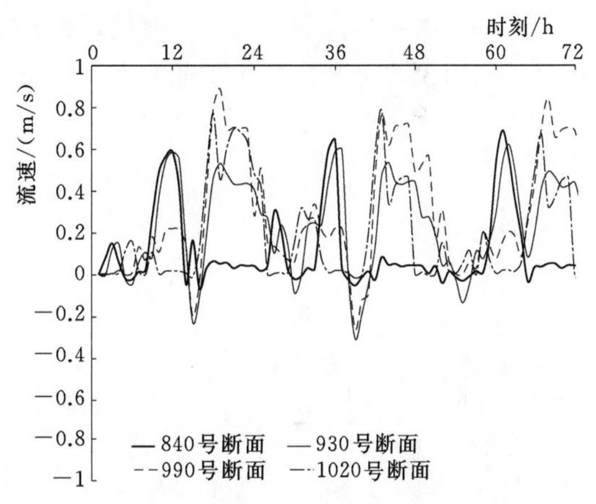

图10.4.14 方案三下岐江河典型断面流速随时间变化图

根据最终模拟结果，对以上4个代表断面流速为正所占时长（总模拟时长为623h）统计可知，840号、930号、990号、1020号断面流速为正向所占时间分别为80.10%、88.44%、93.42%、89.57%。

4）方案四：图10.4.15是方案四下岐江河典型断面流速随时间变化图，由图可知，沿程4个断面流速变化规律与方案三、方案四相似。其中840号断面流速波峰最大值为0.67m/s，波谷最小值为－0.08m/s，930号断面流速波峰最大值为0.70m/s，波谷最小值为

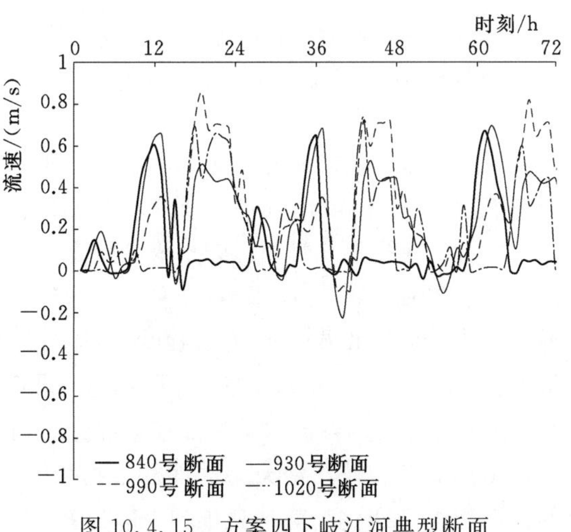

图10.4.15 方案四下岐江河典型断面流速随时间变化图

－0.22m/s，990号断面流速最大值为0.86m/s、波谷最小值为－0.22m/s，1020号断面流速波峰最大值为0.73m/s，波谷最小值几乎为0m/s。主要是由于该方案下铺锦水闸也为定向排水，河网多一个排水通道后水流呈单向流时间进一步增加，流速为正的时间比例进一步增加。

根据最终模拟结果，对以上4个代表断面流速为正所占时长（总模拟时长为623h）统计可知，840号、930号、990号、1020号断面流速为正向所占时间分别为82.02%、93.10%、96.63%、89.57%。

10.4.4 污染物浓度分析

根据中山市环境监测站及广东省水环境监测中心中山市实验室的水质监测结果，主要河道岐江河水质达到Ⅳ类标准，中山城区段的水质则为超Ⅴ类。为探究连通方案对河网污染物浓度改善效果，将整个河网水体COD浓度按《地表水环境质量标准》（GB 3838—2002）中Ⅴ类水标准最大值统一赋值，即整个河网水体初始COD污染物浓度为40mg/L，将边界闸门引水量视作无污染的净水（0mg/L），分析不同方案下河网典型断面及整体污染物相对浓度的分布情况。

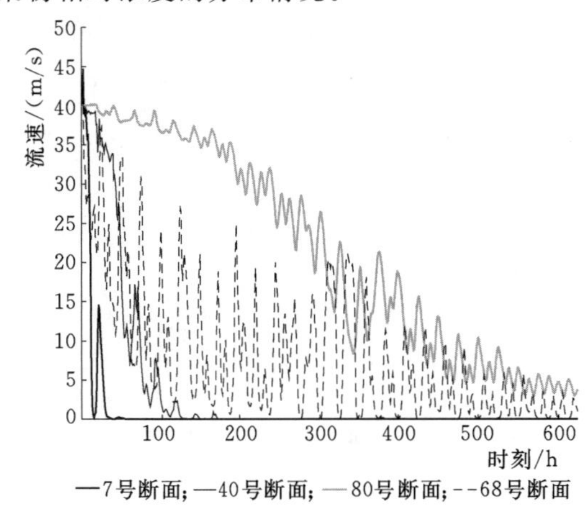

图10.4.16 凫洲河-横琴海-中部排水渠-狮滘河典型断面污染物浓度随时间变化情况

（1）连通前现状

图10.4.16为凫洲河-横琴海-中部排水渠-狮滘河典型断面（断面位置见图10.2.1）污染物浓度随时间变化情况，由图10.4.16可知，在本方案下，凫洲河-横琴海-中部排水渠-狮滘河主要河道污染物浓度随时间的变化整体呈下降的趋势，但在水体来回往复的影响下，各断面污染物浓度呈波浪式震荡。7号断面在第14h时刻污染物浓度下降至0.20mg/L，随后在第20h时刻上升至14.59mg/L，然后又在第38h时刻降为0mg/L。各断面污染物浓度下降速率与靠近边界闸门的距离呈正相关，距离边界闸门越近污染物浓度下降速率越快，距边界闸门越远污染物浓度下降速率越慢。其中7号断面距凫洲水闸1400m，在第37h时刻污染物浓度降至0mg/L后持续保持较低浓度，降幅达100%；而80号断面距凫洲水闸1.7km左右，在第37h时刻污染物浓度降至39.67mg/L左右，降幅几乎为0，在第623h时刻，其污染物浓度降至3.71mg/L左右，降幅为90.73%左右。680号断面虽然与凫洲水闸最远，但其与东河水闸较近，故该断面整体污染物浓度下降较80号断面快，在第37h时刻污染物浓度降至14.97mg/L左右，降幅达62.57%，由于该断面处于整个河网中部，污染物随水流来回往复震荡，导致该断面在某部分时刻的污染物浓度值较80号断面大。

图10.4.17为岐江河典型断面污染物浓度随时间变化情况，由图所示，岐江河典型断面的污染物浓度变化趋势与凫洲河-横琴海-中部排水渠-狮滘河相似，靠近边界水闸的断面的污染物浓度整体下降快，靠近河道中部的污染物浓度则下降较慢，各断面污染物浓度

均呈波浪式震荡。靠近西河水闸的840号断面在第13h时刻，污染物浓度由初始的40mg/L下降至0.23mg/L，又上升至24.49mg/L，随后又下降、上升，如此往复，最终于第152h时刻后浓度基本为0mg/L，靠近东河水闸的1020号断面浓度规律与840号断面相似。靠近河道中部的930号断面则下降较慢，于第179h时刻后，污染物浓度基本为0mg/L左右。

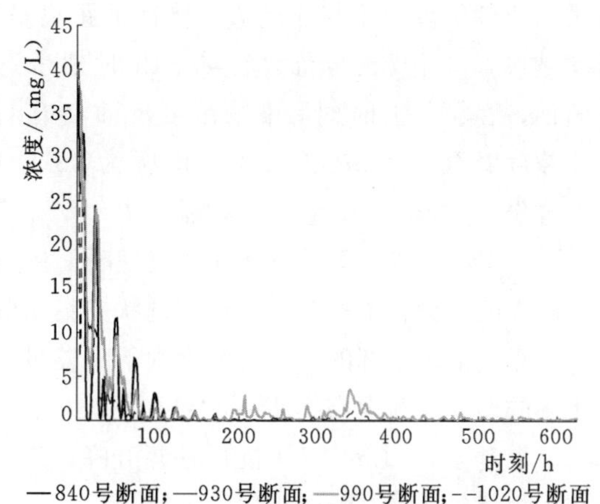

图10.4.17 岐江河典型断面污染物浓度随时间变化情况

由图10.4.18可知，第623h时刻仍有部分河段的污染物浓度较高，如260号、1162号、1482号、1494号断面浓度分别为20.55mg/L、33.72mg/L、27.73mg/L、29.28mg/L，这是由于以上断面位于节制闸前或河道中部，位于闸前或河道中部断面的水体由于距离边界闸门较远，水动力较弱，加上河道中部污染物一直随水体往复运动而导致污染物难以排出。由图10.4.19可知，河网整体污染物浓度随时间呈下降趋势，整个河网污染物浓度平均值在第361h时刻后均小于4mg/L（即90%换水周期，河网整体污染物浓度下降至90%所需时间），最终第623h时刻平均污染物浓度为1.08mg/L。

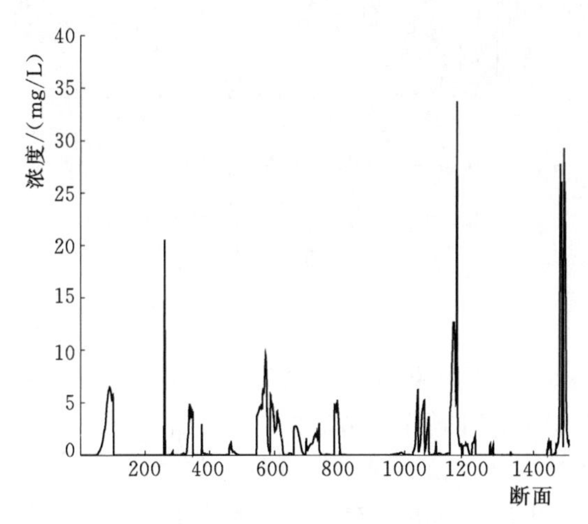

图10.4.18 岐江河623小时时刻所有断面污染物浓度值

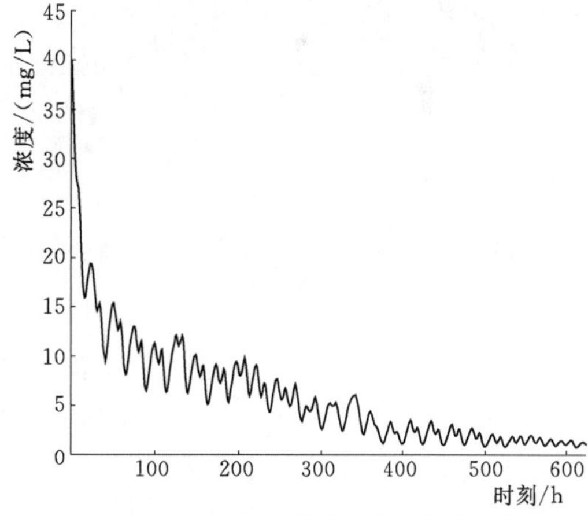

图10.4.19 中顺大围所有断面污染物浓度平均值随时间变化情况

(2) 连通后方案

1) 方案一：由图10.4.20可知，在方案一下，凫洲河-横琴海-中部排水渠-狮滘河主要河道污染物浓度随时间的变化整体与现状方案相同，在水体来回往复的影响下，各断面污染物浓度呈波浪式震荡。7号断面在第14h时刻污染物浓度下降至0.60mg/L，随后于第18h时刻上升至8.50mg/L，然后至第34h时刻降为0mg/L，一直保持该浓度。各断面污染物浓度下降速率与靠近边界闸门的距离呈负相关，距离边界闸门越近污染物浓度下降速率越快，其中 7 号断面，在第 34h 时刻污染物浓度降至 0mg/L，降幅达 100%；而 80 号断面，在第 34h 时刻污染物浓度反而略有上升，达到 40.75mg/L，在最后时刻，其污染物浓度降至 4.48mg/L 左右，降幅为 88.80%左右。680＃断面，在第 34h 时刻污染物浓度降至 20.90mg/L 左右，降幅达 47.75%。

图 10.4.21 为方案一下岐江河典型断面污染物浓度随时间变化情况，由图所示，岐江河典型断面的污染物浓度变化趋势与现状方案相似，靠近边界水闸的断面的污染物浓度整体下降快，靠近河道中部的污染物浓度则下降较慢，各断面污染物浓度均呈波浪式震荡。靠近西河水闸的 840 号断面在第 11h 时刻，污染物浓度由初始的 40mg/L 下降至 0.28mg/L 左右，随后又上升至 23.12mg/L，随后往复升降，最终于第 152h 时刻降至 0mg/L 左右。1020 号断面浓度规律与 840 号断面相似，于第 78h 时刻后污染物浓度基本为 0mg/L。靠近河道中部的 930 号断面则降幅较慢，于第 177h 时刻后，污染物浓度基本为 0mg/L 左右。

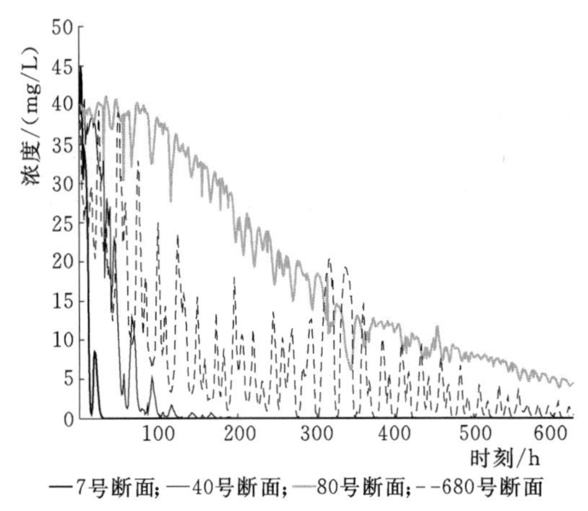

图 10.4.20　方案一下凫洲河-横琴海-中部排水渠-狮滘河典型断面污染物浓度随时间变化情况

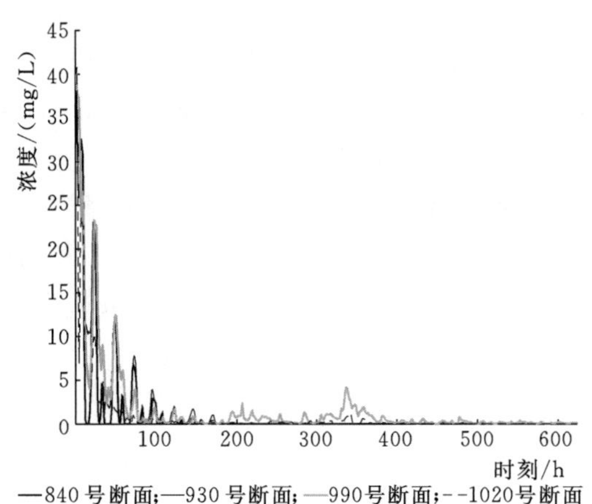

图 10.4.21　方案一下岐江河典型断面污染物浓度随时间变化情况

由图 10.4.22 可知，第 623h 时刻仍有部分河段的污染物浓度较高，但其污染物浓度与连通前现状方案相比较低，主要是随着各节制闸打开，靠近节制闸断面的水体能够与河网主要河道水体间交换，污染物随水体交换稀释降低，如 1159 号、1213 号、1500 号断面浓度分别为 10.73mg/L、9.20mg/L、13.60mg/L，虽然本方案下节制闸全开，以上断面污染物浓度将不受节制闸阻隔而无法置换的影响，但以上断面仍位于河道中部，水动力较弱，水体置换也较弱，同时受水体往复运动的影响进而导致污染物难以排出。由图 10.4.23 可知，河网整体污染物浓度呈下降趋势，整个河网污染物浓度平均值在第 344h 时刻后均小于 4mg/L，最终第 623h 时刻平均污染物浓度为 1.02mg/L。

2）方案二：由图 10.4.24 可知，在方案二下，各断面污染物浓度随时间的变化整体呈下降的趋势，下降速率较前现状方案及方案一快。7 号断面在第 30h 时刻后污染物浓度基本下降至 0mg/L，且持续保持在该浓度，这是由于凫洲水闸只引不排，水体呈单向流。同

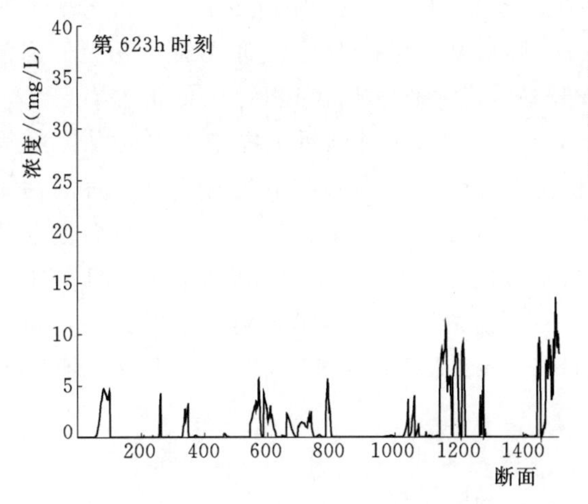

图 10.4.22　方案一下中顺大围所有断面于第 623h 时刻污染物浓度平均值

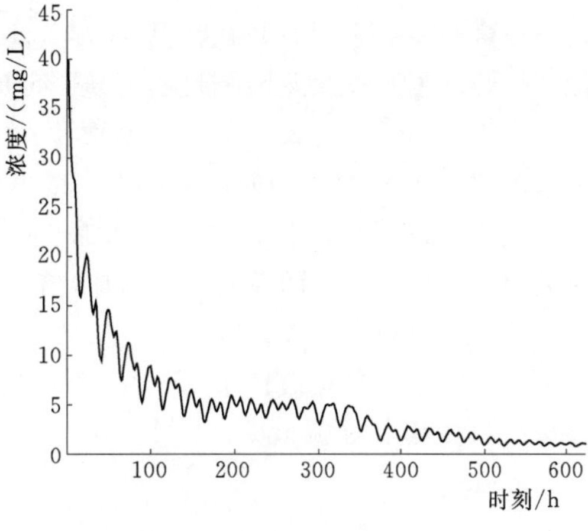

图 10.4.23　中顺大围所有断面浓度平均值随时间变化

样距离边界闸门越近的断面污染物浓度下降速率越快，与前两个工况相同。其中 7 号断面，在第 30h 时刻污染物浓度降至 0mg/L，降幅达 100%；而 80 号断面，在第 202h 时刻污染物浓度降至 0.2mg/L 左右，随后基本保持不变。680 号断面，在第 448h 时刻污染物浓度降至 0.1mg/L 左右，该断面较前几个断面污染物浓度下降速率较慢，该断面位于狮滘河，在边界闸门只引不排的情况下河网水体由双向往复运动转变为单向运动，该断面以上河涌的污染物随水体输移至狮滘河。

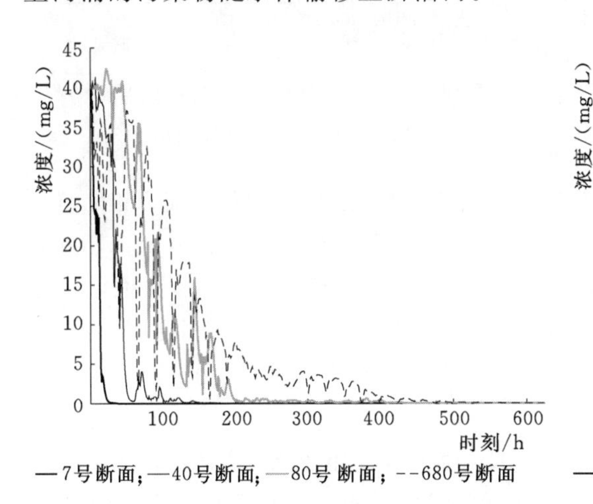

图 10.4.24　方案二下凫洲河-横琴海-中部排水渠-狮滘河典型断面污染物浓度随时间变化情况

—840号断面；—930号断面；—990号断面；--1020号断面

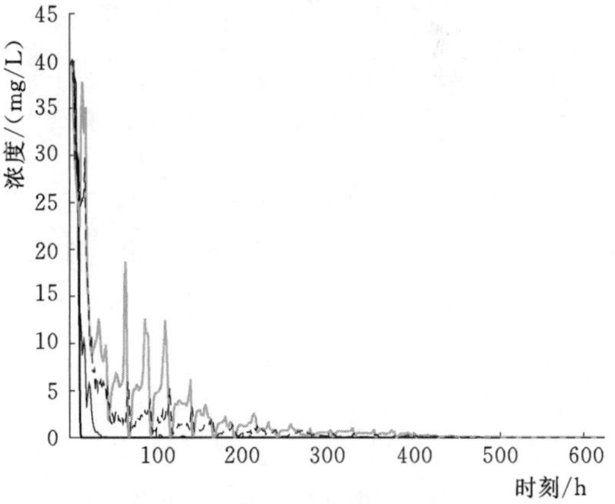

图 10.4.25　方案二下岐江河典型断面污染物浓度随时间变化情况

图 10.4.25 为方案二下岐江河典型断面污染物浓度随时间变化情况，由图所示，在本方案下，岐江河各断面污染物浓度下降速率大于前两个方案，各断面污染物浓度下降速率与距离西河水闸的距离呈负相关。靠近西河水闸的 840 号断面在第 14h 时刻，污染物浓度

由初始的 40mg/L 下降至 0mg/L 后一直保持在该浓度。930 号断面浓度规律与 840 号断面相似，在第39h 时刻后污染物浓度基本为 0mg/L，随后基本保持不变。990 号断面污位于河涌汇合口处，污染物浓度下降较慢，在第 381h 时刻后，污染物浓度基本为 0mg/L 左右。

图 10.4.26 为方案二下所有断面于第 374h、第 473h 时刻污染物浓度平均值，在第 374h 时刻，河网全部断面污染物平均浓度值为 0.38mg/L 左右，但仍有部分河段的污染物浓度相对较高，其中 1494 号断面最高，为 5.58mg/L，污染物浓度较高的断面主要位于河道汊口交汇处，随着时间的增加，在第 473h 时刻，河网所有断面污染物浓度基本为 0mg/L 左右。由图 10.4.27 可知，整个河网污染物浓度下降速率较前两个方案快，整个河网污染物浓度平均值在第 151h 时刻后均小于 4mg/L，在第 458h 时刻后河网所有断面污染物浓度基本为 0mg/L。

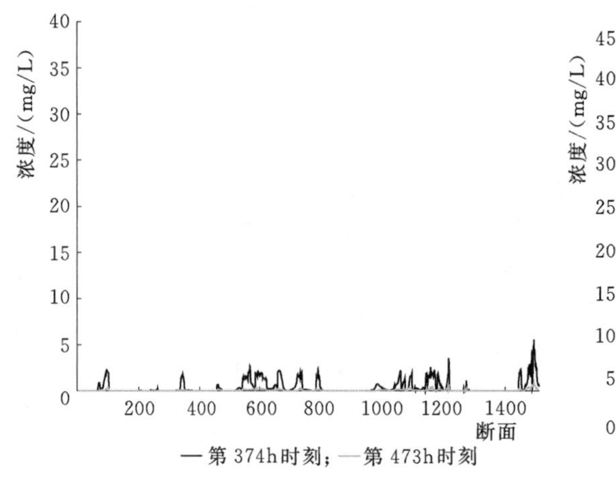

图 10.4.26　方案二下中顺大围所有断面于第 374h、第 473h 时刻污染物浓度平均值

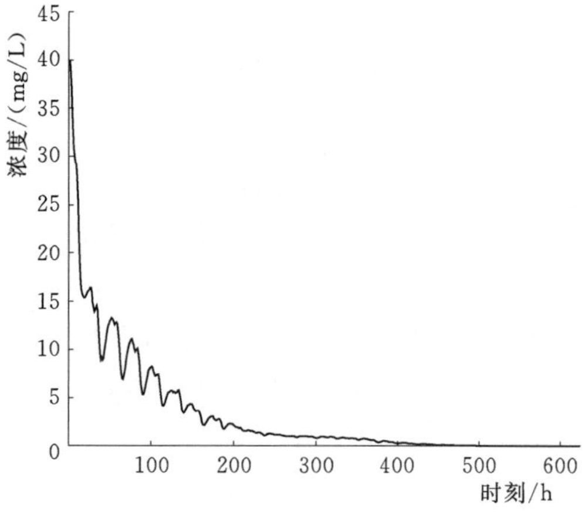

图 10.4.27　方案二下中顺大围所有断面污染物浓度平均值随时间变化情况

3）方案三：由图 10.4.28 可知，在方案三下，各断面污染物浓度随时间的变化整体呈下降的趋势与方案二相似。7 号断面在第 25h 时刻污染物浓度基本下降至 0mg/L，随后保持不变。各断面污染物浓度下降速率空间分布，与方案二相同，其中 7 号断面，在第 25h 时刻污染物浓度降至 0mg/L，随后基本保持不变；80 号断面，在第 197h 时刻污染物浓度降至 0mg/L 左右，随后基本保持不变；680 号断面，在第 375h 时刻污染物浓度降至 0mg/L 左右，随后基本保持不变。

图 10.4.29 为方案三下岐江河典型断面污染物浓度随时间变化情况，由图所示，岐江河典型断面的污染物浓度变化趋势与方案二相似。靠近西河水闸的 840 号断面在第 12h 时刻，污染物浓度由初始的 40mg/L 下降至 0mg/L 左右，随后一直保持为 0mg/L。940 号断面浓度规律与 840 号断面相似，在第 43h 时刻后污染物浓度基本为 0mg/L，随后基本保持不变。河道汇合口 990 号断面则降幅较慢，在 241 时刻后，污染物浓度基本为 0mg/L 左右。

图 10.4.30 为方案三下中顺大围所有断面于第 248h、第 336h 时刻污染物浓度平均值，在第 248h 时刻，河网全部断面污染物平均浓度值为 0.53mg/L 左右，但仍有部分河段的污染物浓度相对较高，其中 1063 号断面污染物浓度最高，为 4.25mg/L，第 336h 时刻，河网

全部断面污染物浓度基本为0mg/L左右。由图10.4.31可知，整个河网污染物浓度平均值在第151h时刻后均小于4mg/L，在第347h时刻后河网所有断面污染物浓度基本为0mg/L。

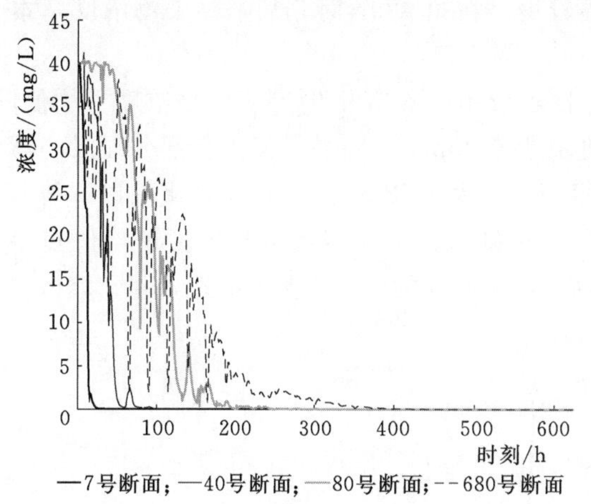

图10.4.28 方案三下凫洲河-横琴海-中部排水渠-狮滘河典型断面污染物浓度随时间变化情况

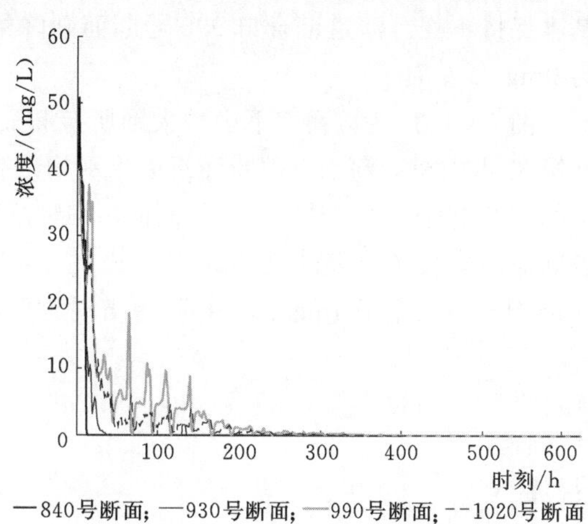

图10.4.29 方案三下岐江河典型断面浓度变化随时间变化情况

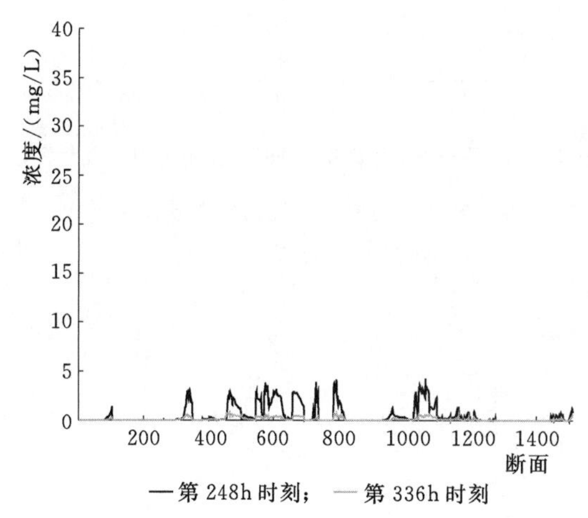

图10.4.30 方案三下中顺大围所有断面于第248h、第336h时刻污染物浓度平均值

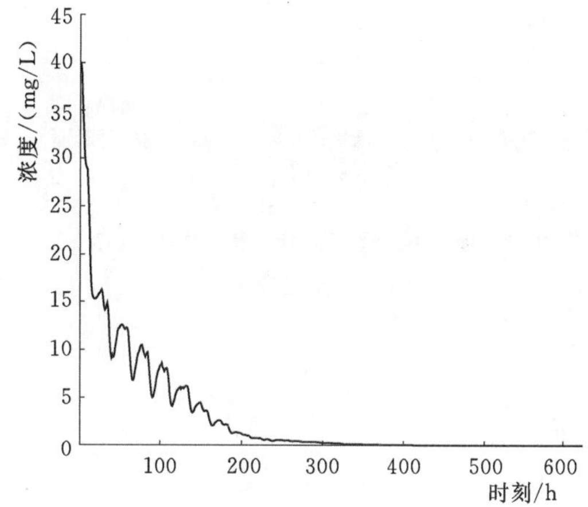

图10.4.31 方案三下中顺大围所有断面污染物浓度平均值随时间变化情况

4）方案四：由图10.4.32可知，在方案四下，各断面污染物浓度随时间的变化整体呈下降的趋势与方案二、三相似。7号断面在第23h时刻污染物浓度基本下降至0mg/L，随后污染物浓度基本不变，持续为0mg/L。各断面污染物浓度下降速率空间分布，与前两个方案相同，其中7号断面，在第23h时刻污染物浓度降至0mg/L，降幅达100%；80号断面，在第199h时刻污染物浓度降至0mg/L左右，随后基本保持不变；680号断面，在第412h时刻污染物浓度降至0mg/L左右，随后基本保持不变。

图10.4.33为方案四下岐江河典型断面污染物浓度随时间变化情况，由图所示，岐江河典型断面的污染物浓度变化趋势与方案三相似。靠近西河水闸的840号断面在第16h时

刻，污染物浓度由初始的 40mg/L 下降至 0mg/L 左右，随后一直保持为 0mg/L 左右。930 号断面浓度规律与 840 号断面相似，在第 39h 时刻后污染物浓度基本为 0mg/L，随后基本保持不变。河道汇合口 990 号断面则降幅较慢，在第 379h 时刻后，污染物浓度基本为 0mg/L 左右。

图 10.4.34 为方案四下中顺大围所有断面于第 323h、第 379h 时刻污染物浓度平均值，在第 323h 时刻，河网全部断面污染物平均浓度值为 0.49mg/L 左右，但仍有部分河段的污染物浓度相对较高，其中 574 号断面污染物浓度最高，为 4.52mg/L，至第 379h 时刻，河网各断面污染物浓度基本为 0mg/L。由图 10.4.35 可知，整个河网污染物浓度平均值在第 161h 时刻后均小于 4mg/L，在第 395h 时刻后河网所有断面污染物浓度基本为 0mg/L。

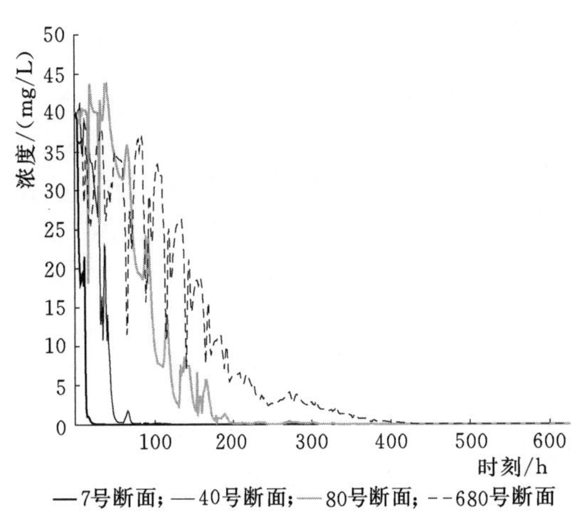

图 10.4.32　方案四下凫洲河-横琴海-中部排水渠-狮滘河典型断面污染物浓度随时间变化情况

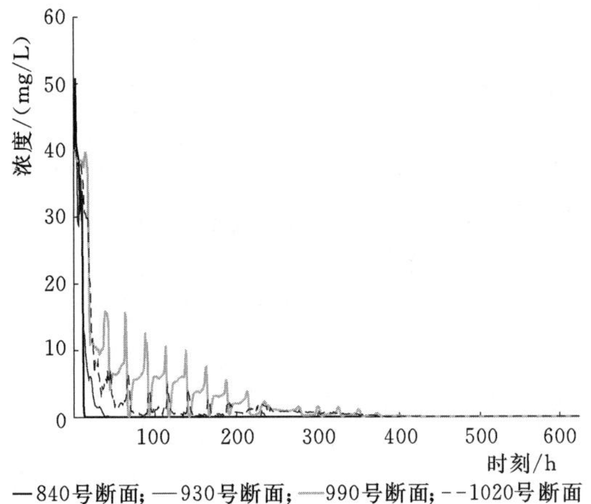

图 10.4.33　方案四下岐江河典型断面污染物浓度随时间变化情况

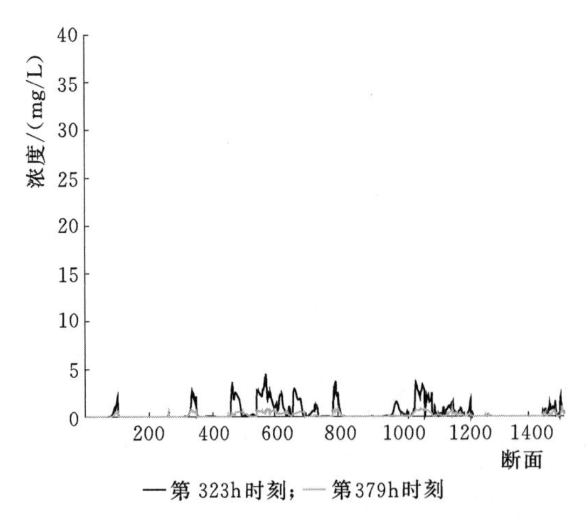

图 10.4.34　方案四下中顺大围所有断面于第 323h、第 379h 时刻污染物浓度平均值

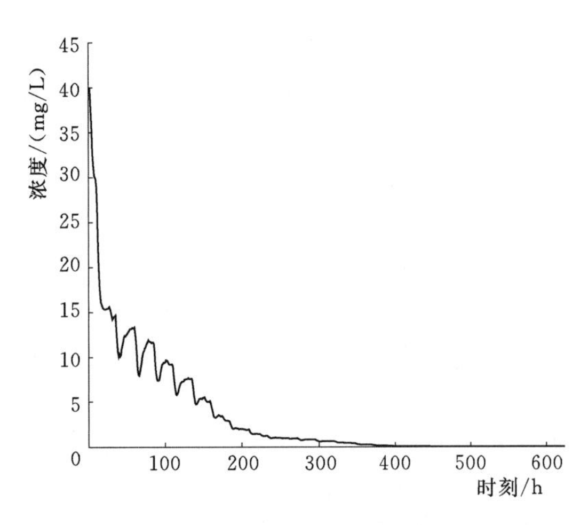

图 10.4.35　方案四下中顺大围所有断面污染物浓度平均值随时间变化情况

10.4.5 连通方案分析

根据 10.4.2 小节分析，各方案下模拟 623h 总水体吞吐能力及平均河涌体积如图 10.4.36 所示，连通前现状方案下引水量为 10574.65 万 m^3，连通后方案一的引水量为 11260.75 万 m^3，方案二的引水量为 40297.07 万 m^3，方案三的引水量为 40319.82 万 m^3，方案四的引水量为 37130.04 万 m^3。以水体吞吐量来看，方案三最优，引水量最大为 40297.07 万 m^3，较现状方案 10574.65 万 m^3，多 2.81 倍。

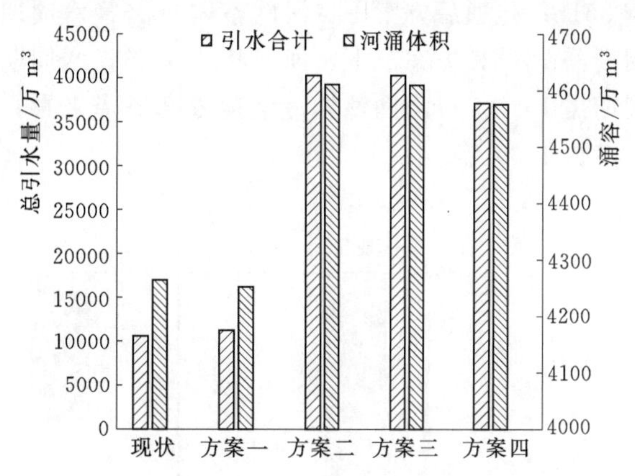

图 10.4.36 各方案下模拟 623h 总水体吞吐能力及平均河涌体积

根据 10.4.3 小节分析，各方案下岐江河典型断面流速为正值所占时间比例如图 10.4.37 所示，连通前现状方案下岐江河典型断面流速为正值占整个模拟时间段的比例平均为 55.3%；连通后方案一下岐江河典型断面流速为正值占比平均为 55.1%，方案二下岐江河典型断面流速为正值占比平均为 87.9%，方案三下岐江河典型断面流速为正值占比平均为 87.9%，方案四下岐江河典型断面流速为正值占比平均为 90.2%。以水流为单向流时长比例来看，方案四最优，占比时长达 90.2%，是现状方案的 55.1%的 1.63 倍，但与方案二、方案三差距较小。

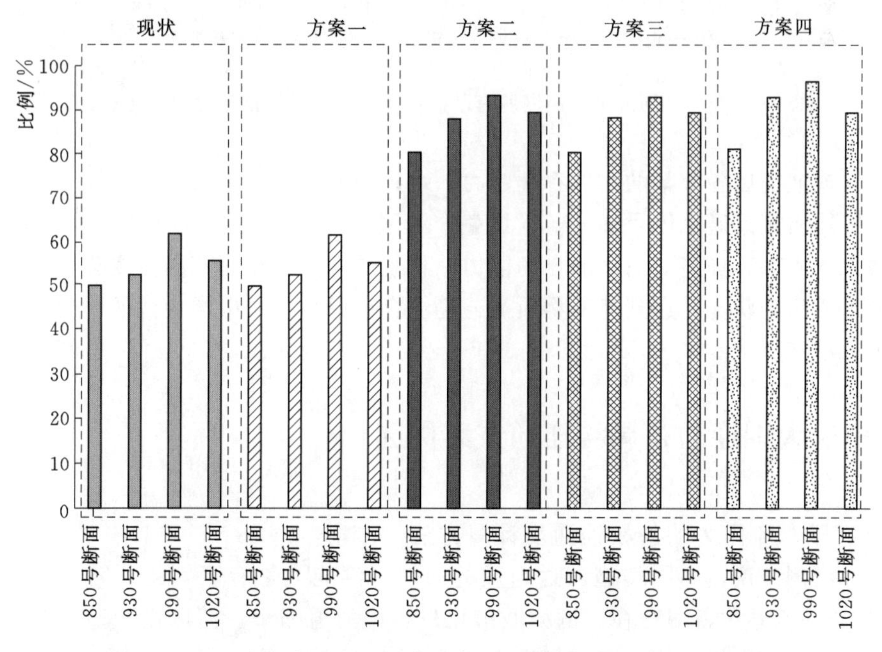

图 10.4.37 各方案下岐江河典型断面流速为正值所占总时间比例

由图 10.4.38 可知，各方案下河网的所有断面污染物浓度平均值总体呈下降趋势，方案三下河网整体污染物浓度平均下降最快。连通前现状方案下，河网整体 90%换水周期需 361h；连通后方案一，河网整体 90%换水周期需 344h；方案二下，河网整体 90%换水周期需 151h；方案三下，河网整体 90%换水周期需 151h；方案四下，河网整体 90%换水周期需 161h。以河网整体污染物浓度下降来看，方案二和方案三均最优，较连通前现状方案快 1.39 倍。

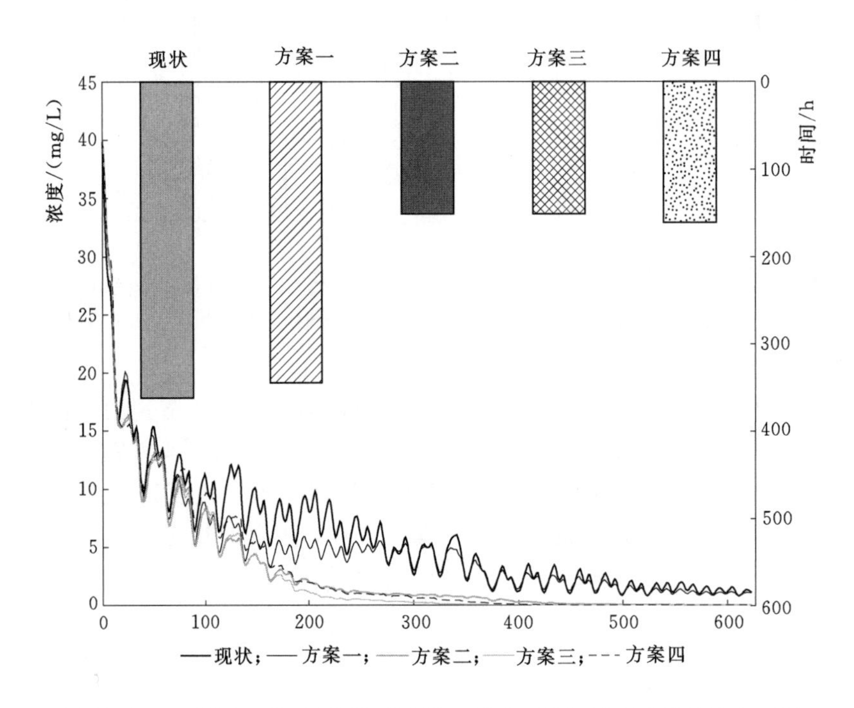

图 10.4.38　不同方案下河网所有断面污染物浓度平均值随时间变化过程

根据对连通前后各方案的水体吞吐能力、水体流速及污染物浓度下降速率的分析，以中顺大围的物质流连通总体目标——增加整个河网的水力连通性，加强河涌水动力能力，增加河网引入水量，提高河涌水的自净能力，将主要河道水流呈双向流变为单向流，从而缓解河涌水质污染状况，达到河网物质流通畅综合考虑，本次中顺大围的物质流连通最优的方案为方案三。

10.5　中顺大围连通布局与连通方案优选

10.5.1　基于水流阻力的加权连通度计算方法

对实际河网来说，不同类型河道组成的河网行洪能力是有区别的。河道“连”而不“通”的现象在水系中普遍存在。例如城市化过程中河道缩窄、河床淤积，其输水能力大大降低，或者河道人工疏浚后变宽变深，其输水泄洪能力增加。而用上述河网连通性评价指标，仅考虑河网的顶点数、边数及其拓扑特征，不能反映河道变化对输水能力的影响。

实际上，河网中河道宽度、深度、长度和糙率系数的不同对于其连通性影响有较大差异。这些不同类型的河道组成的河网，即使其顶点数和边数相同，概化后的图模型一致，其连通性也会有较大差异。将顶点间水流阻力作为权值，将最短路问题转化为最小阻力问题；通过特定水位计算河道的水力半径，利用下文中所述的式（10.5.1）～式（10.5.4）计算各个河段的阻力，不直接相连的顶点设其阻力为无穷大，得到加权邻接矩阵，利用图论计算工具可以计算出两个节点之间的最小阻力与其对应的路径；以最小阻力路径作为调水路径，做相应的调度方案优化研究并进行验证。最小阻力计算流程如图 12.5.1 所示。

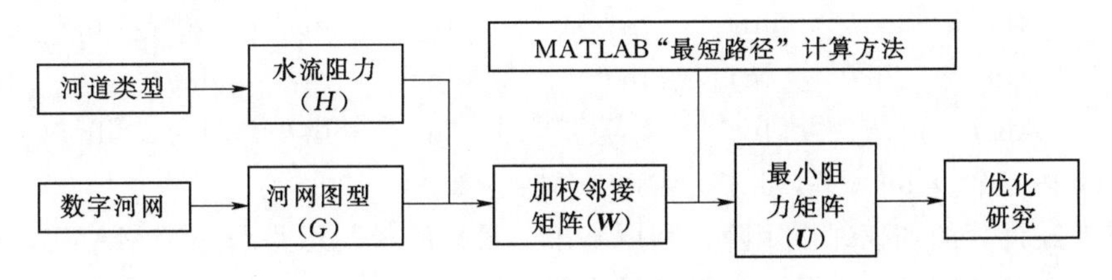

图 10.5.1 最小阻力计算流程

基于河道水流阻力来表征河网图 G 的边权值。对于独立开放河道，河道流量与河道坡度、纵坡面形状和河道糙率有关。流速可用曼宁公式表述：

$$V=\frac{1}{n}R^{2/3}S_f^{1/2} \tag{10.5.1}$$

式中：V 为截面平均流速，m^3/s；n 为曼宁糙率系数；R 为河道水力半径，m；S_f 为摩阻坡度。在稳定流条件下，S_f 可用河床坡度表示，由于 n、R 均大于 0，所以流向由顶点间河床坡度决定；不稳定流条件下，流向则由顶点间水位差 ΔZ 决定。这里放宽河道水流为单向流的约束，允许水流为双向流，则沿河道水流受阻于河道几何形状和摩擦力，此时流速与河道水力半径的 2/3 次方和曼宁糙率系数的倒数成比例。即

$$V\infty\frac{1}{n}R^{2/3} \tag{10.5.2}$$

水力半径 R 等于河道纵切面积除以湿周，对于梯形河道，R 可表示为

$$R=\frac{A}{X}=\frac{(b+mh)h}{b+2h\sqrt{1+m^2}} \tag{10.5.3}$$

式中：A 为河道纵切面积，m^2；X 为湿周，m；b 为河道底宽，m；h 为水深，m；m 为边坡系数。河道的几何形状和糙率系数会影响流速，如式（10.5.1）所述。并且水流运行距离 L 越长，能量耗散越大，水流运行距离也会因为摩擦力作用而降低流速。平原河道河床坡度极小可忽略不计，顶点间河道的水流阻力 H 可表示为

$$H=\ln\left[\frac{(b+mh)h}{b+2h\sqrt{1+m^2}}\right]^{-2/3}=\ln R^{-2/3} \tag{10.5.4}$$

10.5.2 连通度计算结果与连通布局

通过计算得到中顺大围图模型的加权邻接矩阵：

$$
\boldsymbol{W}=\begin{bmatrix}
0 & 81.81 & \mathrm{ln}f & \mathrm{ln}f & \mathrm{ln}f & & \mathrm{ln}f & \mathrm{ln}f & \mathrm{ln}f & \mathrm{ln}f & \mathrm{ln}f \\
81.81 & 0 & 13.75 & \mathrm{ln}f & \mathrm{ln}f & & \mathrm{ln}f & \mathrm{ln}f & 46.10 & \mathrm{ln}f & \mathrm{ln}f \\
\mathrm{ln}f & 13.75 & 0 & 27.90 & \mathrm{ln}f & \cdots & \mathrm{ln}f & 21.67 & \mathrm{ln}f & \mathrm{ln}f & \mathrm{ln}f \\
\mathrm{ln}f & \mathrm{ln}f & 27.90 & 0 & 13.87 & & \mathrm{ln}f & \mathrm{ln}f & \mathrm{ln}f & \mathrm{ln}f & \mathrm{ln}f \\
\mathrm{ln}f & \mathrm{ln}f & \mathrm{ln}f & 13.87 & 0 & & \mathrm{ln}f & \mathrm{ln}f & \mathrm{ln}f & \mathrm{ln}f & \mathrm{ln}f \\
 & & \vdots & & & \ddots & & & \vdots & & \\
\mathrm{ln}f & \mathrm{ln}f & \mathrm{ln}f & \mathrm{ln}f & \mathrm{ln}f & & 0 & 10.84 & \mathrm{ln}f & \mathrm{ln}f & \mathrm{ln}f \\
\mathrm{ln}f & \mathrm{ln}f & 21.67 & \mathrm{ln}f & \mathrm{ln}f & & 10.84 & 0 & \mathrm{ln}f & \mathrm{ln}f & \mathrm{ln}f \\
\mathrm{ln}f & 46.10 & \mathrm{ln}f & \mathrm{ln}f & \mathrm{ln}f & \cdots & \mathrm{ln}f & \mathrm{ln}f & 0 & \mathrm{ln}f & \mathrm{ln}f \\
\mathrm{ln}f & \mathrm{ln}f & \mathrm{ln}f & \mathrm{ln}f & \mathrm{ln}f & & \mathrm{ln}f & \mathrm{ln}f & \mathrm{ln}f & 0 & \mathrm{ln}f \\
\mathrm{ln}f & \mathrm{ln}f & \mathrm{ln}f & \mathrm{ln}f & \mathrm{ln}f & & \mathrm{ln}f & \mathrm{ln}f & \mathrm{ln}f & \mathrm{ln}f & 0
\end{bmatrix}
$$

注：因矩阵为 108×108 矩阵，由于篇幅原因，只展示部分，下同。

根据上述计算的加权邻接矩阵，利用基于“最短路径”思路编写的 MATLAB 计算工具，计算任意两点间的水流阻力，得到最小阻力矩阵 $\boldsymbol{U}$：

$$
\boldsymbol{U}=\begin{bmatrix}
0 & 81.81 & 95.56 & 123.46 & 137.33 & & 128.06 & 117.22 & 127.90 & 286.48 & 337.02 \\
81.81 & 0 & 13.75 & 41.66 & 55.53 & & 46.26 & 35.42 & 46.10 & 204.67 & 255.21 \\
95.56 & 13.75 & 0 & 27.90 & 41.77 & \cdots & 32.50 & 21.67 & 59.85 & 190.92 & 241.46 \\
123.46 & 41.66 & 27.90 & 0 & 13.87 & & 60.41 & 49.57 & 87.75 & 163.01 & 213.56 \\
137.33 & 55.53 & 41.77 & 13.87 & 0 & & 74.27 & 63.44 & 101.62 & 154.59 & 205.14 \\
 & & \vdots & & & \ddots & & & \vdots & & \\
128.06 & 46.26 & 32.50 & 60.41 & 74.27 & & 0 & 10.84 & 92.34 & 188.23 & 238.78 \\
117.22 & 35.42 & 21.67 & 49.57 & 63.44 & & 10.84 & 0 & 81.51 & 191.29 & 241.84 \\
127.90 & 46.10 & 59.85 & 87.75 & 101.62 & \cdots & 92.34 & 81.51 & 0 & 250.76 & 301.31 \\
286.48 & 204.67 & 190.92 & 163.01 & 154.59 & & 188.23 & 191.29 & 250.76 & 0 & 233.62 \\
337.02 & 255.21 & 241.46 & 213.56 & 205.14 & & 238.78 & 241.84 & 301.31 & 233.62 & 0
\end{bmatrix}
$$

将中顺大围方案中调水路径的水流阻力作为对比，得出优化的依据并与水动力计算结果进行验证。外边界闸及其在图模型中的编号如表 10.5.1 所示。

表 10.5.1　　外边界闸及其在图模型中的编号

1	18	17	20	23	24	107
凫洲	石龙	福兴	鸡场滘	沙口	横海	婆隆
27	29	34	39	41	63	64
裕安	鸡笼	蚬沙	新沙	滨涌	西河	全禄
108	69	70	71	72	79	106
拱北	九顷	指南	白濠尾	新滘	白濠头	海州
85	87	91	103	101	52	53
土地涌	二明窦	江头滘	洼口	沙滘口	铺锦	东河

根据两边界闸对应编号可查询最小阻力矩阵 $\boldsymbol{U}$，可得出两外江闸之间的最小阻力，并进行累加，必要时可找出其对应的路径。

本次对10.4.1小节中的方案三和方案四进行统计计算，具体如下。

方案三：27个外江水闸到东河水闸的平均阻力。

方案四：26个外江水闸到铺锦水闸与东河水闸的平均阻力。

方案三中，除东河水闸外，其余27个外江水闸到东河水闸的平均阻力为250.10；方案四中，除铺锦水闸和东河水闸外，其余26个外江水闸到铺锦水闸与东河水闸的平均阻力为258.85（铺锦水闸与东河水闸取平均）。根据计算结果可知，方案三下河网整体水流平均阻力较方案四下的小，即方案三下的河网水体较方案四更易在河涌中输移，相应的调水效果方案三应较方案四好。

在中顺大围感潮河网一维水量-水质模型模拟结果中，方案三为该区域物质流连通的最优方案，与本次的基于水流阻力与图论的河网最小阻力计算方法计算结果相同。

再以西河水闸为例，西河水闸、东河水闸之间最小阻力为192.36，而西河水闸、铺锦水闸之间的最小阻力为224.64，相差32.28。因此对于西河水闸、东河水闸之间，岐江河是最好的调水路径，这也与实际情况相同。

10.5.3 连通方案优选

10.5.3.1 连通方案优选技术总体要求

1）本水闸联合调控优选技术是指通过现有水闸工程将河网外水质条件较好的水体引入河网内，达到增加河网内水体吞吐能力，改善区域水动力，提高水体交换能力，加大区域水力连通程度，最终改善区域水环境质量的目标。

2）本水闸联合调控优选技术主要适用于以改善区域水力连通及水质为目标，且水闸能够调控的珠三角感潮河网区域，其他感潮河网区域也可参照执行。

3）本水闸调控方案在满足防洪排涝和保证各闸门及相关地区的安全前提下进行安全调控。根据降雨及潮汐变化特征，对内河涌的水位实行分期和分目标控制，并注意外江突发性水污染事件，保证优质水引入内河涌。

4）制订的水闸调控方案应收集降雨及潮汐变化特征、水闸内外水位、工程情况、外江水质情况、社会经济及区域对水闸调控要求等基本资料。

5）水闸调控应采用成熟可靠的技术和手段，研究优化调控方案，提高水闸调度的科学技术水平。

6）调控调度方案由水行政主管部门、环保部门以及水利工程管理单位联合共同制订。

10.5.3.2 调控方式选取与准备

1）本次水闸调控主要是根据外江潮位变化来进行统一调控，同时还要考虑外江水质条件。

2）本次外江水闸调控闸门调控方式主要分为3类：一类是定向排水，即只出不进：水闸边界水位下降至控制水位后关闸；一类是定向引水，即只进不出：水闸边界水位上涨至控制水位后关闸；一类是进水时，达到控制水位即关闸，退水时开闸。节制闸调控方式与外江类似。

3）针对具体感潮河网区域，需对该区域的开展基础资料调查，包括地形数据、水闸信息及运行情况等，同时还要具体监测各闸门内外的水位情况，外江与河网内水质情况。

4）明确水文气象情报与预报的方式和要求。应充分利用水文气象部门已有的水文气象站网，针对外江与内河涌的水情预报，开展短、中、长期水文气象情报与预报工作。

10.5.3.3　调控方案的设置

1）本水闸调控方案需根据该河网区实际水闸调度情况，制订现状连通前的水闸运行方案。

2）根据感潮河网水闸调控总体目标，各水闸调控方案外江水闸需采取定向引水或定向排水的，具体根据外江水位与控制水位来确定闸门的开关（图 10.5.2），其中定向引水的外江水闸需保证其外江水质质量良好，否则处于定向排水状态；尽量将位于外江水道水流方向最下游的水闸设置为定向排水。

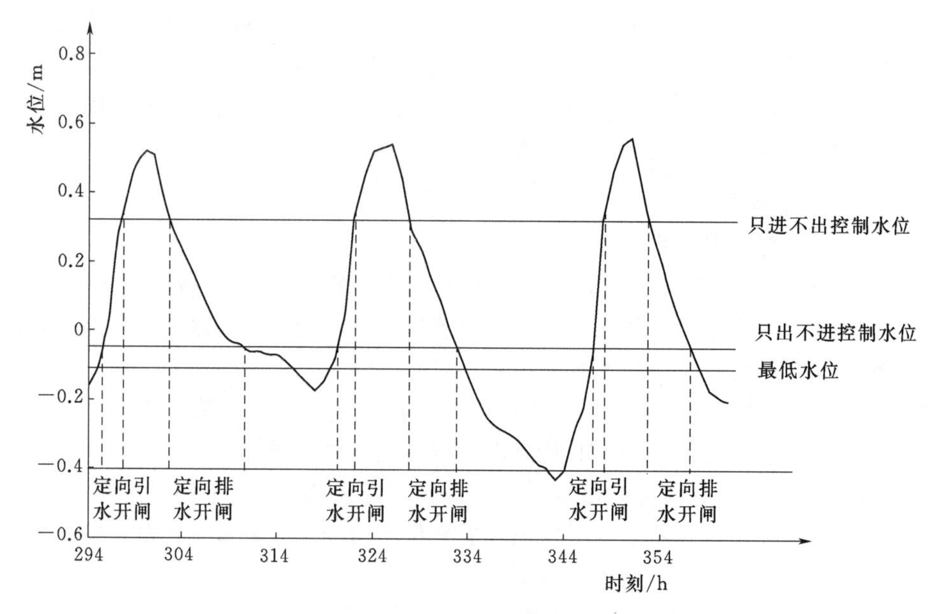

图 10.5.2　水闸定向引、排水开关示意图

3）河网内的节制水闸需全部打开，或者采取定向排水或定向引水的调控措施，具体根据河涌水流方向决定。

4）采取定向引水的水闸控制水位确定：一要考虑外江潮位最高水位，二要考虑河网内不同区域的河堤高度，取两者最低值（图 10.5.3）；定向排水的水闸控制水位必须高于最低控制水位，一般最低控制水位为河道生态水位。

10.5.3.4　最优调控方案的选取

1）通过建立感潮河网区一维水量-水质模型，根据设置的不同闸门调控方案，模拟不同的调控方案的下河网水体吞吐能力、流速流向、污染物浓度等指标，分析在各方案下以上指标随时间变化的情况，以污染物浓度为主要参考指标，最终确定河网区污染物浓度下降最快的水闸调控方案。

2）为保证计算的合理性及有效性，需在正式采取水闸调度时，开展试验性调控，在试验调控期间开展河涌区水质监测，确定该调度方案有效可行后，正式以该方案开展以改善区域水力连通及水质为目标的水闸调控。

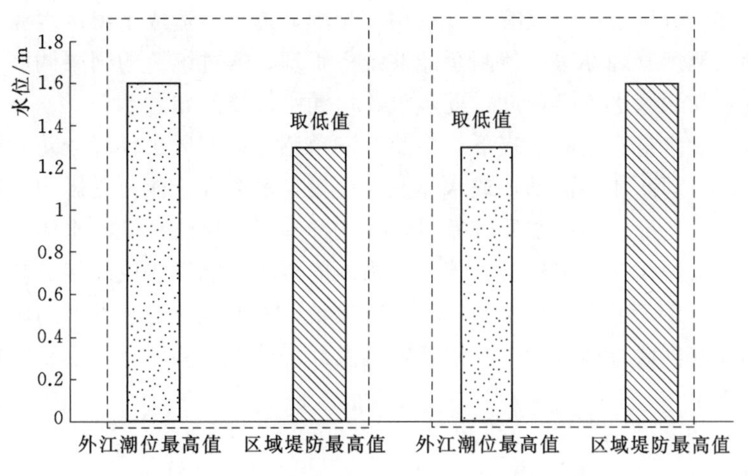

图 10.5.3 定向引水水闸控制水位取值示意图

10.6 中顺大围连通性改善措施

针对中顺大围水环境问题突出问题，通过工程措施、非工程措施的实施避免了水环境的进一步恶化，同时水环境逐步得到改善。工程措施包括：对河道开挖和疏浚；拆除河道岸线内非法建筑物；增加污水处理能力及配套措施；点源和面源控制；恢复河流蜿蜒性等。非工程措施包括改进闸坝调度运行方式、划定生态保护红线、建立生态监测网等。下面主要对几类主要措施做简要说明。

1）河道开挖和疏浚。由于珠江三角洲水系发达、河道交错综合，同时随着社会经济的快速发展，部分河涌受到不同程度的淤积，河道过流断面过流能力减小，同时部分河涌仍为断头涌，无活水来源，无法跟周边河网相连，导致污染物长期聚集，因此通过河道开挖和疏浚，用人力或机械开挖断头涌与邻近河涌相连，对沉积河底的淤泥吹搅成混浊的水状或者挖深河流浅段等方法进行疏浚，从而增加断头涌与其他河道水力联系，增加河道过流能力。

2）拆除河道岸线内非法建筑物。由于经济的发展，人口密度日益加大，河涌两岸房屋密集，部分河涌被占用、堤岸被占用现象比较严重，造成现状河道断面较窄，河涌过流能力低，水域面积萎缩，因此通过相关行政执法办法拆除河道岸线内非法建筑物，恢复河道断面面积，提高河涌过流能力。

3）增加污水处理能力及配套设施。由于城市人口的急剧增长和工业的飞速发展，城市居民消费水平显著提高，特别是商业、医院和游乐场所的排水更是增长较快，从而导致生活污水排放量迅速增加，但城市污水处理能力及相应的配套设施却跟不上污水产生量，造成城市生活、工业污水直接或间接排入河涌，直接导致河涌水环境质量降低，通过新建污水处理厂及配套管网，增加城市污水处理能力，从而降低河涌入污量。

4）改进闸坝调度运行方式。珠江三角洲河网区由于防洪排涝的水安全要求，先后经过联围筑堤、修筑闸泵等工程措施，造成河网水系河道间的物理连通受阻，加上河网中闸泵群受不同的部门分别管控，没有统一的调度规则，进一步造成了河网水体流动性差，因此加快制定闸泵调度管理办法，使闸泵能够统一管理，通过统一的闸泵调度，增强河网水系水体流动性，加快污水置换速度，逐步改善河涌水环境问题。

在不能减少污水量产生的前提下，多数珠三角感潮河网区水环境较差的核心问题是水力连通受阻问题，即水体不流动，或水体流动缓慢，水体吞吐能力受影响，水体水动力条件和交换能力变弱，导致河网水质较差时，无法稀释或置换受污染的水体。上述河道开挖和疏浚、拆除河道岸线内非法建筑物等工程措施的实施均能直接或间接提高河网水系间的水力连通性，但由于一般工程措施的实施工期较长，不能迅速对感潮河网区水环境问题进行有效缓解，而闸坝联合调度由于其快速响应及经济性等优势，目前逐步应用于感潮河网区的水环境改善中。

10.7　小结

本章分析了珠江片区感潮河网连通受阻、水环境逐年变差的主要原因，并选取中顺大围作为珠三角感潮河网河湖水系连通规划的示范点，通过建立中顺大围感潮河网一维水量-水质模型，提出以水体吞吐能力、流速流量以及污染物浓度为指标反映该区域的物质流连通性，模拟该示范点在不同连通方案下的物质流连通性，并根据模拟结果比选出该示范区最优的连通方案，具体结论如下。

1）中顺大围作为珠江三角洲地区典型的感潮河网区，其水系发达，但其存在城镇化发展带来的水环境问题、水闸统一调度管理问题以及缺乏有效引水调度问题 3 类问题，导致区域连通性较差，水环境质量逐年降低。该区域的 3 类问题能够代表整个珠江三角洲地区水系普遍问题，因此选取该区域作为本次的示范区域。

2）通过对中顺大围感潮河网的概化，建立了中顺大围一维水量-水质模型，该模型能够较准确地模拟该区域的潮位过程，可以用来模拟不同的连通方案，并对比分析选出最优的物质流连通方案，对于今后感潮河网的水系连通及优化调度研究具有参考意义。

3）连通前现状方案下，在模拟时间段内，整个河网净水量随时间呈正负波浪态起伏，最终总引水量为 10574.65 万 m^3，河网内岐江河水流基本上呈双向流动，其中水流为正所占模拟时间时长达 55％左右，且靠近边界闸门的流速较河段中部的大，河网整体 90％换水周期需 361h，至 623 时刻末，河网整体仍有部分河段污染物浓度处于较高水平。

4）通过设置不同的连通方案，对各方案的水体吞吐能力，水体流速以及污染物浓度进行分析发现，当不改变现状外江闸门的运行情况，仅打开节制闸时，河网的水体吞吐能力、流速变化不大，但河网污染物平均浓度下降速率较连通前现状有所提高，部分河段污染物浓度较连通前显著下降，河网整体 90％换水周期由 361h 降至 344h，减少了 17h，减幅达 4.71％，减幅不大。当采取东河水闸定向排水、外江闸门定向引水的水闸调控方案时，与连通前现状方案相比，其总引水量增加了近 2.81 倍左右，90％换水周期所需时间降幅达 58.17％，节制闸全开或定向引排水对整个河网 90％换水周期所需时间无影响，均为 151h；当将铺锦水闸由定向引水改为定向排水后，河网总引水量会小幅下降，河网 90％换水周期所需时间会小幅增加 6.21％，但水流呈单向流时间最长。综合考虑，本次中顺大围连通最优方案为方案三，该方案能为今后感潮河网制订水闸联合调控方案改善水质提供技术参考。

5）基于水流阻力与图论的河网最小阻力计算方法，计算了不同连通方案调水路径下河网整体水流阻力，其计算结果与数学模型分析结果相印证，可为今后有效地制定感潮河网的连通规划，寻找更优的调水方案提供技术支撑。

第11章　干流纵向连通模拟与连通方案优选——以西江干流为例

11.1　示范点概况

西江是珠江的主流，发源于云南省曲靖市乌蒙山余脉的马雄山东麓，自西向东流经云南、贵州、广西和广东4省（自治区），至广东省佛山市三水区的思贤滘与北江汇合后流入珠江三角洲网河区，全长2075km，流域集水面积35.31万km^2，占珠江流域面积的77.8%。

西江的水资源量丰富，理论蕴藏量2943万kW，可开发装机容量2160万kW，近年来西江干流规划了一系列梯级水电站，其中包括天生桥一级、天生桥二级、平班、龙滩、岩滩、大化、百龙滩、乐滩、桥巩、大藤峡、长洲等梯级电站，目前除大藤峡外，其余电站都已建成运行，具体梯级电站详情如表11.1.1所示。

表11.1.1　西江干流已建梯级电站详情

干支流	名称	所在河流	坝址控制面积/km^2	多年平均流量/(m^3/s)	总库容/10^8m^3	调节方式	工程任务	开发建设年份
干流	天生桥一级	南盘江	49900	612	84	多年	发电	1998
	天生桥二级	南盘江	50194	615	0.26	日	发电	1992
	平班	南盘江	51650	616	2.78	日	发电	2004
	长洲	西江	308600	6120	56	日	发电兼顾航运、灌溉、养殖	2007
	龙滩	红水河	105354	1640	162.1	多年	发电兼有防洪、航运	2007
	岩滩	红水河	113740	1760	33.5	年	发电兼顾航运	1992
	大化	红水河	118274	1990	9.64	日	发电兼顾航运	1983
	百龙滩	红水河	119890	2020	3.4	无	发电兼顾航运	1996
	乐滩	红水河	125964	2050	9.5	日	发电兼顾航运、灌溉	2004
	桥巩	红水河	128564	2130	9.03	日	发电兼顾航运	2008
支流	光照	北盘江	13548	257	32.45	多年	发电	2007
	红花	柳江	46770	1320	30	日	发电	2005

由于西江干支流一系列梯级水电站的建设，河流干流纵向阻断严重，首先阻断了洄游性鱼类的通道，其次改变了河道的生境，造成河道流速变慢、流量减小，导致不能满足鱼类产卵需求，统计天生桥一级库尾河段至珠江河口段，除长洲水利枢纽回水范围以上桥巩

梯级、龙滩及乐滩库尾、天生桥二级库尾、长洲水利枢纽以下河段仍保留一定的天然河段外，其余河段鱼类生境均受梯级开发的影响。根据统计分析，西江干支流梯级开发前后，红水河、黔江、浔江、西江及柳江主要产漂流性卵的鱼类产卵场由开发前的 29 个产漂流性卵鱼类产卵场减少为 17 个，具体如表 11.1.2 所示。

表 11.1.2　西江干支流产卵场分布情况

编号	产卵场	分布江段	种类	现状
1	田林八渡	南盘江	桂花鲮、鳊	存在
2	大化	红水河	鲢、鳙、草鱼等	消失
3	三洲	红水河	鲢、鳙、草鱼等	存在
4	百甫	红水河	鲢、鳙、草鱼等	转移
5	里兰滩底	红水河	鲢、草鱼、鲤、鳊	消失
6	大龙十五滩底	红水河	鲢、草鱼、鲤、鳊	消失
7	寻乡州头	红水河	鲢、草鱼、鲤、鳊	消失
8	大涯	红水河	鲢、草鱼、鲤、鳊	消失
9	黄滩底	红水河	鲢、草鱼、鲤、鳊	消失
10	唐渠码头	红水河	鲢、草鱼、鲤、鳊	消失
11	桥巩	红水河	鲢、草鱼、鲤、鳊	消失
12	定子滩	红水河	鲢、草鱼、鲤、鳊	存在
13	兴宾码头	红水河	鲢、草鱼、鲤、鳊	消失
14	城厢码头	红水河	鲢、草鱼、鲤、鳊	存在
15	大步	红水河	鲢、草鱼、鲤、鳊	存在
16	衣滩	红水河	鲢、草鱼、鲤、鳊	存在
17	石龙滩	柳江	中华鲟	消失
18	里壅	柳江	鳊	存在
19	运江	柳江	青鱼	存在
20	三江口	黔江	鲢、草鱼	存在
21	前进	黔江	草鱼、青鱼、鳊、鲮	存在
22	大藤峡	黔江	草鱼、青鱼、鲢、鳊、鲮	存在
23	东塔	浔江	草鱼、青鱼、鲢、鳙、鳊、鲮	存在
24	平南盆龙	浔江	草鱼、青鱼、鲢、鳙、	存在
25	观音阁	浔江	草鱼、青鱼、鲢、鳙、	存在
26	盐蛇滩	浔江	草鱼、青鱼、鲢、鳙、	消失
27	梧州系龙洲	西江	赤眼鳟、鲮鱼、鳡鱼	存在
28	封开青皮塘	西江	广东鲂	存在
29	德庆罗旁	西江	广东鲂	存在

西江干流河流的纵向连续性将随着西江干流上游规划的梯级水电站逐步落成变得更加的非连续化，同时各水电站的下游河道水量进一步减少，调度方式由于服从于防洪、发电或供水等需求，使年内径流趋于均一化，改变了自然河流丰枯变化的水文模式，洪水脉冲的消失，阻碍了物种流、物质流和信息流畅通，尤其体现在物种流（洄游鱼类、鱼卵和树种漂流）和信息流（洪水脉冲等）的受阻，下游鱼类的多样性下降，鱼类洄游通道受阻，鱼类产卵、索饵、越冬洄游受到阻碍等。

西江定子滩产卵场位于红水河来宾段珍稀鱼类自治区级自然保护区段，该产卵场位于季节性核心区内，该区域是西江干支流重要产卵场之一。定子滩产卵场段位于西江干流红水河桥巩下游，距桥巩水电站 22km 左右，具体位置如图 11.1.1 所示，常年水深 40～50m，主要鱼类有鲢、草鱼、鲤、鳊。现场调研发现，产卵场水深约 8m，枯水期河心洲裸露较多；而其起点新周村码头处峡谷段，常年水深 40～50m。定子滩产卵场生态景观格局以“峡谷-宽谷-峡谷”相连为主体，产卵场的连续性相对较好；其间峡谷段、河心洲、河流分汊、峡谷段等鱼类栖息地特征多样，表明产卵场各种进出口和通道相对通畅。

产卵场物理生境构造如下：沿岸天然岩石溶洞且交错分布；河心洲多处，其土壤构成表层以细砂为主，淤泥、细砂，灰黑色；洲岛上植被以芦苇、问荆、柳科等群落为主，并有较多的藤蔓类植物，表明产卵场覆盖度较高且复杂；河道中的河心洲、礁石多布，且岸带错落曲折分布；产卵场紊流、涡流等多样性高，流场流态多样；产卵场外延梯度变化多样且构成相对稳定。同时，定子滩的河岸带及河滩地地形和植被群落为鱼类的产卵提供了适宜的底质环境，并在水位较高时为鱼类提供了饵料。

2016 年珠江委组织实施了首次西江干流鱼类繁殖期水量调度（试验），对西江定子滩产卵场进行生态监测。本研究选取定子滩产卵场作为纵向连通的河湖连通模拟与示范应用的典型示范区，开展该区域纵向连通的河湖连通模拟，基于 HydroMPM 二维模型，建立定子滩段的二维水动力-水生态耦合模型，通过设置不同的连通方案，模拟计算不同方案下的该区域的水动力及鱼类适宜度，并对连通前后信息流连通各指标进行对比分析，最终得到西江调度示范区最适合的信息流连通方案。

11.2　产卵场水量-生态二维模型模拟

11.2.1　计算区域概化

由于定子滩产卵场区域河道较为宽浅，河道水面最宽 747m 左右，平均水深 35m 左右，假设水体垂向均匀，仅模拟水体的纵向及横向水动力变化。根据第 4 章一、二维模型的适用范围可知，本次西江定子滩产卵场示范点选用二维模型。

由 3.2.2 小节“模型配置”可知，模型构建需要研究区域的节点文件 node、单元文件 ele、边文件 edge，以及节点高程文件 bed 等资料。本次建模区域为定子滩产卵场段[图 11.2.1（b）]，水域面积为 1.65km^2 左右，根据实测地形数据，对其概化如图 11.2.1 所示，整个河网模型共 4901 个网格、9431 个单元、14331 条边，最大网格面积为 296.25m^2，最小网格面积为 132.66m^2，上边界为流量边界，下边界为水位边界，其余边界为陆域边界。

(a) 定子滩产卵场位置示意图

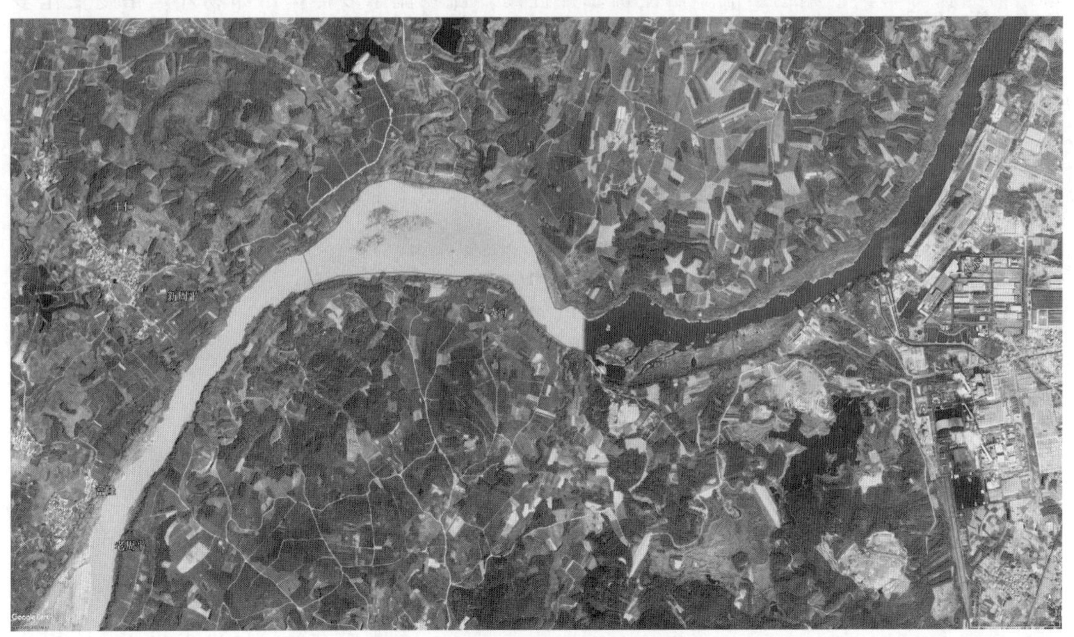

(b) 定子滩产卵场局部放大示意图

图 11.2.1 定子滩产卵场

11.2.2 初始条件和边界条件

(1) 初始条件

模型计算模拟前，要在模型 Setting 文件中设置模型计算的初始值，模型的水动力模

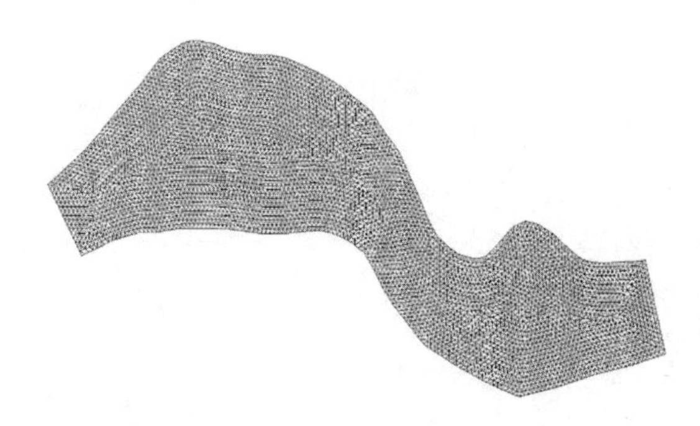

图 11.2.2　定子滩产卵场模型网格概化图

拟，需设置计算精度选项，给定统一的初始水位（或水深）、流速、污染物浓度，是否热启动、计算时间步长，CFL 数、计算起始时间，模拟总时长，模型输出时间步长等。本书模型设置的初始条件为计算精度选项，给定统一的初始水位（或水深）、流速、污染物浓度，是否热启动、计算时间步长，CFL 数、计算起始时间，模拟总时长，模型输出时间步长。本书模拟的分级解法为 1 阶精度格式，无热启动，初始水位采用上边界流量下的对应水位，初始流速为 0m/s，初始浓度为 0，CFL 数为 0.85，计算时间步长为自适应变时间步长，模拟总时长为 5h，模型输出时间步长为 3600s。

（2）边界条件

本模型边界条件主要包括区域边界的流量边界、水位边界、开边界（自由出流边界）以及混合边界；污染物 C1 物质组分的边界时间序列。由于本书不计算定子滩区域的污染物情况，故本书模型需设定的边界条件为上边界的流量边界及下边界的水位边界。上边界条件采用调度工况的流量边界，下边界采用现状工况相对应的水位边界。

11.2.3　模型控制参数

（1）水动力参数

水动力主要参数包括曼宁系数、科氏力。本次模型不考虑科氏力。

（2）水质参数

水质主要参数包括全局固定扩散系数、Preston 公式参数、C1 组分降解系数。由于本次不进行水质模拟，故不需设置水质参数。

11.2.4　鱼类栖息地适宜度评价模型

不同的鱼类对水温、流速、水深、河床基质、pH 值、溶解氧相应关系不同，因此要确定本次定子滩示范点的鱼类栖息地适宜度评价模型，首先需确定本次的连通调度对象为何种鱼类。

目前有不少学者对珠江的鱼类资源开展了相关研究，刘添荣等对珠江流域西江下游渔业现状调查并分析，结果表明该区域主要有广东鲂、赤眼鳟、鳗鱼、餐条、黄颡鱼、鳞鱼、黄尾鱼、海南红鲌，四大家鱼种类现已明显减少。王旭涛等对珠江水生态现状进行了分析，现状水电梯级开发程度较高的红水河，渔业原有一定规模，主要经济鱼类有青、草、鲢、鳙、鳊、倒刺鲃、长鳠、鲮等。谭细畅等对东江鱼类产卵场现状进行调查分析，梯级水坝阻隔了鱼类的洄游通道，导致该区域缺失洄游（半洄游）的鱼种，如青鱼、草鱼、鲢、鳙等。吴伟军等对红水河四大家鱼资源现状调查分析，发现红水河四大家鱼资源量呈下降趋势，红水河四大家鱼占渔获物比例合计为 10.38%。帅方敏等对珠江水系四大家鱼资源现状及空间分布特征进行研究，在红水河江段采集到的四大家鱼占所有渔获物的重量比例不足10%。

青鱼、草鱼、鲢、鳙四大家鱼是我国淡水养殖和捕捞的主要对象，其渔业产量曾占我国淡水渔业总产量的75%，也是珠江主要的淡水渔业资源。根据广西水产研究所20世纪80年代对红水河渔获物进行调查统计，发现四大家鱼占渔获物比例达20.34%，目前红水河经过90年代的十级水电站开发后，四大家鱼的产卵场基本被淹没，资源状况发生了较大变化，四大家鱼资源量急剧下降。

因此本书以四大家鱼为生态调度对象，在现场监测及查阅相关文献的基础上，构建本次模拟段——西江干流红水河四大家鱼栖息地适宜度评价模型，具体适宜度模型结果如表11.2.1、图11.2.3所示。

表11.2.1　西江干流红水河四大家鱼栖息地适宜度

流速/(m/s)	水深/m											
	1	3	5	7	9	11	13	15	17	19	21	23
0	0.00	0.00	0.00	0.00	0.00	0.00	0.00	0.00	0.00	0.00	0.00	0.00
0.5	0.00	0.02	0.11	0.27	0.44	0.40	0.15	0.07	0.03	0.02	0.01	0.01
1	0.00	0.05	0.26	0.61	1.00	0.91	0.34	0.16	0.07	0.04	0.03	0.01
1.5	0.00	0.04	0.23	0.54	0.88	0.80	0.30	0.15	0.06	0.04	0.03	0.01
2	0.00	0.03	0.15	0.35	0.58	0.53	0.20	0.10	0.04	0.02	0.02	0.01
2.5	0.00	0.01	0.07	0.17	0.28	0.26	0.10	0.05	0.02	0.01	0.01	0.00
3	0.00	0.00	0.00	0.00	0.00	0.00	0.00	0.00	0.00	0.00	0.00	0.00

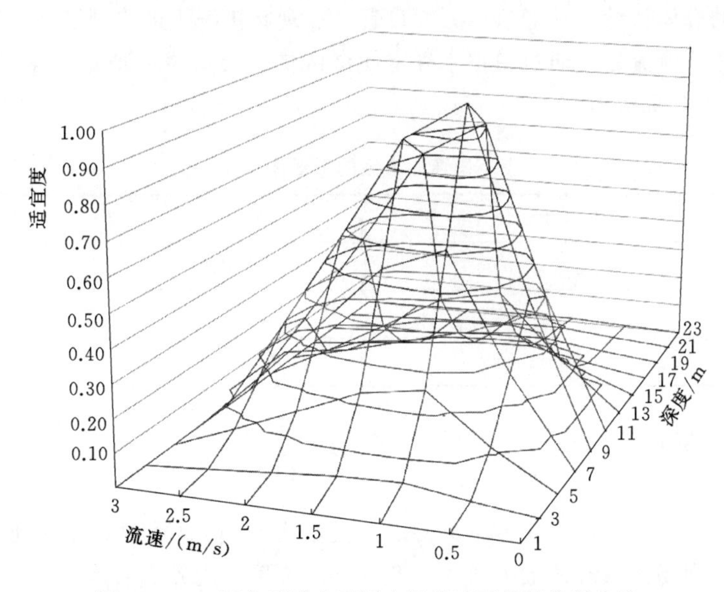

图11.2.3　研究区域内不同水深流速下的适宜度曲线

11.3　连通方案优选

目前西江干支流建设了一系列梯级水电站，造成河流干流纵向阻断严重，阻断了洄游性鱼类的通道，改变了河道的生境，河道流速变慢、流量减小，使鱼类栖息环境发生较大变化，干支流鱼类产卵场减少 40%左右。因此有必要开展西江干流定子滩产卵场二维水动力-水生态数值模拟，通过设置不同的生态调度工况来分析定子滩产卵场在不同生态调度连通模式下的水动力及四大家鱼鱼类适宜度特性。

本章通过已建立的定子滩产卵场二维水动力-水生态耦合模型来模拟该段不同生态调度连通工况下的水动力及鱼类适宜度特性，包括水深、流速、流量、产卵场适宜度曲线等，通过对比分析，最终选择最优的生态调度连通方案。

11.3.1　连通方案设置

（1）连通前

根据 11.2 节建立的定子滩产卵场二维水动力-水生态耦合模型，以该段受上游桥巩电站不进行生态调度的下泄流量作为现状工况边界条件。

根据《红水河综合利用规划环境影响回顾性评价研究报告》及《大藤峡水利枢纽工程环境影响报告书》等报告中的初步研究成果，西江干流鱼类产卵集中在每年的 4—7 月，适宜鱼类产卵的流量为 3000～15000m^3/s（大湟江口站），定子滩产卵场距桥巩水电站 22km 左右，本次现状工况为：不考虑生态调度，上游下泄流量为 3000m^3/s。

（2）连通后

本次定子滩产卵场的连通总体目标是通过设置最优的下泄流量，使该区域总的鱼类适宜度值最大。

根据连通的总体目标，连通后的方案设置是在现状工况下的下泄流量的基础上，增加不同梯度的生态下泄流量，通过模拟来确定使该区域鱼类适宜度值最大的最优下泄流量，具体方案如表 11.3.1 所示。

表 11.3.1　　不同连通方案的下泄流量

现状工况	下泄流量/(m^3/s)	现状工况	下泄流量/(m^3/s)
方案一	4000	方案四	10000
方案二	6000	方案五	12000
方案三	8000	方案六	14000

11.3.2　流速分析

（1）连通前

根据模型模拟结果，在现状方案上游下泄流量为 3000m^3/s 时，由流速云图及流场图可知，定子滩产卵场区域流速最大值为 0.83m/s，位于下边界靠右岸 110m 左右，流速最小值为 0m/s，主要位于左右岸边，流场整体平顺。由水深云图可知，区域水深最大值为 67.56m，最小值为 0m，其中水深最大值位于模拟区域中下游卡口处，距下游边界 1.1km 左右（图 11.3.1）。

（2）连通后

图 11.3.2（a）～（f）为连通后各方案定子滩产卵场流速云图及流场分布图，由图可

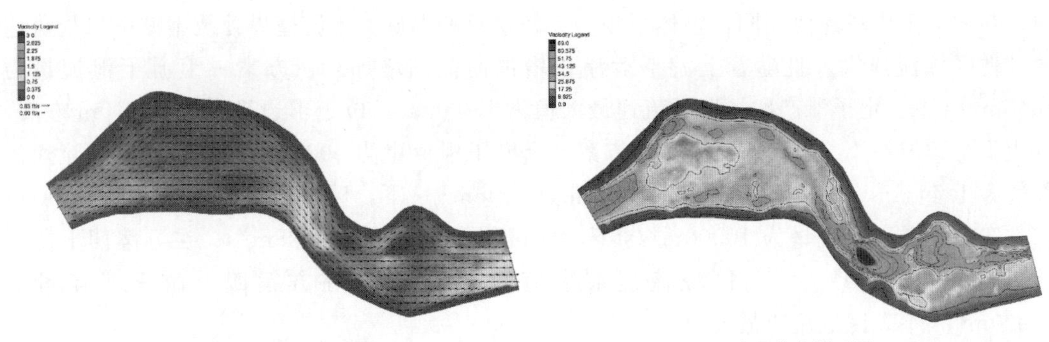

(a) 连通前流速云图及流场图　　(b) 连通前水深云图

图 11.3.1 连通前流速云图、流场图及水深云图

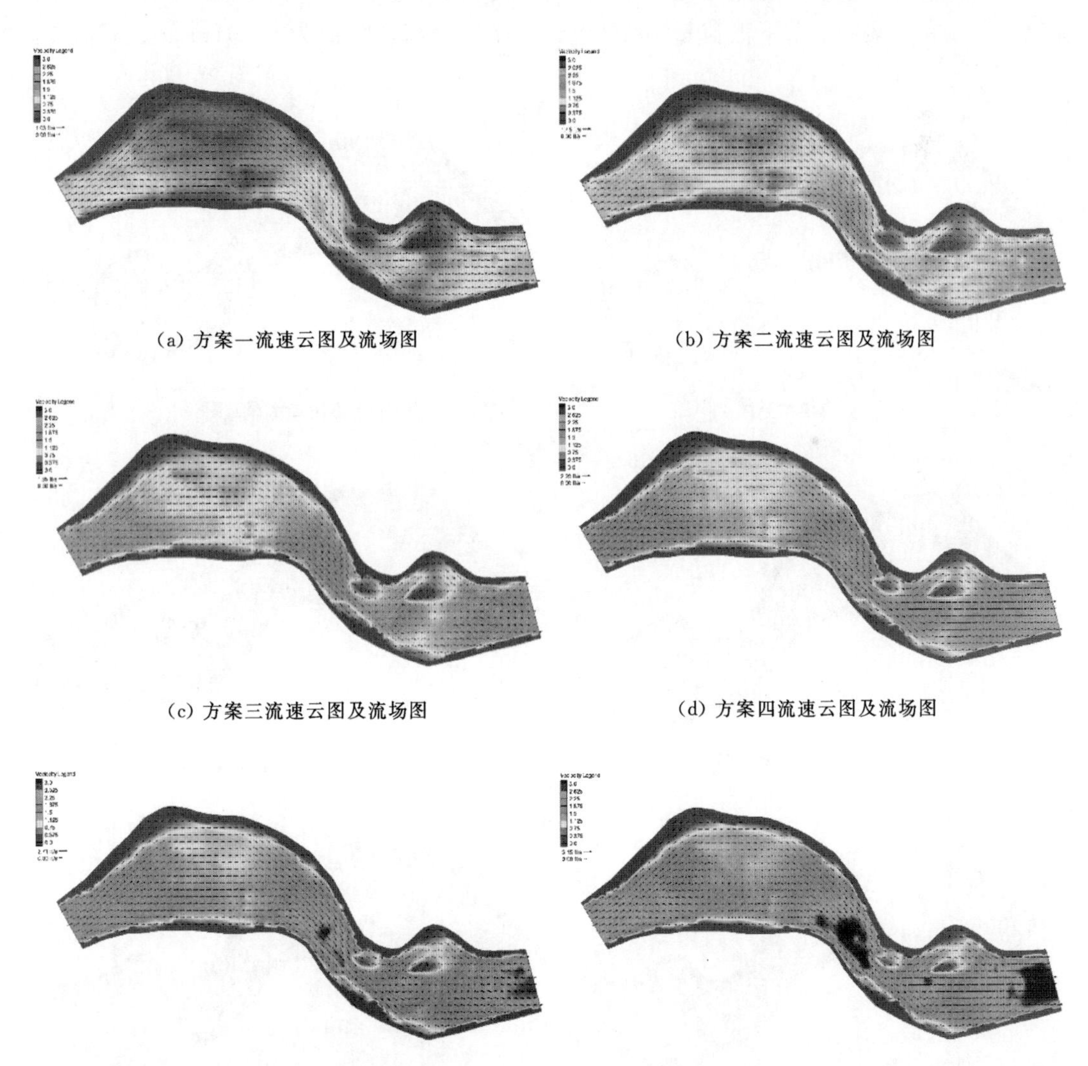

(a) 方案一流速云图及流场图　　(b) 方案二流速云图及流场图

(c) 方案三流速云图及流场图　　(d) 方案四流速云图及流场图

(e) 方案五流速云图及流场图　　(f) 方案六流速云图及流场图

图 11.3.2 各方案流速云图及流场图

知，各方案下流场趋势相同，整体平顺，无较明显的涡旋，下游边界处及中游缩口处流速较其他区域流速大，且随着上游下泄流量增加而范围增加。在方案一上游下泄流量为 4000m^3/s 下，定子滩产卵场区域流速最大值为 1.03m/s，位于下边界靠右岸 110m 左右，且距下游边界约 1.33km 的区域；在方案二上游下泄流量为 6000m^3/s 下，区域内流速最大值为 1.44m/s；在方案三上游下泄流量为 8000m^3/s 下，区域流速最大值为 1.85m/s；在方案四上游下泄流量为 10000m^3/s 下，区域流速最大值为 2.29m/s；在方案四上游下泄流量为 12000m^3/s 下，区域流速最大值为 2.71m/s；在方案四上游下泄流量为 14000m^3/s 下，区域流速最大值为 3.15m/s。

图 13.3-3（a）～（f）为连通后各方案定子滩产卵场水深云图，由图可知，各方案的水深最深处均位于中下游缩口处，距下游边界 1.1km 左右，且水深随着下泄流量增加变化不大。在方案一上游下泄流量为 4000m^3/s 下，水深最大值为 67.61m；在方案二上

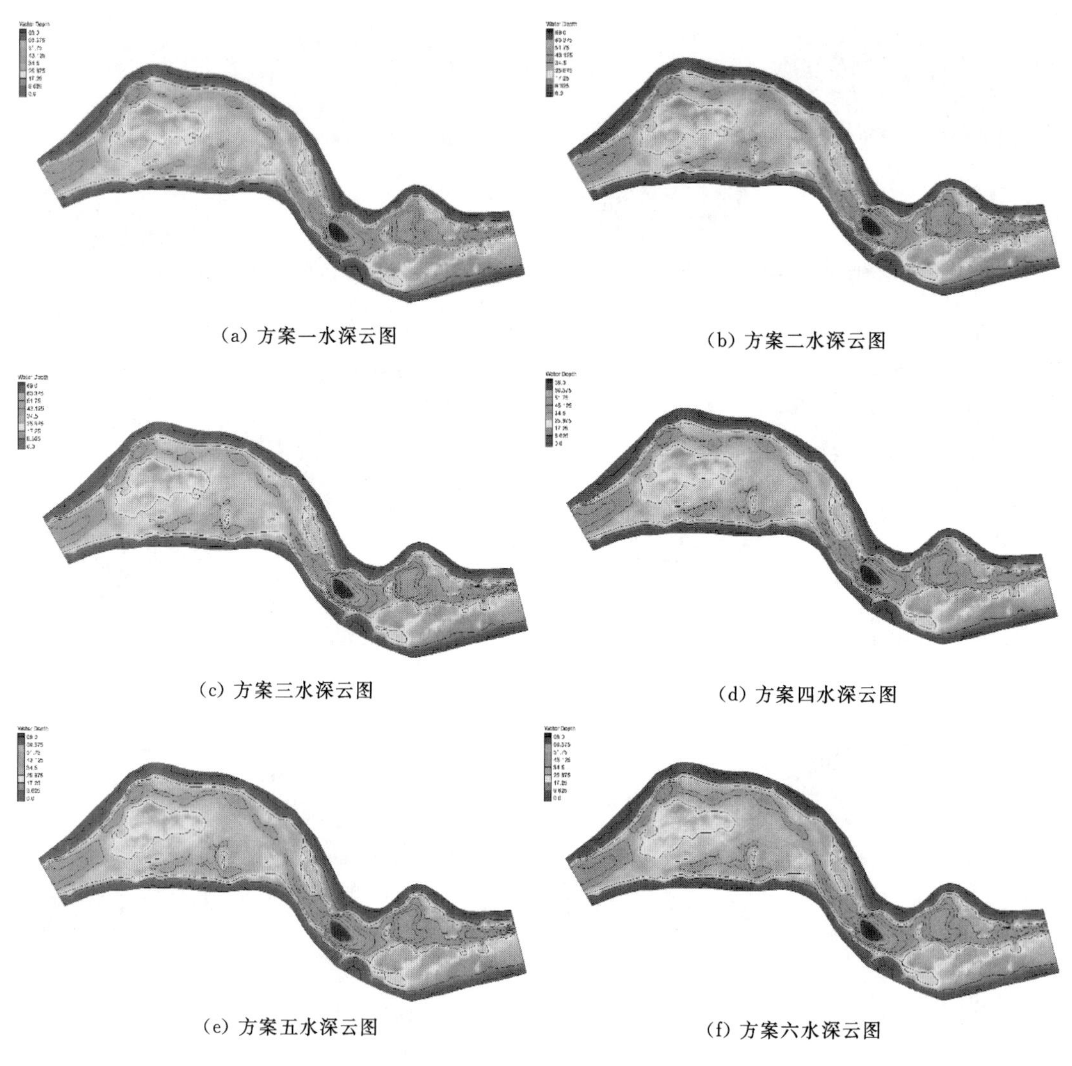

(a) 方案一水深云图　(b) 方案二水深云图

(c) 方案三水深云图　(d) 方案四水深云图

(e) 方案五水深云图　(f) 方案六水深云图

图 11.3.3　各方案水深云图

游下泄流量为6000m³/s下，水深最大值为67.75m；在方案三上游下泄流量为8000m³/s下，水深最大值为67.91m；在方案四上游下泄流量为10000m³/s下，水深最大值为68.09m；在方案五上游下泄流量为12000m³/s下，水深最大值为68.29m；在方案六上游下泄流量为14000m³/s下，水深最大值为68.52m。

11.3.3 鱼类栖息地适宜度分析

（1）连通前

根据流速、水深结果耦合定子滩段产卵场适宜度模型计算，得到在该方案流量下区域适宜度，如表11.3.2所示，加权可用面积为0.093km²，水力栖息地适宜度为5.60%，水力栖息地高适宜度比例为0.03%，适宜度分布云图如图11.3.4所示，在本下泄流量下，区域的HSI较大的值主要集中在靠近下边的右岸一片区域。

（2）连通后

方案一：

只考虑下泄流量为4000m³/s，不考虑日均增长率时，模拟水深、流速及产卵场适宜度指标如表11.3.3所示，加权可用面积为0.124km²，水力栖息地适宜度为7.47%，水力栖息地高适宜度比例为1.16%，适宜度分布云图如图11.3.5所示，可以看到，较现状本方案下的HSI最大值明显增加，且鱼类产卵适宜区域逐渐增大。

表11.3.2 下泄流量为3000m³/s时适宜度指标

加权可用面积 WUA/km²	0.093
水力栖息地适宜度 HHS/%	5.60
水力栖息地高适宜度比例 HSP/%	0.03

表11.3.3 下泄流量为4000m³/s时的适宜度指标

加权可用面积 WUA/km²	0.124
水力栖息地适宜度 HHS/%	7.47
水力栖息地高适宜度比例 HSP/%	1.16

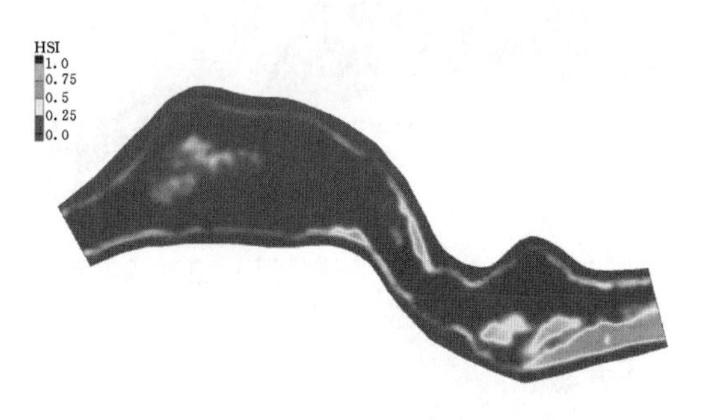

图11.3.4 3000m³/s流量下栖息地适宜度分布云图

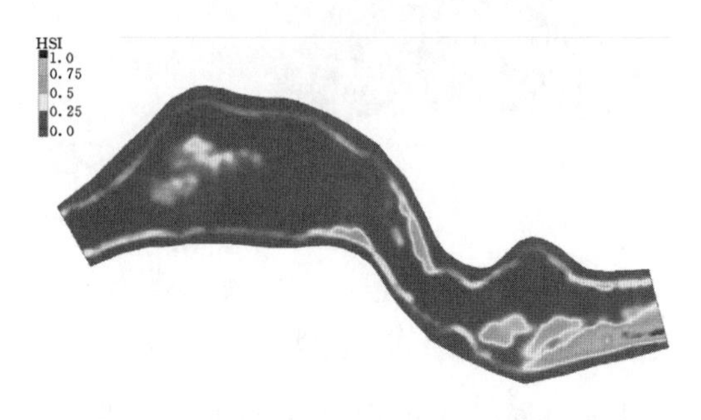

图11.3.5 4000m³/s流量下栖息地适宜度分布云图

方案二：

只考虑起涨下泄流量为6000m³/s，不考虑日均增长率时，模拟水深、流速及产卵场适宜度指标如表11.3.4所示，加权可用面积为0.173km²，水力栖息地适宜度为10.47%，水力栖息地高适宜度比例为3.72%，适宜度分布云图如图11.3.6所示，可以看到较方案一，本方案下鱼类产卵适宜区域继续向上游扩大。

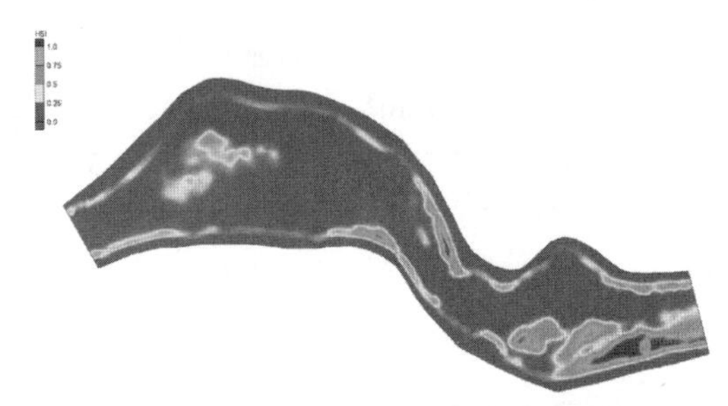

图 11.3.6　$6000m^3/s$ 流量下栖息地适宜度分布云图

方案三：

只考虑起涨下泄流量为 $8000m^3/s$，不考虑日均增长率时，模拟水深、流速及产卵场适宜度指标如表 11.3.5 所示，加权可用面积为 $0.190km^2$，水力栖息地适宜度为 11.48%，水力栖息地高适宜度比例为 4.54%，适宜度分布云图如图 11.3.7 所示，可以看到较方案二，本方案下鱼类产卵适宜区域在增大的同时，也向河道中部扩大。

表 11.3.4　下泄流量为 $6000m^3/s$ 时适宜度指标

加权可用面积 WUA/km^2	0.173
水力栖息地适宜度 HHS/%	10.47
水力栖息地高适宜度比例 HSP/%	3.72

表 11.3.5　下泄流量为 $8000m^3/s$ 时适宜度指标

加权可用面积 WUA/km^2	0.190
水力栖息地适宜度 HHS/%	11.48
水力栖息地高适宜度比例 HSP/%	4.54

方案四：

只考虑起涨下泄流量为 $10000m^3/s$，不考虑日均增长率时，模拟水深、流速及产卵场适宜度指标如表 11.3.6 所示，加权可用面积为 $0.181km^2$，水力栖息地适宜度为 10.94%，水力栖息地高适宜度比例为 3.38%，适宜度分布云图如图 11.3.8 所示，可以看到较方案三，本方案下鱼类产卵适宜区域反而在缩小，但位于河道上游左岸处出现一处适宜度较高的区域。

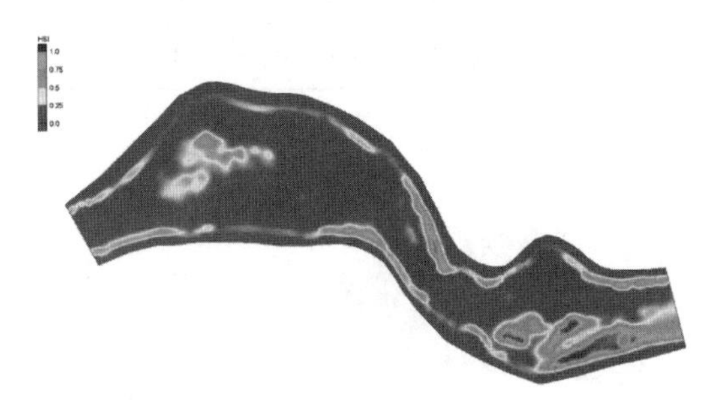

图 11.3.7　$8000m^3/s$ 流量下栖息地适宜度分布云图

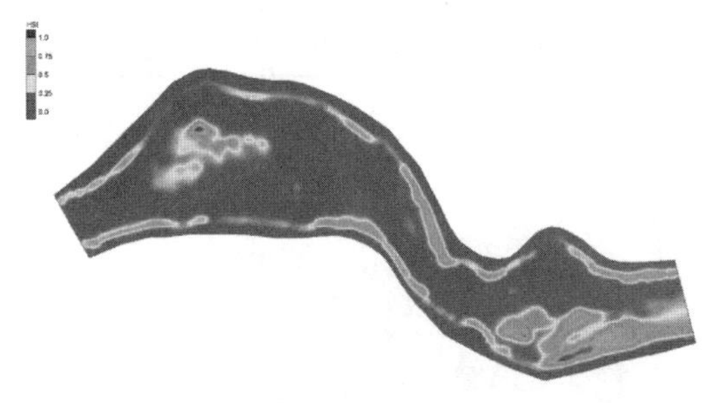

图 11.3.8　$10000m^3/s$ 流量下栖息地适宜度分布云图

表 11.3.6　下泄流量为 $10000m^3/s$ 时适宜度指标

加权可用面积 WUA/km^2	0.181
水力栖息地适宜度 HHS/%	10.94
水力栖息地高适宜度比例 HSP/%	3.38

方案五：

只考虑起涨下泄流量为 $12000m^3/s$，不考虑日均增长率时，模拟水深、流速及产卵场适宜度指标如表 11.3.7 所示，加权可用面积为 $0.159km^2$，水力栖息地适宜度为 9.62%，水力栖息地高适宜度比例为 1.88%，适宜度分布云图如图 11.3.9 所示，本方案下鱼类产卵适宜区域面积变化与方案四类似，仍在缩小，且最大的 HSI 由靠近河段下边界处向上游移动。

方案六：

只考虑起涨下泄流量为14000m^3/s，不考虑日均增长率时，模拟水深、流速及产卵场适宜度指标如表11.3.8所示，加权可用面积为0.132km^2，水力栖息地适宜度为7.97%，水力栖息地高适宜度比例为1.27%，适宜度分布云图如图11.3.10所示，本方案下鱼类产卵适宜区域面积变化进一步减小，但与现状方案相比，仍较优。

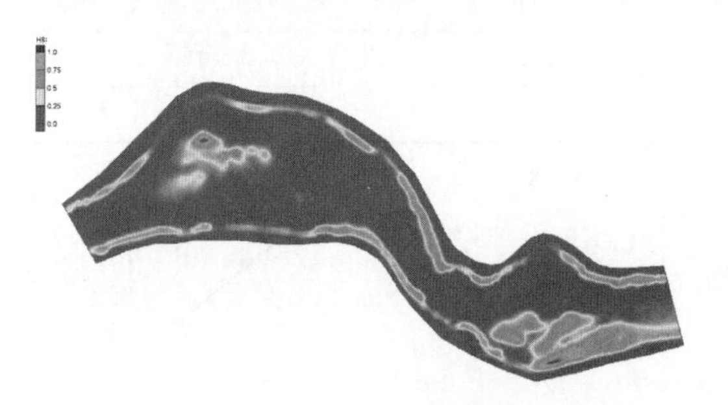

图11.3.9　12000m^3/s流量下栖息地适宜度分布云图

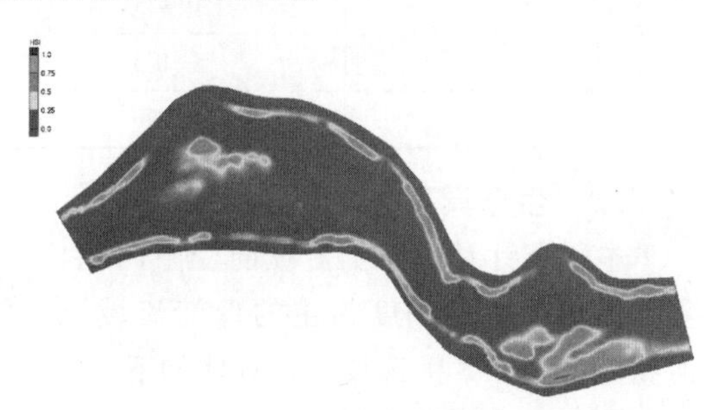

图11.3.10　14000m^3/s流量下栖息地适宜度分布云图

表11.3.7　下泄流量为12000m^3/s时适宜度指标

指标	数值
加权可用面积WUA/km^2	0.159
水力栖息地适宜度HHS/%	9.62
水力栖息地高适宜度比例HSP/%	1.88

表11.3.8　下泄流量为14000m^3/s时适宜度指标

指标	数值
加权可用面积WUA/km^2	0.132
水力栖息地适宜度HHS/%	7.97
水力栖息地高适宜度比例HSP/%	1.27

11.3.4　连通方案分析

由11.3.2小节和11.3.3小节的分析可知，定子滩四大家鱼产卵场WUA值随下泄流量的增加先增加后减小。当下泄流量为3000m^3/s时，模拟区域产卵栖息地加权可利用面积最小，为0.093km^2。下泄流量由3000m^3/s增加至8000m^3/s时，模拟区域产卵栖息地加权可利用面积随之增加，由0.093增加至0.190，增加了104%，产卵场适宜值在空间上由靠近下边界右岸逐渐向上扩展。当下泄流量进一步由8000m^3/s增至14000m^3/s时，产卵栖息地加权可利用面积反而逐渐下降，由0.190下降至0.132，下降了30.53%，适宜产卵场在空间上由靠近下边界右岸逐渐萎缩，这是由于随着流量的进一步增加，该区域整体流速及水深增大，超过了鱼类产卵的适宜范围。

根据产卵场上游不同下泄流量，计算区域适合产卵栖息的加权可利用面积，统计并绘制WUA与上游下泄流量关系曲线，如表11.3.9和图11.3.11所示，由该曲线可知，西江段定子滩产卵栖息地适宜度与上游下泄流量相关性很好，对该曲线进行多项式拟合，拟合方程为$f(WUA)=1.563\times10^{-13}x^3+(-6.533\times10^{-9}x^2)+7.613\times10^{-5}x-0.08278(R^2=0.9947,3000\leqslant x\leqslant14000)$。当下泄流量从3000m^3/s增至6000m^3/s时，该区域*WUA*增长速率最快，由6000m^3/s增加至8000m^3/s时，*WUA*增长率有所下降，但达到本区域最大的*WUA*值0.19km^2，超过8000m^3/s以后*WUA*随着流量的增加持续下降。因此针对西江定子滩产卵场段，应采取4000～8000m^3/s的生态下泄流量，其中最适的下泄流量为方案三的 8000m³/s。

表 11.3.9　　不同下泄流量对应 *WUA* 值

下泄流量/(m³/s)	*WUA*/km²	下泄流量/(m³/s)	*WUA*/km²
3000	0.093	10000	0.181
4000	0.124	12000	0.159
6000	0.173	14000	0.132
8000	0.190		

11.3.5　生态调度方案优选

本研究针对西江干流纵向受阻问题，主要提出以生态调度为主的珠江流域江河纵向连通方案优选技术，具体如下。

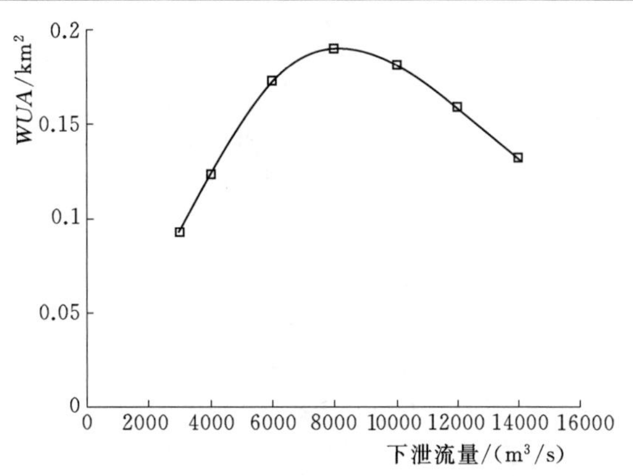

图 11.3.11　不同下泄流量对应 *WUA* 关系曲线

11.3.5.1　总体要求

1）本生态调度优选技术是指通过现有水利工程将上游水量在适宜的时期，下泄最优的流量，提高区域的鱼类生境适宜度指标值，增加区域的鱼类栖息地适宜度，以改善鱼类生存或繁殖环境，最终增加鱼类多样性或资源量。

2）本生态调度优选技术主要适用于有生态保护目标鱼类，且满足下泄适宜流量的珠江流域江河上修建的水利工程区域，其他流域也可参考。

3）本生态调度优选技术本着在满足防洪、供水、灌溉、发电、压咸补淡效益的基础上进行生态调度。

4）制订最优的生态调度方案应收集与生态调度有关的水文气象、下游防洪、压咸、河道水清、社会经济及区域对生态调度的要求等基本资料。

5）生态调度应采用成熟可靠的技术和手段，研究优化调度方案，提高生态调度的科学技术水平。

6）生态调度方案由水行政主管部门、环保部门以及水利工程管理单位联合共同制定。

11.3.5.2　调度对象与条件准备

1）根据某区域的鱼类资源或产卵场调查，明确具体区域所需生态调度保护目标。

2）针对具体区域，需对该区域开展地形调查，同时针对该保护目标，需对该区域开展长期系统的生态监测，具体监测对象包括鱼类种类、数量、鱼卵等分布，水文、水动力监测数据。

3）明确水文气象情报与预报的方式与要求，充分利用水文气象部门已有的水文气象站网，针对水库上游及水库下游的水情预报，开展短、中、长期水文气象情报与预报工作。

11.3.5.3　生态下泄流量的范围确定

1）构建目标鱼类栖息地适宜度值曲线。根据生态监测结果和历史资料构建保护目标鱼类生存或繁衍期间主要水文、水动力影响因子的栖息地适宜度值曲线(图 11.3.12)。

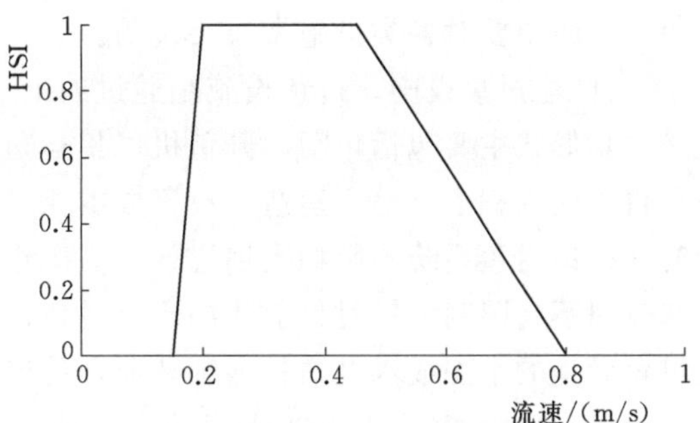

图 11.3.12 水动力影响因子栖息地适宜度值曲线示意图

2）目标鱼类栖息地适宜度评价模型。根据影响目标鱼类栖息的主要水文、水动力适宜性曲线确定每个计算单元影响因子的组合适宜值，将 HSI 值与计算单元面积的乘积作为该计算单元适合目标鱼类栖息的面积，再逐次累加计算域所有计算单元的适宜栖息面积，得出整个计算域适宜目标鱼类栖息的加权可利用面积。

$$WUA = \sum_{i=1}^{n} S_i A_i \tag{11.3.1}$$

式中：S_i 为第 i 个单元的适宜度；A_i 为第 i 个单元的水表面面积，m^2。

3）下泄流量与目标鱼类的栖息地适宜度模型之间的定量关系。根据相关资料初步确定该区域生态下泄流量，设置不同梯度的下泄流量。建立该区域二维水动力-水质模型，模拟不同梯度的下泄流量下该区域的水文、水动力分布结果，并根据模拟结果耦合目标鱼类栖息地主要影响因子适宜度曲线，最终确定不同梯度下泄流量与目标鱼类的栖息地适宜度之间的定量关系，建立数学模型。

11.3.5.4 最优调度方案选取

1）根据建立的下泄流量与目标鱼类的栖息地适宜度的数学模型（以 11.3.4 小节成果为例），选取曲线最大值左右区域范围的流量作为最优生态调度下泄流量，如图 11.3.13 所示。

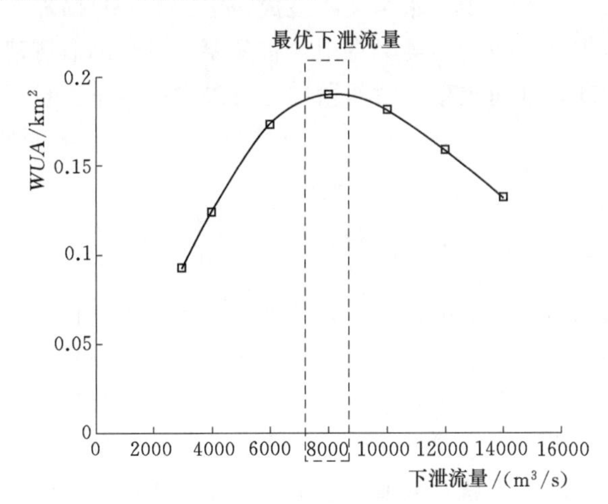

图 11.3.13 最优生态调度下泄流量取值示意图

2）为保证计算的合理性及有效性，需在正式采取生态调度时，开展试验性的生态调度。同时在试验调度期间内，根据西江红水河来宾段河流特点，以及定子滩产卵场洲滩分布、植被覆盖、流态特征等，于定子滩产卵场设置 1 处监测断面，开展河流水系水文过程跟踪观测，以确定调度方案的合理性和可行性。确定该调度方案有效可行后，正式以该方案开展以鱼类保护为目标的生态调度。

11.4 西江干流纵向连通改善措施

国内外针对江河纵向受阻、鱼类生境受到破坏等问题，缓解方案包括工程措施、非工程措施。工程措施包括修建过鱼设施、栖息地修复等，非工程措施包括生态调度、增殖放流等。下面主要对各类措施做简要说明。

1）修建过鱼设施。过鱼设施是通过人工干预使鱼类主动或被动地通过河道障碍物的设施，其形式主要包括鱼闸、升鱼机、集运鱼系统等。鱼闸占地少，便于在枢纽中布置；升鱼机占地面积小、易于建造、投资成本相对较低、运行周期灵活，过鱼高峰期可缩短运行时间；集运鱼系统不影响大坝运行，易于建造，投资成本相对较低，操作灵活，运行次数和时间不受限制。针对目前我国研究过鱼设施现状，根据珠江流域主要干流河道上未修建过鱼设施的水库或水电站的详细特征，选定合适的过鱼设施类型，增加过鱼效果。

2）栖息地修复。大坝或水库等水工建筑物的修建，会造成下游水体水动力、水质、水文、底质和地形等因素发生较大的改变，进而对鱼类栖息地造成不同程度的损伤，开展鱼类栖息地修复能够对其进行修复和改善。针对珠江流域不同鱼类栖息地，先要对鱼类栖息地进行本底调查，包括了解流域内鱼类种群结构、生活习性和重要栖息地分布，了解鱼类栖息地的特征和鱼类对栖息地的要求，鉴定栖息地的物理特征是怎样为鱼类提供食物、繁殖、庇护所和洄游通道的。此外，通过栖息地评估，为鱼类栖息地保护提供基本的信息基础和依据。根据对鱼类栖息地本底调查及评估结果，判断鱼类栖息地所处的状态，确定所采取的鱼类栖息地保护措施，具体包括沿河道路改善、河岸带修复、洪泛区连通性修复、河流内栖息地改善等措施。

3）生态调度。生态调度是水库在实现防洪、发电、供水、灌溉和航运等社会经济多种目标的前提下，要兼顾河流生态系统的需求。水库调度改变了河道天然径流过程，即改变了大坝下游河流的水动力特性，从而对下游河道中的水生动物造成一定影响。目前珠江流域干流一系列梯级水电站，针对不同水电站下游的鱼类栖息地，首先要通过长期监测建立不同栖息地的适宜鱼类栖息地适宜度曲线，在鱼类繁殖时间段内进行最适的生态流量下泄，保证鱼类最适的水动力环境。

11.5　小结

河流因干支流修建一系列大坝、梯级水电站，造成连续的自然河流变为非连续化，导致洄游或半洄游性鱼类通道的阻断，鱼类产卵环境因水文条件大幅改变而受到不利影响，可采用生态调度的方式缓解河道纵向连通受阻问题。本章选取西江定子滩产卵场为珠江流域干流纵向受阻示范点，通过建立西江定子滩二维水动力-水生态模型，提出以鱼类适宜度值为反映信息流连通性的指标，模拟该区域在现状及采取生态下泄流量下不同方案的信息流连通性，最终根据模拟比选出该示范区示意的连通方案，具体结论如下。

1）一系列已建、在建和规划的梯级电站，造成坝下下泄流量减小、水温滞后、年内径流调节趋于均一化等问题，西江干流目前鱼类生境情况不容乐观，红水河、黔江、浔江、西江及柳江主要产漂流性卵的鱼类产卵场由开发前的 29 个产漂流性卵鱼类产卵场减少为 17 个，其中也包括作为珠江主要的淡水渔业资源的四大家鱼产卵场，因此采取生态调度对保护西江鱼类资源具有重大意义。

2）本书构建了定子滩段的四大家鱼适宜度曲线，在此基础上，建立了定子滩产卵场的二维水动力-水生态耦合模型，模拟分析了不同下泄流量时该区域水动力特性及四大家鱼适宜度情况，定子滩产卵场在现状下泄流量下，其区域流速最大值为0.83m/s，位于下边界靠右岸，水深最大值为67.56m，位于中下游缩口段，整个区域鱼类产卵场加权可用面积最低，仅为0.093km^2。

3）在现状下泄流量的基础上，增加不同梯度的生态下泄流量能够对该区域四大家鱼产卵场适宜度有所改善，加权可利用面积随流量的增加先增加后减小，在所有连通方案中下泄流量为8000m^3/s时，整个区域加权可用面积最大，达0.19km^2，较现状方案增大了0.097km^2，增加率达104%。同时对本区域WUA与下泄流量拟合分析，得到该区域不同下泄流量下的WUA拟合方程，$f(WUA)=1.563\times10^{-13}x^3+(-6.533\times10^{-9}x^2)+7.613\times10^{-5}x-0.08278(R^2=0.9947, 3000\leqslant x\leqslant14000)$，可为今后该区域实施生态调度提供理论依据。

4）不同的下泄流量与鱼类栖息地加权可用面积相关性明显，日均下泄流量太大或太小均不适宜鱼类产卵，因此需根据不同的保护区特点及保护目标，选定合适的下泄流量区间才能将生态调度的作用最大化。

参 考 文 献

[1] ALEXANDER L, et al. Connectivity of streams and wetlands to downstream waters: A review and synthesis of the scientific evidence, EPA/600/R-14.

[2] ALLAN JD. Landscape and riverscapes: the influence of land use on stream ecosystems [J]. Annual review of ecology and systematics, 2004, 35: 257-284.

[3] AMOROS C, BORNETTE G. Connectivity and biocomplexity in waterbodies of riverine floodplains [J]. Freshwater biology, 2002, 47: 761-776.

[4] AMOROS C, BOMETTE G. Connectivity and biocomplexity in waterbodies of riverine floodplains [J]. Freshwater biology, 2002, 47 (4): 761-776.

[5] BANKS E W, SIMMONS C T, LOVE A J, et al. Assessing spatial and temporal connectivity between surface water and groundwater in a regional catchment: implications for regional scale water quantity and quality [J]. Journal of hydrology, 2011, 404: 30-49.

[6] BENCALA K E. Stream - groundwater interactions [M] //WILDERER P. Treatise on water science. Oxford, UK: Academic Press, 2011: 537-546.

[7] BENDA L, POFF NL, MILLER D, et al. The network dynamics hypothesis: how channel networks structure riverine habitats [J]. BioScience, 2004, 54: 413-427.

[8] BINDR W, JUERGING P, KARL J. Naturnaher wasserbau merkamale und grenzen [J]. Garten und landschaft, 1983, 93 (2): 91-94.

[9] BRACKEN L J, CROKE J. The concept of hydrological connectivity and its contribution to understanding runoff-dominated geomorphic systems [J]. Hydrol process, 2007, 21 (13): 1749-1763.

[10] BRACKEN L J, WAINWRIGHT J, ALI G A, et al. Concepts of hydrological connectivity: Research approaches, pathways and future agendas [J]. Earth Science Reviews, 2013 (119): 17-34.

[11] LEIGH C, SHELDON F. Hydrologicalconnectiviry drives patterns of macroinvertebrate biodiversity in floodplain rivers of the Australian wet/dry tropics [J]. 2009, 54: 549-571.

[12] CHANDESRIS A, MENGIN N, MALAVOI J R, et al. Multi-scale system for auditing the hydro-morphology of running waters: diagnostic tool to help the WFD implementation in France [C]//GUMIERO B, RINALDI M, FOKKENS B. Proceedings of the 4th International Conference on River Restoration, Venice, 2008: 349-356.

[13] Committee on River Science at the U. S. Geological survey, National Research Council. River science at the U. S. geological survey [M]. National Academies Press, 2007.

[14] CONGALTON R G. A review of assessing the accuracy of remotely sensed data. Remote [J]. Sensing of environment, 1991, 37: 35-46.

[15] COOK B J, HAUER F R. Effects of hydrologic connectivity on water chemistry, soils, and vegetation structure and function in an intermontane depressional wetland landscape [J]. Wetlands, 2007, 27: 719-738.

[16] COTE D, KEHLER D, BOURNE C, et al. A new measure of longitudinal connectivity for stream

networks [J]. Landscape ecology, 2009, 24: 101 - 113.

[17] CULP J M, DAVIES R W. Analysis of longitudinal zonation and the river continuum concept in the-oldman - south saskatchewan river system [J] . Canadian journal of fisheries and aquatic sciences, 1982, 39 (9): 1258 - 1266.

[18] KARIM F, KINSEY - HENDERSON A, WALACE J. Modelling hydrological connectivity of tropical floodplain wetlands via a combined natural and artificial stream network [J]. Floodplain wetland connectivity, 2013.

[19] Food and Agriculture Organization of the United Nations. Fish passes: design, dimensions and monitoring [R]. FAO, 2002.

[20] FORMAN R T T, GORDRON M. Landscape ecology [M] . New York: John Wiley and Sons, 1986: 10 - 14.

[21] FULLERTON A H, BURNETT K M, STEEL E A, et al. Hydrological connectivity for riverine fish: measurement challenges and research opportunities [J]. Freshwater biology, 2010, 55: 2215 - 2237.

[22] GONZALEZ J R, BARRIO G, Duguy B. Assessing functional landscape connectivity for disturbance propagation on regional scales - a cost - surface model approach applied to surface fire spread [J]. Ecological modeling, 2008, 211 (1 - 2): 121 - 141.

[23] GRAF W L. Sources of uncertainty in river restoration research [C] //River restoration: managing the uncertainty in restoring physical habitat. Chichester, UK: John Wiley & Sons, Ltd, 2008: 15 - 19.

[24] GRIU G, LEHNER B, THIEME M, et al. Mapping the world's free-flowing rivers [J] . Nature, 2019, 569 (7755): 215 - 221.

[25] GUMIERO B, RINALDI M, FOKKENS B. IVth ECRR International Conference on River restoration Proceedings [C]. 2008.

[26] HALL C J, JORDAN A, FRISK M G. The historic influence of dams on diadromous fish habitat with a focus on river herring and hydrologic longitudinal connectivity [J]. Landscape ecology, 2011, 26: 95 - 107.

[27] HERMOSO V, KENNARD M J, LINKE S. Integrating multidirectional connectivity requirements in systematic conservation planning for freshwater systems [J]. Diversity and distributions, 2012, 18: 448 - 458.

[28] HOBBS RJ, CRAMER V A. Natural ecosystems: pattern and process in relation to local and landscape diversity in southwestern Australian woodlands [J]. Plant and soil, 2003, 257 (2): 371 - 378.

[29] HOHMANN J, KONOLD W. Flussbaumassnahmen an der wutach und ihre bewertung aus oekologischer sicht [J]. Deutsche wasser wirtschaft, 1992, 82 (9): 434 - 440.

[30] HOOKE J M. Human impacts on fluvial systems in the Mediterranean region [J]. Geomorphology, 2006, 79: 311 - 355.

[31] JUNK W J, WANTZEN K M. The flood pulse concept: new aspects, approaches and application - an update [C] //Proceedings of the Second International Symposium on the Management of Large River for Fishery, 2003.

[32] JUNK W J, BAYLEY P B, SPARKS R E. The flood pulse concept in rive - floodplain systems [C] //DODGE D P. Proceedings of the Intemational Large River Symposium. Canadian Special Publication in Fisheries and Aquatic Sciences, 1989, 106: 110 - 127.

[33] KALLIS G, BUTLER D. The EU water framework directive: measures and directives [R]. Water Policy, 2001: 124-125.

[34] KARR J R. Defining and measuring river health [J]. Freshwater biology, 1999 (41): 221-234.

[35] LARSEN L G, CHOI J, NUNGESSER M K, et al. Directional connectivity in hydrology and ecology [J]. Ecological applications, 2012, 22: 2204-2220.

[36] LIKENS G E. River ecosystem ecology: a global perspective [M]. New York, USA: Elsevier, 2010.

[37] MERRIAM G. Connectivity: a fundamental ecological characteristic of landscapes [J]. Landscape ecol, 1984 (1): 5-15.

[38] MIDDLETON B. Flood pulsing in wetland restoring the nature hydrological balance [M]. New York, USA: JohnWiley & Sons, 2002.

[39] MITSCH W J, JORGENSEN S E. Ecological engineering and ecosystem restoration [M]. New Jersey, USA: JohnWiley & Sons, 2004.

[40] ODUM E P. The emergence of ecology as a new integrative discipline [J]. Science, 1997, 195: 1289-1293.

[41] ODUM H T. Ecological engineering and self-organization [C]//MITSCH W J, JORGENSEN S E. Ecological engineering: an introduction to ecotechnology. New York: Wiley, 1989: 79-101.

[42] Office of Research and Development U. S. Environmental Protection Agency, connectivity streams and wetlands to downstream waters: a review synthesis of the scientific evidence [R]. EPA/600/R-14/475F January 2015.

[43] PABST W. Naturgemaesser wasserbau [Z]. Schweizer Ingenieur und Architekt, 1989, 37: 984-989.

[44] PAILLEX A, DOLEDEC S, CASTELLA E, et al. Large river floodplain restoration: predicting species richness and trait responses to the restoration of hydrological connectivity [J]. Journal of applied ecology, 2009, 46: 250-258.

[45] PEDRO S, PAULO B, MARIA T F. Prioritizing restoration of structural connectivity in rivers: a graph based approach [J]. Landscape ecol, 2013 (28): 1231-1238.

[46] PHILLIPS R W, SPENCE C, POMEROY J W. Connectivity and runoff dynamics in heterogeneos basins [J]. Hydrol process, 2011, 25 (19): 3061-3075.

[47] POFF N L, ALLAN J D, BAIN M B. The nature flow regime: a paradigm for river conservation and restoration [J]. BioScience, 1997, 47: 769-784.

[48] POFF N L, RICHTER B D, ARTHINGTON A H, et al. The ecological limits of hydrologic alteration (ELOHA): a new framework for developing regional environmental flow standards [J]. Freshwater biology, 2010, 55 (1): 147-170.

[49] PORTELA R, RADEMACHER I. Dynamic model of patternsofde-forestation and their effect on the ability of the Brazilian Amazonia to provide ecosystem services [J]. Ecological modelling, 2001, 143: 115-146.

[50] PRINGLE C M, JACKSON C R. Hydrologic connectivity and the contribution of stream headwaters to ecological integrity at regional scales [J]. Journal of the American Water Resources Association, 2007, 43: 5-14.

[51] PRINGLE C. What is hydrologic connectivity and why is it ecologically important? [J]. Hydrological process, 2003, 17 (13): 2685-2689.

[52] MAY R. Connectivity in urban rivers: confict an convergence between ecology and design [J]. Technology in society, 2006 (28): 477-488.

[53] RAYFIELD B, FORTIN M J, FALL A. Connectivity for conservation: a framework to classify network measures [J]. Ecology, 2010, 92: 847 - 858.

[54] RONI P, BEECHIE T. Stream and watershed restoration: a guide to restoring riverine processes and habitats [M]. Chichester, UK: John Wiley & Sons, 2013.

[55] SCHLUETER U. Ueberlegungen zum naturnahen ausbau von wasseerlaeufen [J]. Landschaft and stadt, 1971, 9 (2): 72 - 83.

[56] SEIFERT A. Naturnaeherer wasserbau [J]. Deutsche wasser wirtschaft, 1983, 33 (12): 361 - 366.

[57] STATZNER B, HIGLER B. Questions and comments on the river continuum concept [J]. Canadian journal of fisheries and aquatic sciences, 1985, 42 (5): 1038 - 1044.

[58] SUTHERLAND G D, HARESTAD A S, PRICE K, et al. Scaling of natal dispersal distance in terrestrial birds and mammals [J]. Conservation ecology, 2000, 4 (1): 12 - 18.

[59] The Federal Interagency Stream Restoration Working Group. Stream corridor restoration: principles, processes, and practices [Z]. GPO, 2001.

[60] THORP J H, THOMS M C, DELONG M D. The river ecosystem synthesis: biocomplexity in river networks across space and time [J] . River research and applications, 2006, 22: 123 - 147.

[61] TODD A K, BUTTLE J M, TAYLOR C H. Hydrologic dynamics and linkages in a wetland - dominated basin [J]. Hydrology, 2006, 319 (4): 344 - 351.

[62] VANNOTE R L, MINSHALL G W, CUMMINS K W et al. The river continuum concept [J]. Canadian journal of fisheries and aquatic sciences, 1980, 37: 130 - 137.

[63] VIKRANT J, TANDON S K. Conceptual assessment of (dis) connectivity and its application to the Ganga River dispersal system [J]. Geomorphology, 2010 (118): 349 - 358.

[64] WANG L Z, SEELBACH P W. Introduction to landscape influences on stream habitats and biological assemblages [J]. American Fisheries Society Symposium, 2006, 48: 1 - 23.

[65] WANTZEN K M, MACHADO F A, et al. Seasonal isotopic changes in fish of the Pantanal wetland, Brazil [J]. Aquatic Sciences, 2002, 64 (3): 239 - 251.

[66] WARD J V, STANFORD J A. The serial discontinuity concept of lotic ecosystem [M] //FONTAINE T D, BARTELL S M. Dynamics of lotic ecosystems. Ann Arbor: Ann Arbor Science, 1983: 29 - 42.

[67] WOHL E, MAGILLIGAN F J, RATHBURN S L. Introduction to the special issue: Connectivity in Geomorphology [J] . Geomorphology, 2017 (277): 1 - 5.

[68] WARD J V. The four dimensional natures of lotic ecosystems [J]. Journal of the North American Benthological Society, 1989 (8): 2 - 8.

[69] 陈进，黄薇. 通江湖泊对长江中下游防洪的作用 [J]. 中国水利水电科学研究院学报，2005 (1).

[70] 陈凯麒，常仲农，曹晓红，等. 我国鱼道的建设现状与展望 [J]. 水利学报，2012，43 (2)：182 - 188，197.

[71] 陈睿智，桑燕芳，王中根，等. 基于河湖水系连通的水资源配置框架 [J]. 南水北调与水利科技，2013，11 (4)：1 - 4.

[72] 陈书林. 基于粗集理论的遥感影像分类知识发现研究 [D]. 兰州：兰州大学，2007.

[73] 陈星，许伟，李昆朋，等. 基于图论的平原河网区水系连通性评价——以常熟市燕泾圩为例 [J]. 水资源保护，2016，32 (2)：26 - 29.

[74] 陈永柏，彭期冬，廖文根. 三峡工程运行后长江中游溶解气体过饱和演变研究 [J]. 水生态学杂

志，2009，2（5）：1-5.
[75] 陈永灿，付健，刘昭伟. 三峡大坝下游溶解氧变化特性及影响因素分析［J］. 水科学进展，2009，20（4）：526-530.
[76] 陈玥，管仪庆，苗建中，等. 基于长期水文变化的苏北高邮湖生态水位及保障程度［J］. 湖泊科学，2017，29（2）：398-408.
[77] 崔保山，杨志峰. 湿地学［M］. 北京：北京师范大学出版社，2006：133-174.
[78] 崔保山，蔡燕子，谢湉. 湿地水文连通的生态效应研究进展及发展趋势［J］. 北京师范大学学报（自然科学版），2016，52（6）：738-746.
[79] 崔国韬，左其亭，窦明. 国内外河湖水系连通发展沿革与影响［J］. 南水北调与水利科技，2011，9（4）：73-76.
[80] 崔国韬，左其亭，李宗礼，等. 河湖水系连通功能及适应性分析［J］. 水电能源科学，2012，30（2）：1-5.
[81] 崔国韬. 人类活动对河湖水系连通影响及量化评估［D］. 河南：郑州大学，2013.
[82] 崔桢，沈红，章光新. 3个时期莫莫格国家级自然保护区景观格局和湿地水文连通性变化及其驱动因素分析［J］. 湿地科学，2016，12：866-874.
[83] 董哲仁. 生态水利工程学［M］. 北京：中国水利水电出版社，2019.
[84] 董哲仁. 河流健康评估的原则和方法［J］. 中国水利，2005（10）：17-19.
[85] 董哲仁. 河流生态系统研究的理论框架［J］. 水利学报，2009，40（2）：129-137.
[86] 董哲仁. 河流生态修复［M］. 北京：中国水利水电出版社，2013.
[87] 董哲仁. 河流生态修复的尺度、格局和模型［J］. 水利学报，2006，37（12）：1476-1481.
[88] 董哲仁. 生态水工学的理论框架［J］. 水利学报，2003（1）：1-7.
[89] 董哲仁. 生态水工学探索［M］. 北京：中国水利水电出版社，2007.
[90] 董哲仁. 试论生态水利工程的设计原则［J］. 水利学报，2004（10）：1-6.
[91] 董哲仁. 孙东亚，王俊娜，等. 河流生态学相关交叉学科进展［J］. 水利水电技术，2009，40（8）：36-43.
[92] 董哲仁，孙东亚，等. 生态水利工程原理与技术［M］. 北京：中国水利水电出版社，2007.
[93] 董哲仁，孙东亚，赵进勇，等. 河流生态系统结构功能整体性概念模型［J］. 水科学进展，2010，21（4）：550-559.
[94] 董哲仁，王宏涛，赵进勇，等. 恢复河湖水系连通性生态调查与规划方法［J］. 水利水电技术，2013，43（11）：8-13.
[95] 董哲仁，赵进勇，张晶. 3流4D连通性生态模型［J］. 水利水电技术，2019，50（6）：134-141.
[96] 董哲仁，张爱静，张晶. 河流生态状况分级系统及其应用［J］. 水利学报，2013，44（10）：1233-1238，1248.
[97] 董哲仁，张晶. 洪水脉冲的生态效应［J］. 水利学报，2009，40（3）：281-288.
[98] 董哲仁，张晶，赵进勇. 论恢复鱼类洄游通道规划方法［J］. 水生态学杂志，2020，41（6）：1-8.
[99] 董哲仁. 论水生态系统五大生态要素特征［J］. 水利水电技术，2015，46（6）：42-47.
[100] 杜培军. 遥感原理与应用［M］. 北京：中国矿业大学出版社，2006.
[101] 樊孔明，王津，曹炎煦. 河湖水系连通研究进展及应用［J］. 水资源管理基础工作，2015（12）：53-55.
[102] 冯顺新，李海英，李翀，等. 河湖水系连通影响评价指标体系研究Ⅰ——指标体系及评价方法

[J]. 中国水利水电科学研究院学报，2014 (4)，：386-392.

[103] 傅伯杰，陈利顶，马克明，等. 景观生态学原理及应用 [M]. 2版. 北京：高等教育出版社，1999.

[104] 傅伯杰，陈利顶. 景观多样性的类型及其生态意义 [J]. 地理学报，1996，51 (5)：454-462.

[105] 富伟，刘世梁. 景观生态学中生态连接度研究进展 [J]. 生态学报，2009，11：6175-6182.

[106] 高常军，高晓翠，贾朋. 水文连通性研究进展 [J]. 应用与环境生物学报，2017，23 (3)：586-594.

[107] 高洁. 浅谈高邮湖的旅游开发和对策 [J]. 魅力中国，2016 (30)，：63.

[108] 高强，唐清华. 河湖水系连通理论及其在广州市亚运治水中的应用 [J]. 净水技术，2014，33 (S2)：55-59.

[109] 郜会彩，李义天，何用，等. 改善汉阳湖群水环境的调水方案研究 [J]. 水资源保护，2006 (5)：41-44.

[110] 戈峰. 现代生态学 [M]. 北京：科学出版社，2002：292-293.

[111] 葛国华. 河湖连通工程在洞庭湖综合治理中的地位和作用 [J]. 湖南水利水电，2013 (5)：53-55.

[112] 关志诚. 跨流域调水工程的关键技术与建设实践 [J]. 水利水电技术，2009，40 (8)：89-94.

[113] 郭诗怡. 基于生态网络构建的海淀区绿地景观格局优化 [D]. 北京：北京林业大学，2016.

[114] 郭武，钱湛. 湖南湘阴东湖水体生态流量及换水周期计算方法 [J]. 中南林业科技大学学报，2011，31 (9)：66-68，96.

[115] 韩龙飞，许有鹏，邵玉龙，等. 城市化对水系结构及其连通性的影响——以秦淮河中、下游为例 [J]. 湖泊科学，2013，25 (3)：335-341.

[116] 何海航. 大通湖垸河湖连通生态水利规划总体方案探讨 [J]. 湖南水利水电，2014 (1)：38-40.

[117] 何晓蓉，李辉霞，范建容，等. 青藏高原流域廊道体系对生态环境的影响 [J]. 水土保持研究，2004，11 (2)：97-99.

[118] 胡昊，董增川，李梓嘉，等. 平原区水系连通实践与思考 [J]. 中国农村水利水电，2013 (1)：41-44.

[119] 贾进章，刘剑，宋寿森. 基于邻接矩阵图的连通性判定准则 [J]. 辽宁工程技术大学学报，2003，22 (2)：158-160.

[120] 贾凌，都金康，赵萍，等. 基于TM的海南省土地利用/覆盖动态变化的遥感监测与分析 [J]. 国土资源遥感，2003 (1)：22-26.

[121] 姜小光，干长耀，王成. 成像光谱数据的光谱信息特点及最佳波段的选择——以北京顺义区为例 [J]. 干旱地区研究，2000，23 (3)：214-220.

[122] 蒋固政，张先锋，常剑波. 长江防洪工程对珍稀水生动物和鱼类的影响 [J]. 人民长江，2001，32 (7)：15-18.

[123] 金德钢，孙尧，钟伟. 南方河网地区水体流动性影响因素分析 [J]. 浙江水利科技，2013，41 (5)：36-37，39.

[124] 靳梦，窦明. 城市化对水系连通功能影响评价研究——以郑州市为例 [J]. 中国农村水利水电，2013 (12)：41-44，50.

[125] 靳梦. 郑州市水系连通的城市化响应研究 [D]. 郑州：郑州大学，2014.

[126] 雷冬花. 平原地区河湖水网连通初探——以湖南省澧县平原地区为例 [J]. 湖南水利水电，2013 (5)：56-58.

[127] 李朝亮. 基于RS和GIS宾县土地利用与土壤侵蚀之间的关系分析 [D]. 哈尔滨：黑龙江大学，2015.

[128] 李德旺，雷晓琴. 城市水网构建中的生态水力调度原理与方法初探 [J]. 人民长江，2006 (11)：

63-64，67.

[129] 李东东. 不同区域湿地信息提取的遥感技术应用研究 [D]. 太原：太原理工大学，2011.

[130] 李浩. 河湖水系连通战略的经济学思考 [J]. 水利发展研究，2012，12 (7)：34-37.

[131] 李原园，黄火键，李宗礼，等. 河湖水系连通实践经验与发展趋势 [J]. 南水北调与水利科技，2014，12 (4)：81-85.

[132] 李原园，郦建强，李宗礼，等. 河湖水系连通研究的若干问题与挑战 [J]. 资源科学，2011，33 (3)：386-391.

[133] 李原园. 水资源可持续利用与河湖水系连通 [C] //中国水利学会. 中国水利学会2012学术年会特邀报告汇编. 中国水利学会，2012：21.

[134] 李宗礼，郝秀平，王中根，等. 河湖水系连通分类体系探讨 [J]. 自然资源学报，2011，26 (11)：1975-1982.

[135] 李宗礼，李原园，王中根，等. 河湖水系连通研究：概念框架 [J]. 自然资源学报，2011，26 (3)：513-522.

[136] 刘冰. 平顶山市景观变化对其生态安全的影响 [D]. 郑州：郑州大学，2007.

[137] 刘伯娟，邓秋良，邹朝望. 河湖水系连通工程必要性研究 [J]. 人民长江，2014，45 (16)：5-6，11.

[138] 刘丹，王烜，李春晖，等. 水文连通性对湖泊生态环境影响的研究进展 [J]. 长江流域资源与环境，2019，28 (7)：1702-1715.

[139] 刘红玉. 中国湿地资源特征、现状与生态安全 [J]. 资源科学，2005，27 (3)：54-59.

[140] 刘纪远. 中国资源环境遥感宏观调查与动态研究 [M]. 北京：中国科学技术出版社，1996.

[141] 刘家海. 黑龙江省河湖水系连通战略构想 [J]. 黑龙江水利科技，2011，39 (6)：1-5.

[142] 刘建平，赵英时. 高光谱遥感数据解译的最佳波段选择方法研究 [J]. 中国科学院研究生院学报，1999，6 (2)：153-161.

[143] 刘茂松，张明娟. 景观生态学——原理与方法 [M]. 北京：化学工业出版社，2004.

[144] 刘树坤. 访日报告：河流整治与生态修复 [J]. 海河水利，2002 (5)：64-66.

[145] 刘铁冬，龚文峰，李丹，等. 高海拔地区TM遥感数据信息的提取与DEM获取研究 [J]. 国土与自然资源研究，2011，4：10-11.

[146] 刘铁冬，四川省杂谷脑河流域景观格局与生态脆弱性评价研究 [D]. 哈尔滨：东北林业大学，2011.

[147] 刘兴土，邓伟，刘景双. 沼泽学概论 [M]. 长春：吉林科学技术出版社，2005.

[148] 刘忠民. 北京市海淀区河湖水系规划研究 [D]. 北京：中国农业大学，2007.

[149] 卢卫，应聪惠. 引调水改善河流水质的效果分析 [J]. 人民长江，2014，45 (18)：37-39.

[150] 陆桂华，张建华，马倩，等. 太湖生态清淤及调水引流 [M]. 北京：科学出版社，2012.

[151] 罗坤，蔡永立，郭纪光，等. 崇明岛绿色河流廊道景观格局 [J]. 长江流域资源与环境，2009，18 (10)：908-913.

[152] 罗雷，梁亚琳，傅臻炜. 益阳市烂泥湖垸水系连通方案探讨 [J]. 湖南水利水电，2014 (1)：29-31.

[153] 罗贤，许有鹏，徐光来，等. 水利工程对河网连通性的影响研究——以太湖西苕溪流域为例 [J]. 水利水电技术，2012，43 (9)：12-15.

[154] 马栋. 基于边连通度的平原河网生态通性研究——以扬州市为例 [D]. 济南：济南大学，2017.

[155] 马骏，李昌晓，魏虹，等. 三峡库区生态脆弱性评价 [J]. 生态学报，2015，21：7117-7129.

[156] 马爽爽. 基于河流健康的水系格局与连通性研究 [D]. 南京：南京大学，2013：25-26.

[157] 梅安新，彭望禄，秦其明，等. 遥感导论 [M]. 北京：高等教育出版社，2001.
[158] 庞博，徐宗学. 河湖水系连通战略研究：理论基础 [J]. 长江流域资源与环境，2015，24 (S1)：138-145.
[159] 茹彪，陈星，张其成，等. 平原河网区水系结构连通性评价 [J]. 水电能源科学，2013 (5)：9-12.
[160] 邵玉龙，许有鹏，马爽爽. 太湖流域城市化发展下水系结构与河网连通变化分析——以苏州市中心区为例 [J]. 长江流域资源与环境，2012，21 (10)：1167-1172.
[161] 史培军，宫鹏，李晓兵，等. 土地利用/覆盖变化研究的方法与实践 [M]. 北京：科学出版社，2000.
[162] 史淑娟，李怀恩，林启才，等. 跨流域调水生态补偿量分担方法研究 [J]. 水利学报，2009，40 (3)：286-273.
[163] 水利部印发关于加快推进江河湖库水系连通工作的指导意见 [J]. 治黄科技信息，2013 (6)：18.
[164] 孙广友. 中国湿地科学的进展与展望 [J]. 地球科学进展，2000，15 (6)：666-672.
[165] 孙家炳，舒宁，关泽群. 遥感原理、方法和应用 [M]. 北京：测绘出版社，1997.
[166] 唐传利. 关于开展河湖连通研究有关问题的探讨 [J]. 中国水利，2011 (6)：86-89.
[167] 王晨野. 生态环境信息图谱-空间分析技术支持下的松嫩平原土地利用变化评价与优化研究 [D]. 长春：吉林大学，2009.
[168] 王俊娜，董哲仁，廖文根，等. 基于水文-生态响应关系的环境水流评估方法——以三峡水库及其坝下河段为例 [J]. 中国科学：技术科学，2013 (6)：715-726.
[169] 王柳艳. 太湖流域腹部地区水系结构、河湖连通及功能分析 [D]. 南京：南京大学，2013.
[170] 王庆. 基于高分辨率遥感影像纹理特征的水土保持措施提取方法研究 [D]. 西安：西北大学，2008.
[171] 王日明. 怀化市城市绿地系统植物多样性研究 [D]. 长沙：湖南农业大学，2013.
[172] 王随继. 网状河流的构型、流量-宽深比关系和能耗率 [J]. 沉积学报，2003 (4)：565-570，613.
[173] 王宪礼，布仁仓，胡远满. 辽河三角洲湿地的景观破碎化分析 [J]. 应用生态学报，1996，7 (3)：299-304.
[174] 王勇，鲁家奎，毛慧慧. 跨流域调水在海河流域河湖水系连通中的作用 [J]. 海河水利，2013 (1)：1-2.
[175] 王中根，李宗礼，刘昌明，等. 河湖水系连通的理论探讨 [J]. 自然资源学报，2011 (3)：523-529.
[176] 邬建国. 景观生态学——格局、过程、尺度与等级 [M]. 北京：高等教育出版社，2000：213-256.
[177] 吴道喜，黄思平. 健康长江指标体系研究 [J]. 水利水电快报，2007，28 (12)：1-3.
[178] 吴世纬. 略论武汉新区六湖连通工程 [C]//中国土木工程学会城市防洪 2011 年学术年会，2011.
[179] 武剑锋，曾辉，刘亚琴. 深圳地区景观生态连接度评估 [J]. 生态学报，2008，28 (4)：1691-1701.
[180] 夏军，高扬，左其亭，等. 河湖水系连通特征及其利弊 [J]. 地理科学进展，2012，31 (1)：16-31.
[181] 徐光来，许有鹏，王柳艳. 基于水流阻力与图论的河网连通性评价 [J]. 水科学进展，2012，23 (6)：776-781.
[182] 徐化成. 景观生态学 [M]. 北京：中国林业出版社，1996：20-29.
[183] 徐慧，雷一帆，范颖骅，等. 太湖河湖水系连通需求评价初探 [J]. 湖泊科学，2013，25 (3)：324-329.
[184] 徐俊明. 图论及其应用 [M]. 中国科学技术大学出版社，2004.
[185] 徐宗学，庞博. 科学认识河湖水系连通问题 [J]. 中国水利，2011 (16)：13-16.
[186] 许榕峰. 基于遥感的龙海市土地利用变化动态监测与专题研究 [D]. 福州：福州大学，2003.

[187] 闫丹丹. 松花江下游沿江湿地水文连通性恢复研究 [D]. 北京：中国科学院大学，2014.

[188] 杨成. 奇台绿洲不同经营模式下 LUCC 过程的区域差异性研究 [D]. 乌鲁木齐：新疆大学，2008.

[189] 杨成忠，张茂云，姚雪华，等. 聊城市城区河湖水系建设初步研究 [J]. 地下水，2012，34 (3)：141-142.

[190] 杨开林. 调水工程设计新思想的探索 [J]. 南水北调与水利科技，2004，2 (3)：1-4.

[191] 杨树滩，仲兆林，华萍. 江苏省适宜水面率研究 [J]. 长江科学院院报，2012，29 (7)：31-34.

[192] 杨晓敏. 基于图论的水系连通性评价研究——以胶东地区为例 [D]. 济南：济南大学，2014：32-34.

[193] 臧超，左其亭. 河湖水系连通的系统可靠度分析 [J]. 水利水电技术，2014，45 (1)：16-20.

[194] 翟淑华，张红举，胡维平，等. 引江济太调水效果评估 [J]. 中国水利，2008 (1)：21-23.

[195] 张晶. 董哲仁，孙东亚，等. 基于主导生态功能分区的河流健康评价全指标体系 [J]. 水利学报，2010，41 (8)：883-892.

[196] 张晶，董哲仁. 洪水脉冲理论及其在河流生态修复中的应用 [J]. 中国水利，2008，609 (15)：1-4.

[197] 张静. 村镇建设标准体系实施绩效评价研究 [D]. 哈尔滨：东北林业大学，2013.

[198] 张君. 基于河湖连通的区域水资源承载能力分析 [D]. 北京：中国水利水电科学研究院，2013.

[199] 张坤民，何雪炀，温宗国. 中国城市环境可持续发展指标体系研究的进展 [J]. 中国人口、资源与环境，2000，10 (2)：54-59.

[200] 张良平，王珏，徐骏. 调水改善武澄锡虞区河网水质效果评估 [J]. 人民长江，2009，40 (7)：30-32.

[201] 张欧阳，卜惠峰，王翠平，等. 长江流域水系连通性对河流健康的影响 [J]. 人民长江，2010，41 (2)：1-5，17.

[202] 张欧阳，熊文，丁洪亮. 长江流域水系连通特征及其影响因素分析 [J]. 人民长江，2010，41 (1)：1-5，78.

[203] 张天翼，刘小飞，曲龙. 查干湖水质受联通水系影响的特征及效应 [J]. 吉林水利，2013 (3)：1-8.

[204] 张永生. 遥感图像信息系统 [M]. 北京：科学出版社，2000.

[205] 张玉娟. 长白山林区林场级尺度景观格局演化与模拟 [D]. 哈尔滨：东北林业大学，2016.

[206] 章孝灿，黄智才，赵元洪. 遥感数字图像处理 [M]. 杭州：浙江大学出版社，1997.

[207] 赵凌栋，车丁，张晶，等. 基于景观指数的高邮湖湿地生态水文连通性分析 [J]. 水利水电技术，2019，50 (1)：126-133.

[208] 赵进勇，董哲仁，孙东亚，等. 河流生态修复负反馈调节规划设计方法 [J]. 水利水电技术，2010，41 (9)：10-14.

[209] 赵进勇，董哲仁，翟正丽，等. 基于图论的河道-滩区系统连通性评价方法 [J]. 水利学报，2011，42 (5)：537-543.

[210] 赵进勇，董哲仁，杨晓敏，等. 基于图论边连通度的平原水网区水系连通性定量评价 [J]. 水生态学杂志，2017，38 (5)：1-6.

[211] 赵学敏. 湿地：人与自然和谐共存的家园——中国湿地保护 [M]. 北京：化学工业出版社，2004.

[212] 中国科学技术信息研究所. 中国期刊高被引指数 [M]. 北京：科学技术文献出版社，2006，2007，2008，2009，2010.

[213] 朱党生，张建永，李扬，等. 水生态保护与修复规划关键技术 [J]. 水资源保护，2011，27 (5)：

59 -64.

［214］ 朱庆平，任建华，王建中，等. 我国内陆河流生态调水［J］. 中国水利，2003（3）：49－51.

［215］ 朱述龙，张占睦. 遥感影像获取与分析［M］. 北京：科学出版社，2000.

［216］ 左其亭，臧超，马军霞. 河湖水系连通与经济社会发展协调度计算方法及应用［J］. 南水北调与水利科技，2014，12（3）：116－120，194.

［217］ 左其亭，崔国韬. 河湖水系连通理论体系框架研究［J］. 水电能源科学，2012，30（1）：01－05.

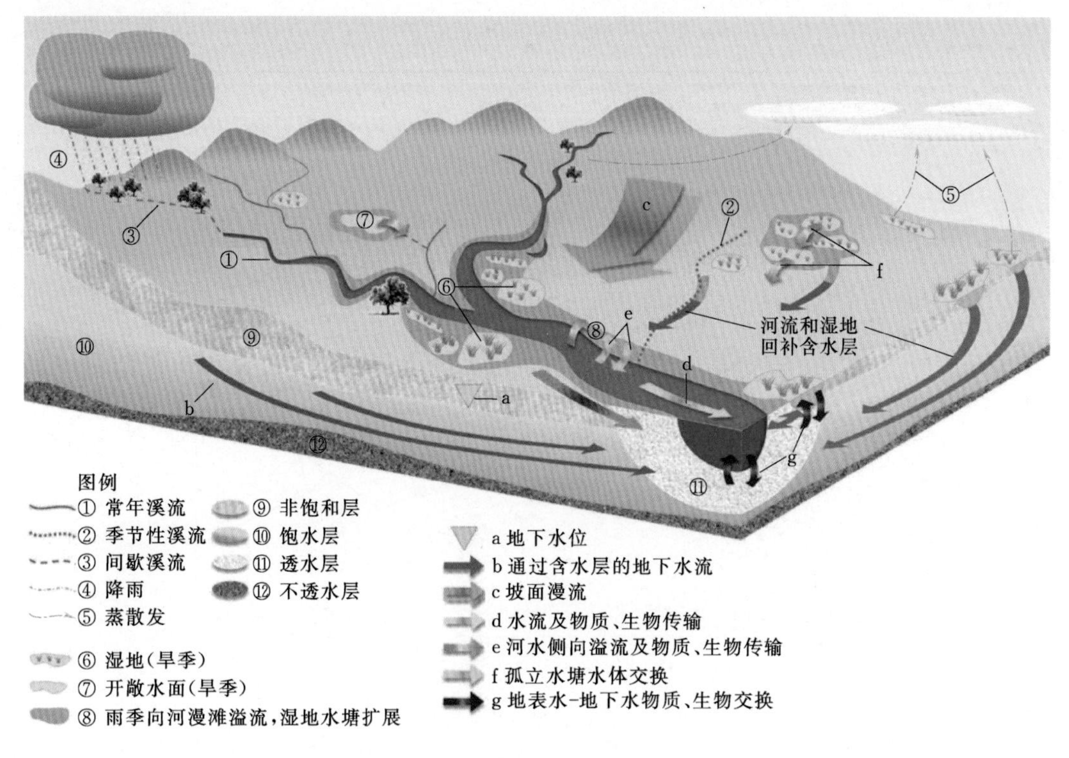

附图 1　三流四维连通性生态模型示意图（据 Alexander，2015，改绘）

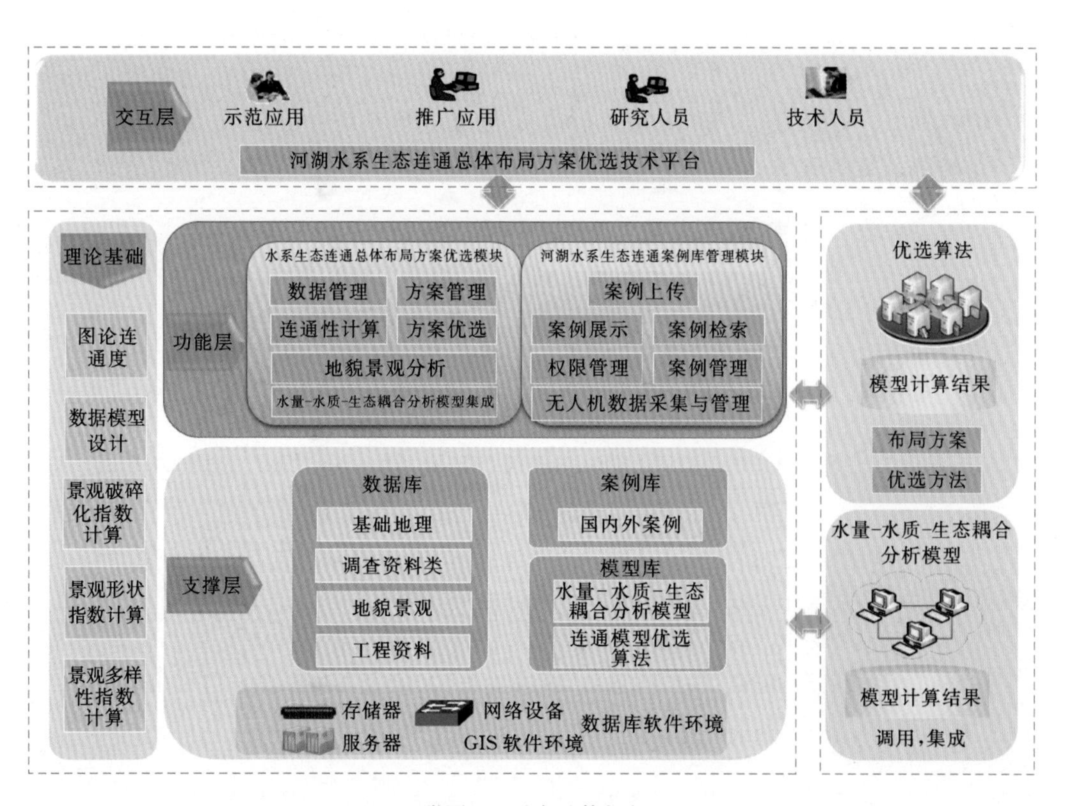

附图 2　平台总体框架

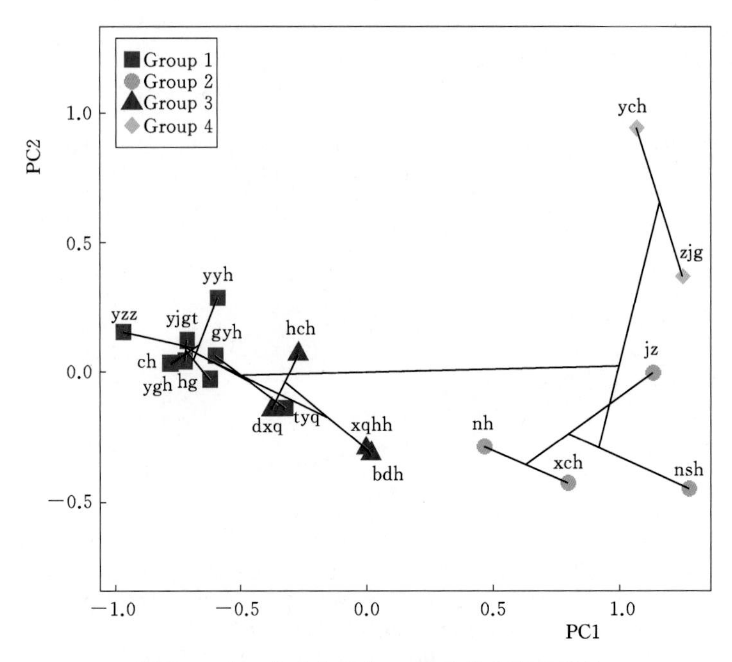

附图 3　基于水质数据的 PCA 聚类分析和结果

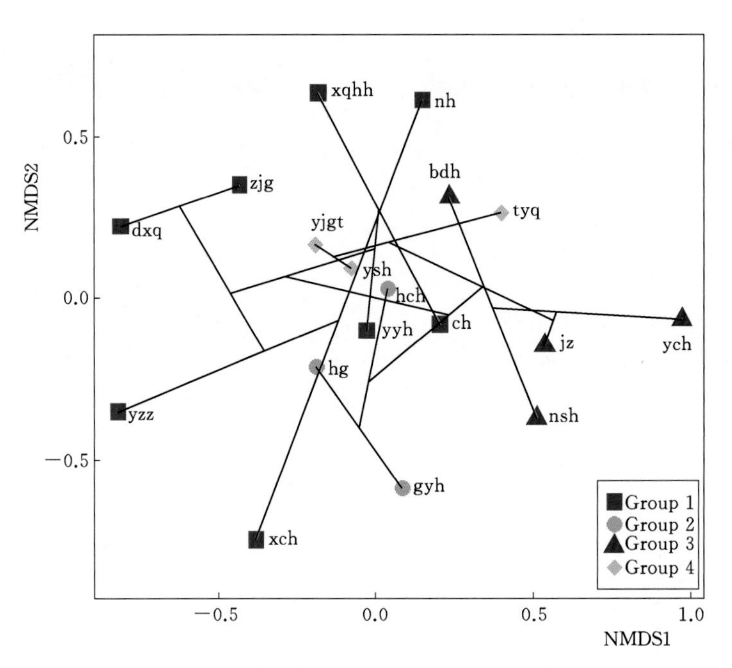

附图 4　基于着生硅藻的聚类和 NMDS 分析结果

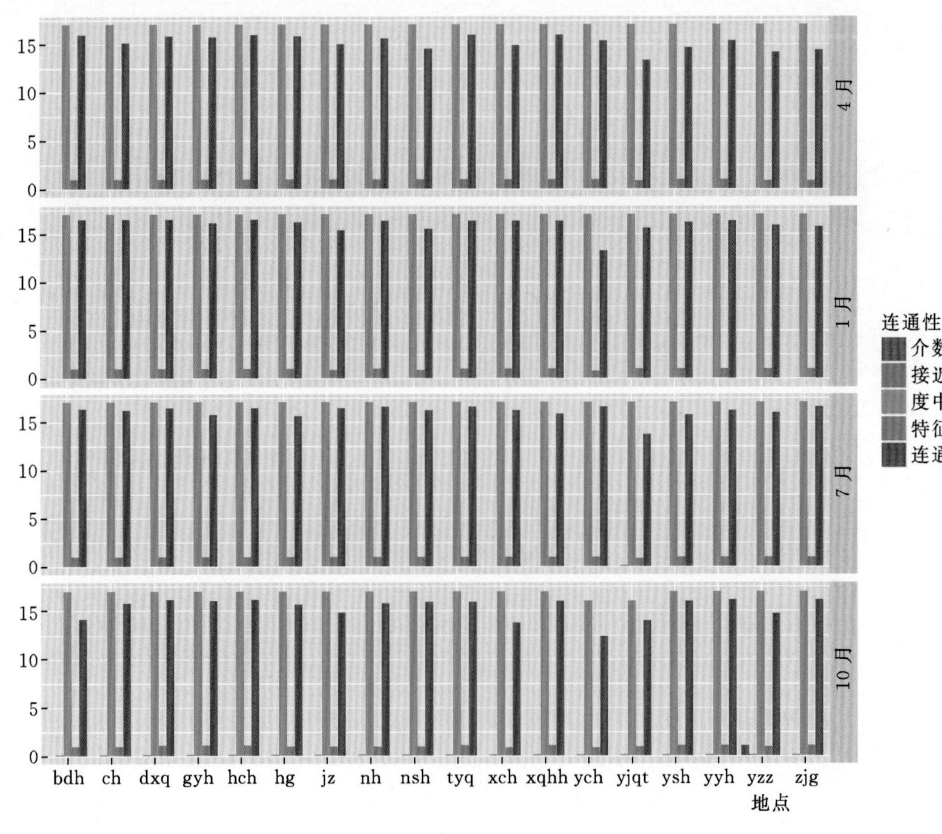

附图5　扬州示范点水质连通性结果

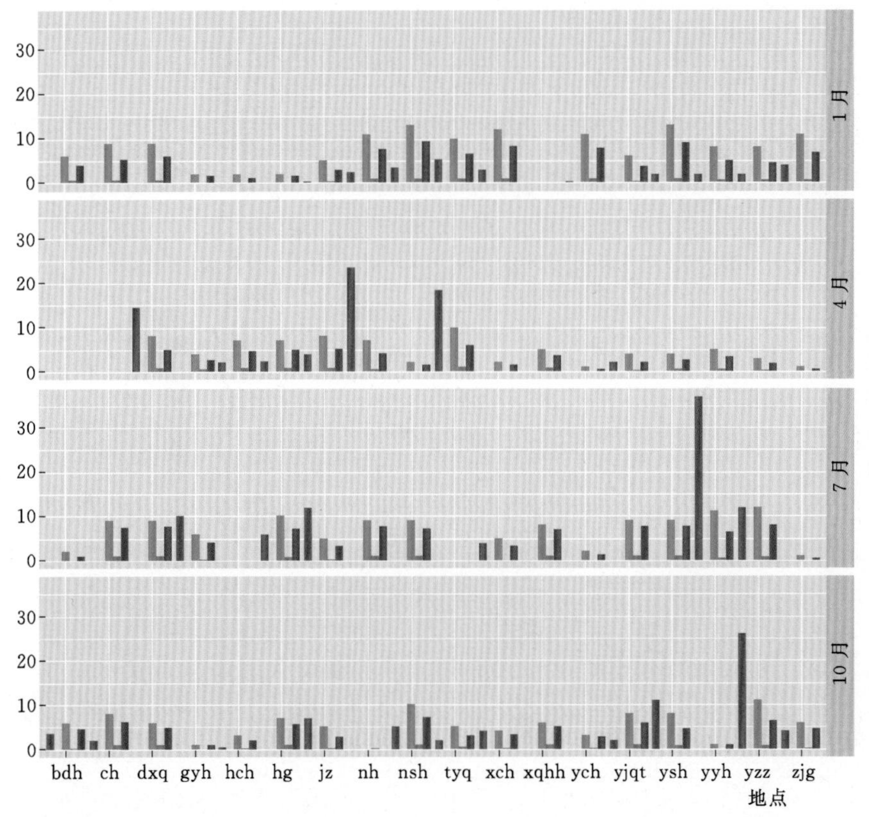

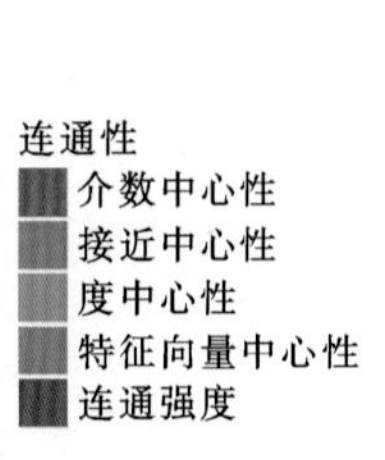

附图6　扬州示范点着生硅藻连通性分析结果

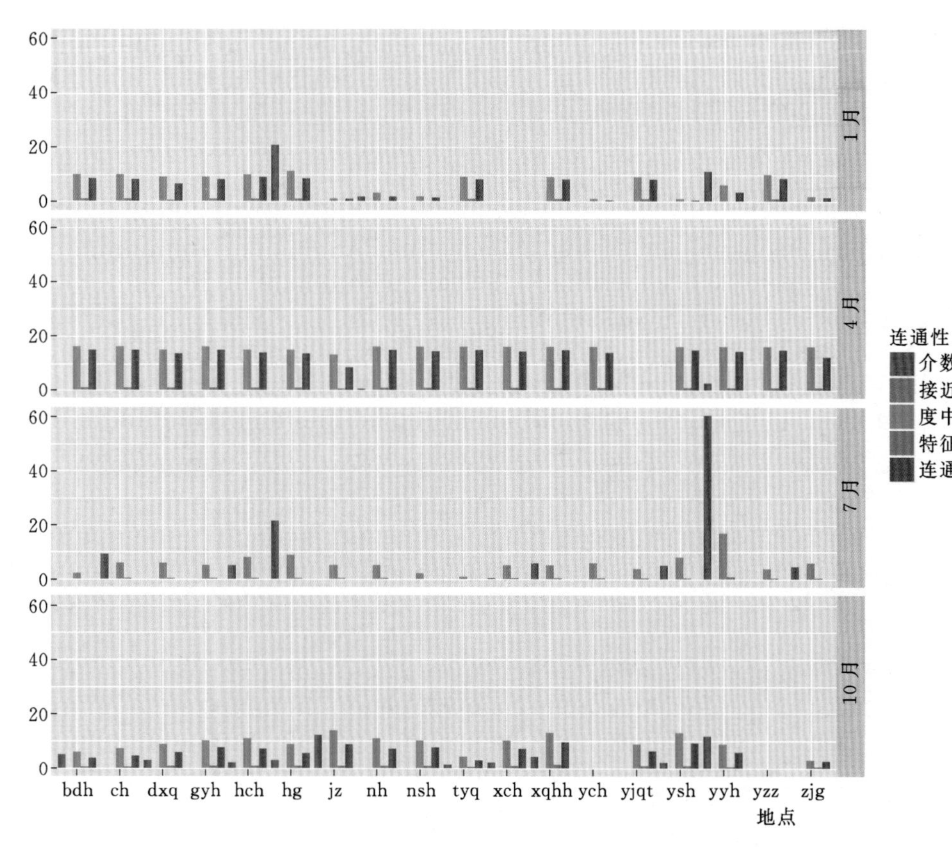

附图 7　扬州示范点浮游植物连通性分析结果

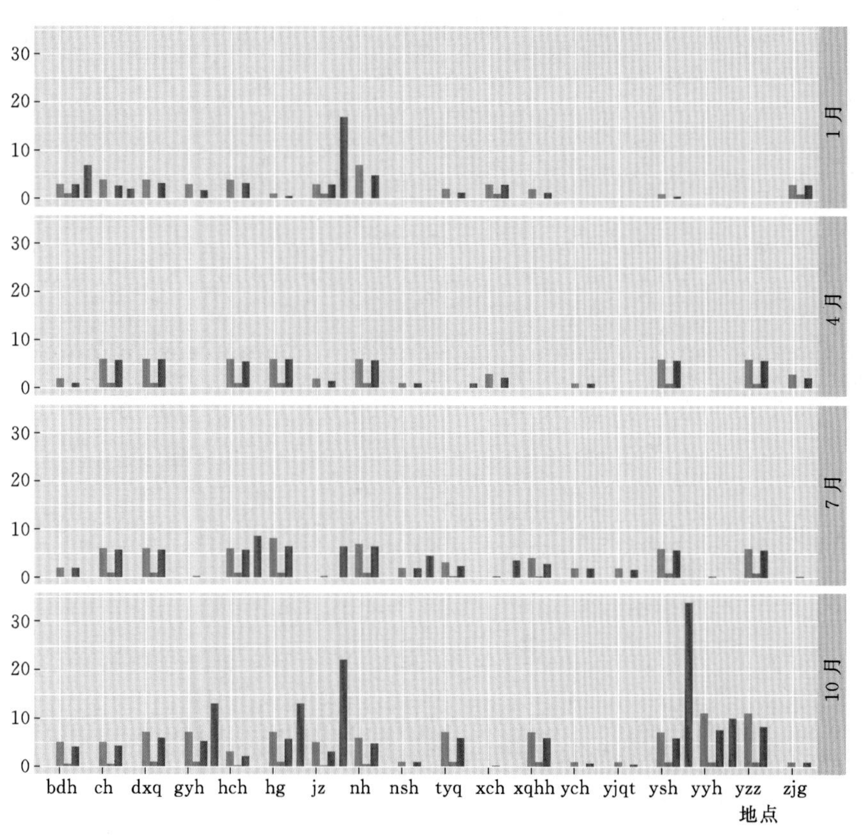

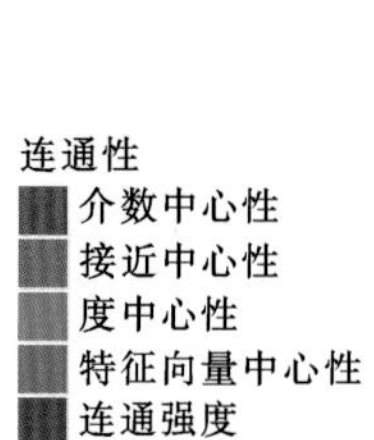

附图 8　扬州示范点底栖动物连通性分析结果

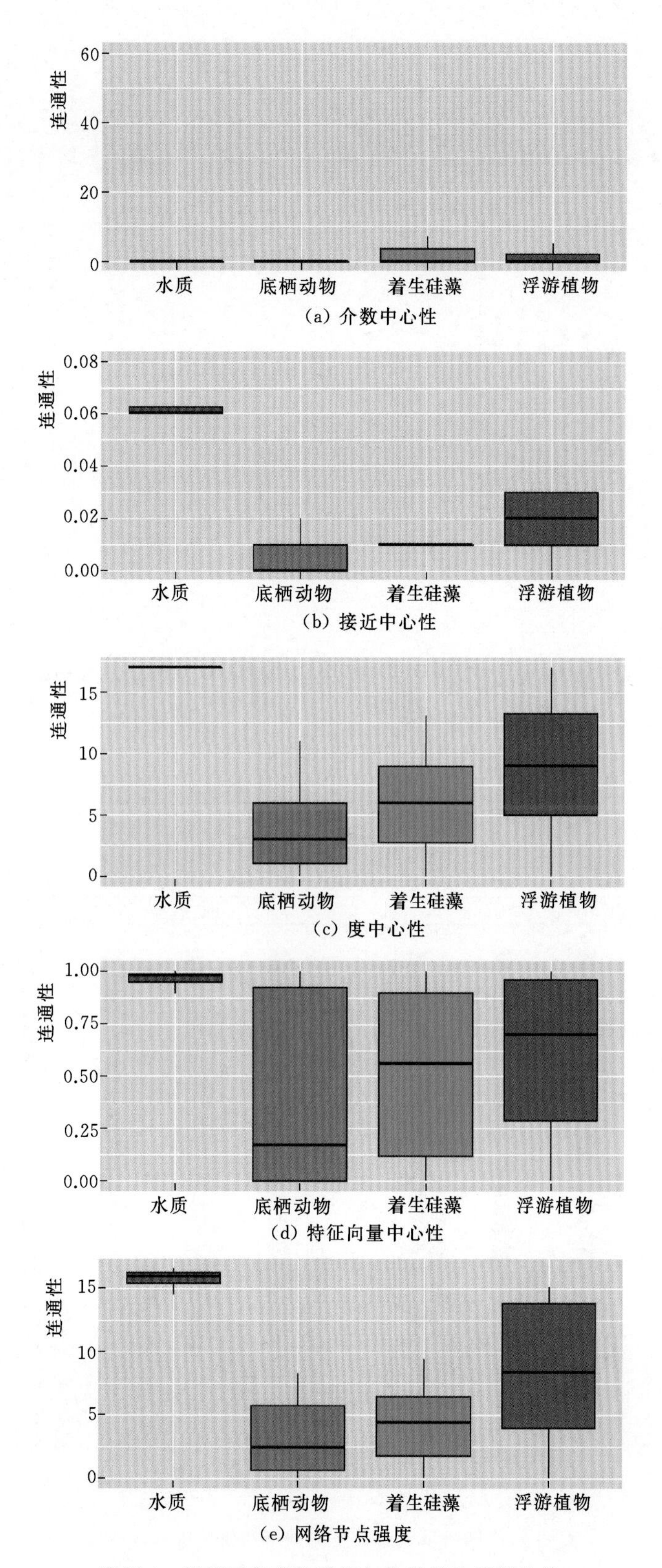

附图 9　扬州示范点物质流与物种流连通性比较

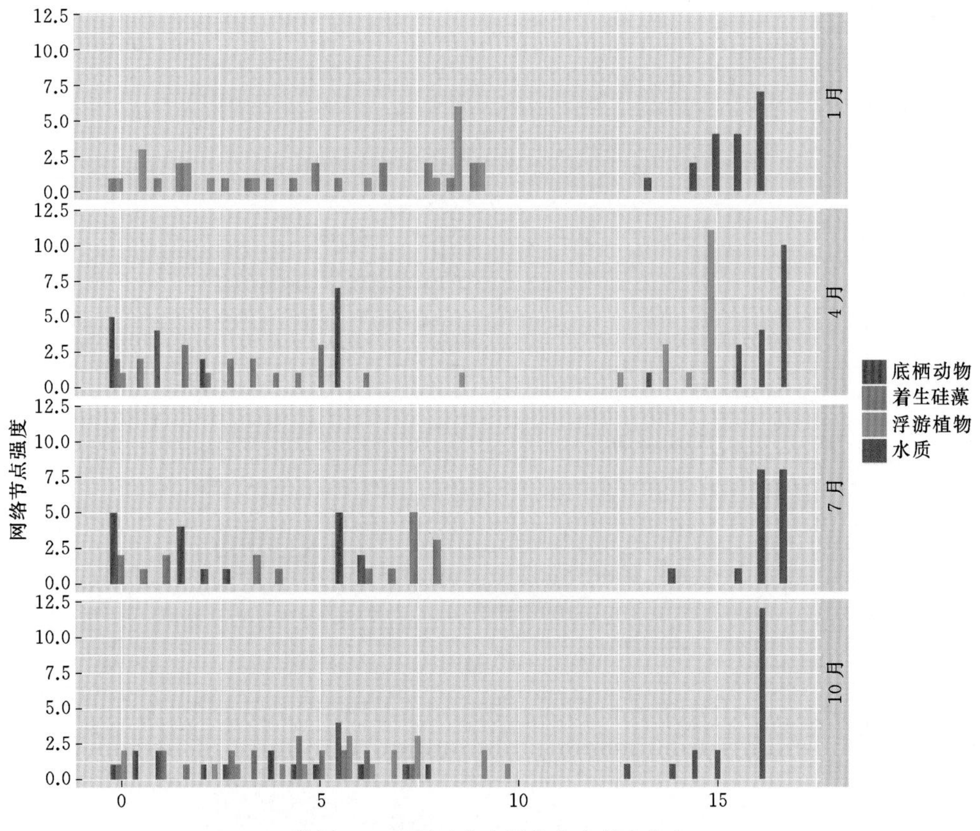

附图 10　扬州示范点网络节点强度分布

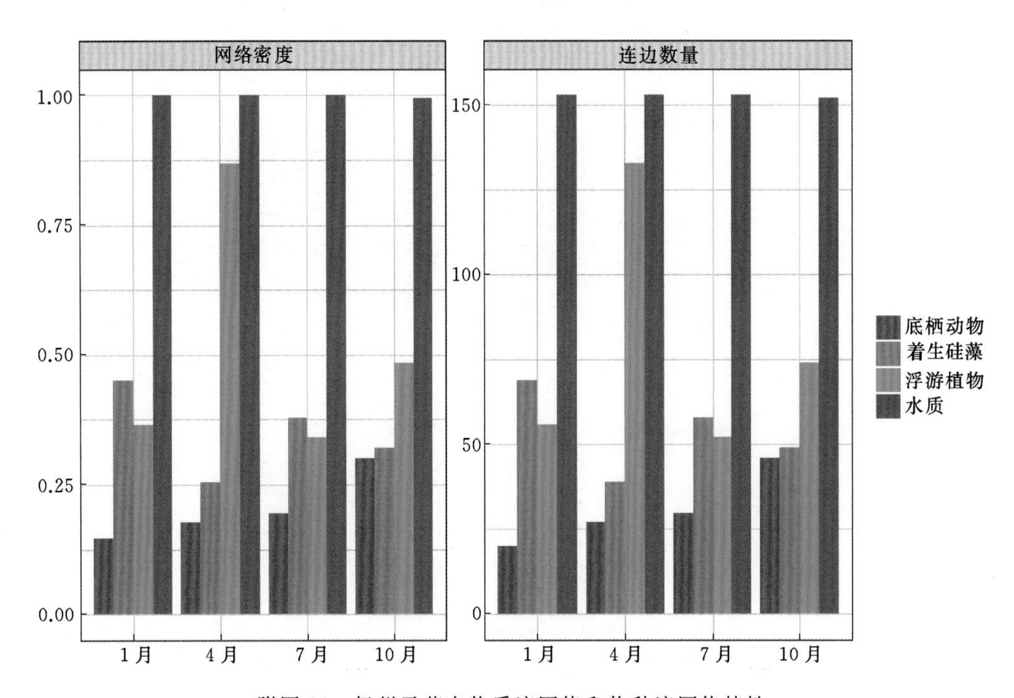

附图 11　扬州示范点物质流网络和物种流网络特性

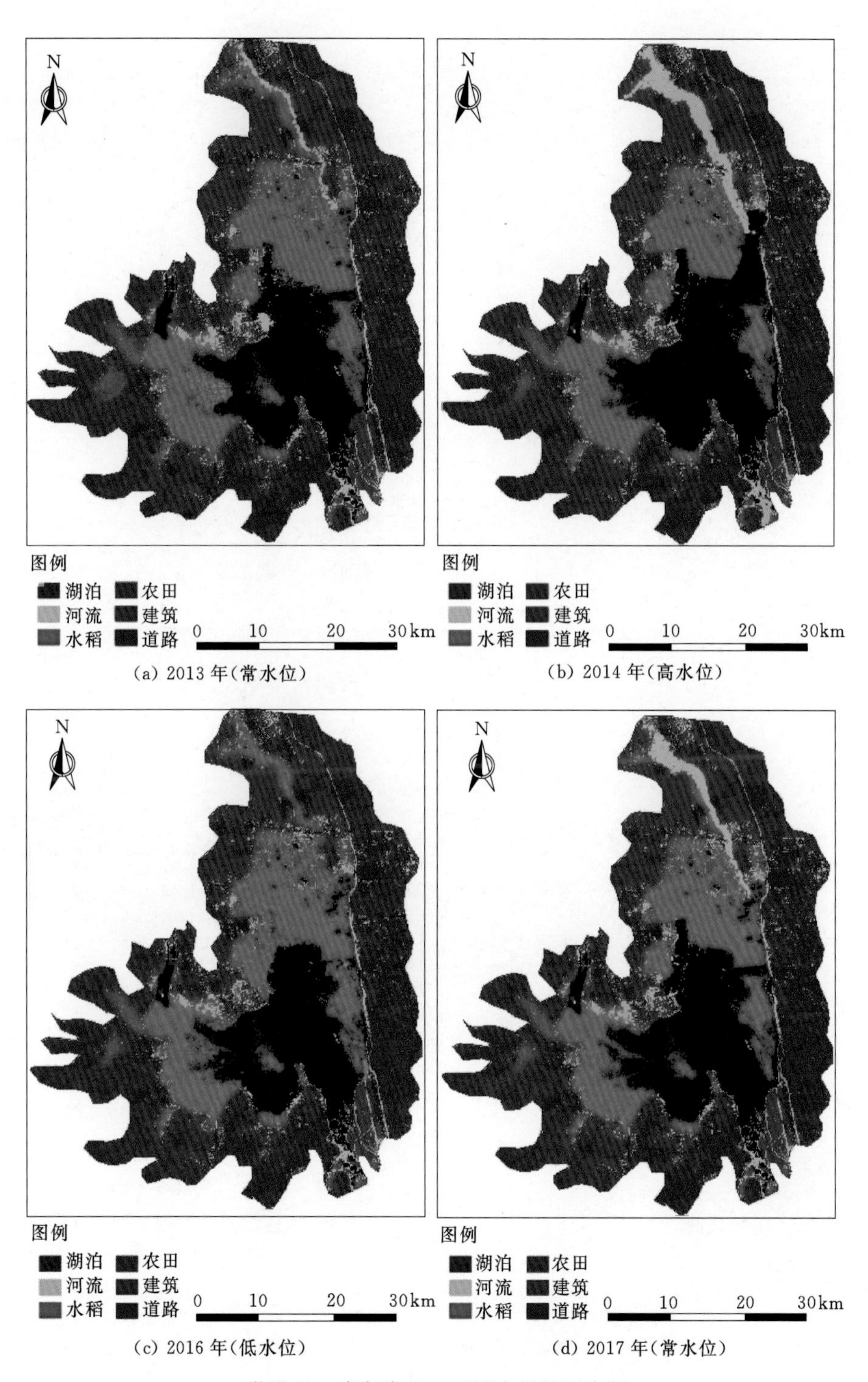

附图12　高邮湖湿地不同水位景观分布

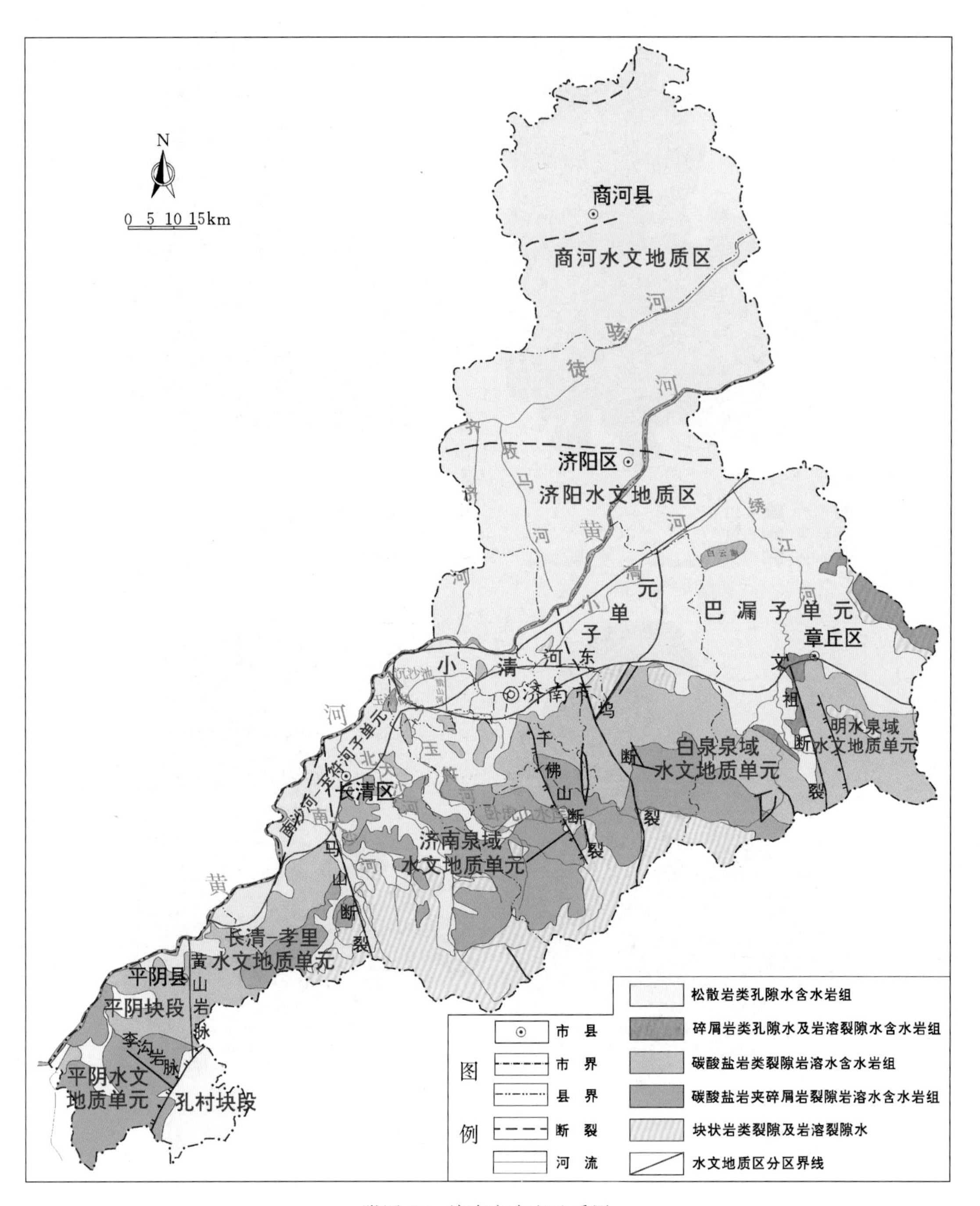

附图 13　济南市水文地质图